普.通.高.等.学.校
计算机教育"十二五"规划教材

数据库
原理与应用
（第 3 版）

DATABASE CONCEPT AND APPLICATION
(3rd edition)

赵杰 杨丽丽 陈雷 ◆ 编著

人民邮电出版社
北京

图书在版编目（CIP）数据

数据库原理与应用 / 赵杰，杨丽丽，陈雷编著. --
3版. -- 北京 : 人民邮电出版社，2013.1（2019.4重印）
普通高等学校计算机教育"十二五"规划教材
ISBN 978-7-115-29835-5

Ⅰ．①数… Ⅱ．①赵… ②杨… ③陈… Ⅲ．①数据库
系统－高等学校－教材 Ⅳ．①TP311.13

中国版本图书馆CIP数据核字(2012)第287128号

内 容 提 要

本书是在第 2 版的基础上，根据教育部计算机等级考试 Access 科目考试大纲要求，补充了应用部分的内容，修订了相应的习题，同时完善了教学案例，使其更加符合教学要求。

本书全面、系统地介绍了数据库系统的基本概念、数学模型和关系理论，通过可视化的实际操作，讲解了数据库的建立、查询及标准 SQL 查询语言，通过"课堂教学质量评价"这一广大师生熟悉和关心的功能需求入手，实现了复杂数据库的设计、建立、查询和报表输出。

本书注重理论和实践的统一。每一章节列举了大量的实例，各章后面都附有习题，主要包括选择题、填空题、判断对错题、简答题、应用题和综合题等，从各种不同的侧面进一步帮助读者了解和掌握知识点。

本书可作为大学计算机及相关专业的本、专科教材，也可供从事软件开发工作的科技工作者和信息管理人员参考，同时适合备考计算机等级考试 Access 科目的考生参考。

编　著　赵　杰　杨丽丽　陈　雷
责任编辑　滑　玉

◆ 人民邮电出版社出版发行　北京市丰台区成寿寺路 11 号
邮编 100164　电子邮件 315@ptpress.com.cn
网址 http://www.ptpress.com.cn
固安县铭成印刷有限公司印刷

◆ 开本：787×1092　1/16
印张：19.5　　　　　　　　　2013 年 1 月第 3 版
字数：434 千字　　　　　　　2019 年 4 月河北第 4 次印刷

ISBN 978-7-115-29835-5

定价：42.00 元

读者服务热线：(010)81055256　印装质量热线：(010)81055316
反盗版热线：(010)81055315
广告经营许可证：京东工商广登字 20170147 号

第 3 版序

2012 年北京初秋的早晨，天气凉爽，阳光娇媚，经过一夏天的暑热，心情甚是舒畅。回想当年，应研究生导师殷光复老师之招，回到阔别 5 年的母校——中国农业大学（东校区），开始从事计算机科学与技术的研究和教学工作，特别是开始研究数据库原理与应用教学以来，成全了我十数年的事业发展，同时也验证了一句古话："书中自有颜如玉，书中自有黄金屋"。

1996 年的夏天，我接触了一个电力行业的报表项目，丰富的报表展现需求和复杂的业务数据逻辑关系，让我充分认识到，作为一名大学毕业生，掌握数据库原理，对工作是多么的重要。在相关领导的支持和帮助下，我面向全校研究生和计算机（辅修）专业开设了一门新课——数据库原理与应用。当时，我顶着很大的压力，摒弃了 dBASE3 和 Fox Pro，我深信 Access 数据库，将来会有极大的发展空间。后来的发展，也证实了我的预见。

在教学研究的过程中，不断地接触到很多实际项目。特别是一些"硬骨头"，也就是别人做不下去的项目。经过研究和分析，绝大多数的问题，都是在初期数据结构设计的时候，违反了数据库设计的原则，在软件工程学中总结的"积累效应"、"传递效应"和"放大效应"的作用下，一发而不可收拾，最终陷入了"泥潭"。尽管相当多的软件项目投入了巨大的人力和财力，但仅仅因为最初的数据库设计的缺陷，不得不推翻重来，教训深刻。因此，"数据库原理与应用"这门课程，也就越来越受到各行各业的广泛重视。

不仅仅是软件开发人员需要掌握数据库原理，软件的使用者同样需要了解和掌握数据库原理。我在进行数据库原理与应用的教学和研究过程中，带了几名非计算机专业的本科学生。起初几乎所有的学生都对找工作发愁，当他们在我的鼓励下，认真严格地接受了数据库设计和开发的正规训练后，都出乎他们意料地找到了满意的工作。如今他们都成了公司的骨干，购房安家、娶妻生子，过上了安居乐业的生活，有的甚至做到了集团副总的职位。

如今，《数据库原理与应用》的教材，在书店里可以说是琳琅满目，sybase、DB2、Oracle、SQL Server、MySQL、Access 等，比比皆是。但是最适合教学的，应用也最广泛的，Access 还是数一数二的。恐怕也正是如此，每年参加教育部考试中心组织的计算机等级考试 Access 科目的同学逐年增加，2012 年竟然达到了 20 万之多，这也完全出乎我的意料，也促使我决心完成本书第 3 版的修订。

为了配合教育部计算机等级考试大纲的要求，在完善了原理部分的同时，第 3 版教材特别增加了应用的内容，相应地增加和调整了习题。为了配合 Office 2010 版的推出，将书中的部分截图也相应地进行了调整，特别是将贯穿于本书的教学案例《课堂教学质量评价系统》进行了兼容性改造，使我们的教学案例涵盖了所有不同的 Access 版本。同时，我们推出了相应的教学网站，http://Access.qiandao.org。本书作者和编辑诚挚地希望广大师生，共同献计献策，不断传承，将这个网站办成优秀的学习和研究平台。

编者的联系方式分别如下：赵杰（106732718@QQ.com）、杨丽丽（llyang@cau.edu.cn）、陈雷（chen528@cau.edu.cn），感谢读者长期以来对本书及作者的厚爱，欢迎广大读者与我们联系交流，你们的意见和建议是我们成长的源动力。

编　　者

2012 年 11 月

目　录

第**1**章
数据库系统概述

【本章提要】

本章将介绍数据库系统以及所涉及的一些基本概念，包括数据模型、数据库的系统结构、数据库系统的功能和工作过程等，以使大家对数据库系统有一个概括的了解。准备参加程序员水平等级考试的读者，应特别注意本章介绍的基本概念。

1.1 引　　言

【提要】本节主要介绍数据库技术的重要性及 Access 数据库系统的优越之处。

1.1.1　数据库是计算机技术发展的产物

数据库技术是计算机科学技术的一个重要分支。从 20 世纪 50 年代中期开始，计算机应用由科学研究部门扩展到企业和行政部门，数据处理很快上升为计算机应用的一个重要方面。自 1968 年第一个商品化的数据管理系统（Information Management System，IMS）问世以来，数据库技术得到了迅速发展。随着计算机应用的不断深入，数据库的重要性日益被人们所认识，它已成为信息管理、办公自动化和计算机辅助设计等的主要软件工具之一。

1.1.2　数据库是计算机应用的基础

数据库技术研究如何科学地组织数据和存储数据，如何高效地检索数据和处理数据，以及如何既减少数据冗余，又能保障数据安全，实现数据共享。在计算机应用的领域中，管理信息系统方面的应用占 90% 以上，而数据库技术又是管理信息系统的基础。因此，可以说数据库技术是计算机的重要应用之一。

1.1.3　Access 数据库是中小型数据库的最佳选择

Access 数据库系统是在 Windows 环境下开发的一种全新的关系型数据库系统。它具有大型数据库的一些基本功能，支持事务处理功能，具有 Transaction、Commit、Rollback、Withdraw 等指令。Access 数据库系统支持数据库加密，具有用户组和多用户管理功能，可以设置用户组或用户的密码和权限。Access 数据库系统支持数据压缩、备份和恢复功能，能够保证数据的安全性。Access 数据库系统还具备级联修改和级联删除功能，能够严格保证数据的一致性。

1.1.4　Access 数据库系统是企业级开发工具

目前，世界上有许多软件开发公司以 Access 数据库系统为主要开发工具之一。Access 不仅是数据库管理系统，而且还是一个功能强大的开发工具。它提供了丰富和完善的可视化开发手段，引入了 VBA（Visual Basic for Application）面向对象的编程技术，可以设计出友好的用户界面。在 Access 数据库管理系统上开发应用程序，开发者可以直接将 Access 系统的界面改造成应用程序的用户界面，只需花费很小的代价，就能得到功能完善的应用软件。

1.2　数据库技术的发展

【提要】本节主要介绍数据库发展的四个阶段和各类数据库的基本特征。

1.2.1　数据库发展阶段的划分

数据处理的首要问题是数据管理。数据管理是指如何分类、组织、存储、检索及维护数据。自 1946 年世界上第一台计算机诞生以来，随着计算机硬件和软件的发展，数据管理技术不断更新、完善，数据库的发展经历了如下四个阶段：人工管理阶段、文件系统阶段、数据库系统阶段和高级数据库阶段。

1.2.2　人工管理阶段

1. 人工管理阶段的年代及特征

从 1946 年计算机诞生至 20 世纪 50 年代中期，计算机主要用于科学计算。计算机除硬件设备外没有任何软件可用，使用的外存只有磁带、卡片和纸带，没有磁盘等直接存取的设备。软件中只有汇编语言，没有操作系统，对数据的处理，完全由人工进行管理。

2. 人工数据管理的特点

（1）数据不保存。一组数据对应于一个应用程序，应用程序与其处理的数据结合成一个整体。有时也把数据与应用程序分开，但这只是形式上的分开，数据的传输和使用完全取决于应用程序。在进行计算时，系统将应用程序与数据一起装入，用完后就将它们撤销，释放被占用的数据空间与程序空间。

（2）没有软件对数据进行管理。应用程序的设计者不仅要考虑数据的逻辑结构，还要考虑存储结构、存取方法以及输入输出方式等。如果存储结构发生变化，程序中的取数子程序也要发生变化，数据与程序不具有独立性。

（3）没有文件概念。数据的组织方法由应用程序开发人员自行设计和安排。

（4）数据面向应用。一组数据对应一个程序。即使两个应用程序使用相同的数据，也必须各自定义数据的存储和存取方式，不能共享相同的数据定义，因此程序与程序之间可能会有大量的重复数据。

3. 人工数据管理的模型

人工数据管理的模型如图 1-1 所示。

图 1-1（a）说明数据和程序是一体的，即数据置于程序内部；图 1-1（b）说明数据和程序是一一对应的，即一组数据只能用于一个程序。

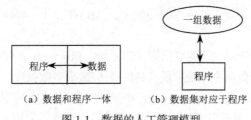

图 1-1　数据的人工管理模型

1.2.3　文件系统阶段

1. 文件系统阶段的年代及特征

20 世纪 50 年代后期至 60 年代中期，计算机不仅用于科学计算，而且还大量用于管理。计算机的硬件中有了磁盘和磁鼓等直接存储设备；计算机软件中有了高级语言和操作系统。

2. 文件系统阶段数据管理的特点

文件系统阶段数据管理有以下四个特点。

（1）数据可长期保存在磁盘上。用户可使用程序经常对文件进行查询、修改、插入或删除等操作。

（2）文件系统提供数据与程序之间的存取方法。文件管理系统是应用程序与数据文件之间的一个接口。应用程序通过文件管理系统建立和存储文件；反之，应用程序要存取文件中的数据，必须通过文件管理系统来实现。用户不必关心数据的物理位置，程序与数据之间有了一定的独立性。

（3）文件的形式多样化。因为有了直接存取设备，所以可建立索引文件、链接文件和直接存取文件等。对文件的记录可顺序访问、随机访问。文件之间是相互独立的，文件与文件之间的联系要用程序来实现。

（4）数据的存取以记录为单位。

3. 文件系统的模型

文件系统的模型如图 1-2 所示。通过文件管理系统，程序和数据文件之间可以组合，即一个程序可以使用多个数据文件，多个程序也可以共享同一个数据文件。

4. 文件系统的缺陷

文件管理系统的使用，使得应用程序按规定的组织方式建立文件并按规定的存取方法使用文件，不必过多地考虑数据物理存储方面的问题。但是文件管理下的数据仍然是无结构的信息集合，它可以反映现实世界中客观存在的事物，但不能反映出各事物之间客观存在的本质联系。文件系统有三大缺陷。

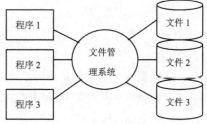

图 1-2　文件系统的模型

（1）数据冗余。因为文件之间缺乏联系，可能有同样的数据在多个文件中重复存储。

（2）不一致性。由于数据冗余，在对数据进行修改时，若不小心，同样的数据在不同的文件中可能不一样。

（3）数据联系弱。这是文件之间缺乏联系造成的。

1.2.4　数据库系统阶段

1. 数据库系统阶段的年代和特征

从 20 世纪 60 年代后期开始，存储技术取得很大发展，有了大容量的磁盘。计算机用于管理的规模更加庞大，数据量急剧增长，为了提高效率，人们着手开发和研制更加有效的数据管理模式，提出了数据库的概念。

美国 IBM 公司 1968 年研制成功的数据库管理系统（Information Management System，IMS）标志着数据管理技术进入了数据库系统阶段。IMS 为层次模型数据库。在 1969 年美国数据系统语言协会（Conference On Data System Language，CODASYL）公布了数据库工作组（Data Base Task Group，DBTG）报告，对研制开发网状数据库系统起了重大推动作用。从 1970 年起，IBM 公司的 E.F.Codd 连续发表论文，又奠定了关系数据库的理论基础。

从 20 世纪 70 年代以来数据库技术发展很快，得到了广泛的应用，已成为计算机科学技术的一个重要分支。

2. 数据库系统的特点

数据库系统与文件系统相比，克服了文件系统的缺陷。用数据库技术管理数据，主要有以下的特点。

（1）数据库中的数据是结构化的。在文件系统中，从整体上来看，数据是无结构的，即不同文件中的记录型之间没有联系，它仅关心数据项之间的联系。数据库系统不仅考虑数据项之间的联系，还要考虑记录型之间的联系，这种联系是通过存储路径来实现的。例如在学生选课情况的管理中，一个学生可以选修多门课，一门课可被多个学生选修。可用三种记录型（学生的基本情况、课程的基本情况以及选课的基本情况）来进行这种管理，如图 1-3 所示。

在查询"张三的学习成绩及学分"时，如果用文件系统实现学生选课的管理，程序员要编程，从 3 个文件中查找出所需的信息；如果用数据库系统管理学生选课，可通过存取路径来实现。利用存取路径，从一个记录型走到另一个记录型。事实上，学生记录、课程记录与选课记录有着密切的联系，存取路径表示了这种联系。这是数据库系统与文件系统的根本区别。

图 1-3　学生选课管理中的数据联系

（2）数据库中的数据是面向系统的，不是面向某个具体应用的，减少了数据冗余，实现了数据共享。数据库中的数据共享情况如图 1-4 所示。

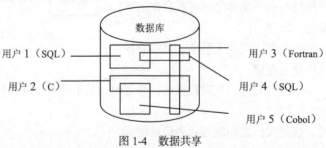

图 1-4　数据共享

（3）数据库系统比文件系统有较高的数据独立性。数据库系统的结构分为 3 级：用户（应用程序或终端用户）数据的逻辑结构、整体数据的逻辑结构（用户数据逻辑结构的最小并集）和数据的物理结构。当整体数据的逻辑结构或数据的物理结构发生变化时，应用不变。数据的独立性是通过数据库系统在数据的物理结构与整体结构的逻辑结构、整体数据的逻辑结构与用户的数据逻辑结构之间提供的映像实现的。

例如在图 1-3 中，根据需要把课程记录中的字段"学分"移出，加到选课记录中，即课程记录中减少一个字段，选课记录中增加一个字段。原来的应用不变，仍然可用。

（4）数据库系统为用户提供了方便的接口。用户可以用数据库系统提供的查询语言和交互式命令操纵数据库。用户也可以用高级语言（如 C、Fortran、Cobol 等）编写程序来操纵数据库，拓宽了数据库的应用范围。

3. 数据库系统的控制功能

（1）数据的完整性

保证数据库存储数据的正确性。例如，预订同一班飞机的旅客不能超过飞机的定员数；订购货物中，订货日期不能大于发货日期。使用数据库系统提供的存取方法，设计一些完整性规则，对数据值之间的联系进行校验，可以保证数据库中数据的正确性。

（2）数据的安全性

并非每个应用都可以存取数据库中的全部数据。例如，建立一个人事档案的数据库，只有那些需要了解工资情况并且有一定权限的工作人员才能存取这些数据。数据的安全性是保护数据库不被非法使用，防止数据的丢失和被盗。

（3）并发控制

当多个用户同时存取、修改数据库中的数据时，可能会发生相互干扰，使数据库中的数据完整性受到破坏，而导致数据的不一致性。数据库的并发控制防止了这种现象的发生，提高了数据库的利用率。

（4）数据库的恢复

任何系统都不可能永远正确无误地工作，数据库系统也是如此。在运行过程中，会出现硬件或软件的故障。数据库系统具有恢复能力，能把数据库恢复到最近某个时刻的正确状态。

4. 数据库的定义

综合上面的叙述，可为数据库下一个定义：数据库是与应用彼此独立的以一定的组织方式存储在一起的彼此相互关联、具有较少冗余的能被多个用户共享的数据集合。

数据库技术的发展使数据管理上了新台阶，几乎所有的信息管理系统都以数据库为核心，数据库系统在计算机领域中的应用越来越广泛，数据库系统本身也越来越完善。目前，数据库系统已深入到人类生活的各个领域，从企业管理、银行业务管理到情报检索、档案管理、普查、统计都离不开数据库管理。随着计算机应用的发展，数据库系统也在不断更新、发展和完善。

5. 数据库系统的数据管理模型

数据库中数据的最小存取单位是数据项（文件系统的最小存取单位是记录）。应用（应用程序和终端用户）和数据库的联系如图 1-5 所示。其中，数据库管理系统（DBMS）是一个软件系统，它能够操纵数据库中的数据，对数据库进行统一控制。

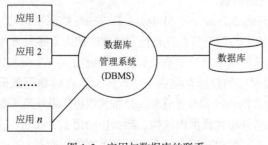

图 1-5　应用与数据库的联系

1.2.5　高级数据库阶段

1. 高级数据库阶段的年代及类别

20 世纪 70 年代中期以来，随着计算机技术的不断发展，出现了分布式数据库、面向对象数据库和智能型知识数据库等，通常被称为高级数据库技术。

计算机领域中其他新兴技术的发展对数据库技术产生了重大影响。传统的数据库技术和其他计算机技术的互相结合，建立和实现了一系列新型数据库系统，数据库技术与网络通信技术、并行计算技术、面向对象程序设计技术、人工智能技术等互相渗透，互相结合，成为当前数据库技术发展的主要特征，涌现出各种新型的数据库系统。例如，数据库技术与分布式处理技术相结合，形成了分布式数据库系统；数据库技术与并行处理技术相结合，形成了并行数据库系统；数据库技术与面向对象技术相结合，形成了面向对象数据库系统；数据库技术与多媒体技术相结合，形成了多媒体数据库系统；数据库技术与人工智能技术相结合，形成了知识库系统和主动数据库系统；数据库技术与模糊技术相结合，形成了模糊数据库系统等。

2. 并行数据库系统的特点

并行数据库系统（Parallel Database System）是在并行机上运行的具有并行处理能力的数据库系统。并行数据库系统是数据库技术与并行计算技术相结合的产物。并行计算技术利用多处理机并行处理产生的规模效益来提高系统的整体性能，为数据库系统提供了一个良好的硬件平台。并行数据库技术包括了对数据库的分区管理和并行查询。它通过将一个数据库任务分割成多个子任务的方法由多个处理机协同完成这个任务，从而极大地提高了事务处理能力，并且通过数据分区可以实现数据的并行 I/O 操作。DBMS 进程结构的最新发展为数据库的并行处理奠定了基础。多线程技术和虚拟服务器技术是并行数据库技术实现中采用的重要技术。一个理想的并行数据库系统应能充分利用硬件平台的并行性，采用多进程多线程的数据库结构，提供不同粒度（Granularity）的并行性、不同用户事务间的并行性、同一事务内不同查询间的并行性、同一查询内不同操作间的并行性和同一操作内的并行性。

一个并行数据库系统应该实现如下目标。

（1）高性能：并行数据库系统通过将数据库管理技术与并行处理技术有机结合，发挥多处理机结构的优势，从而提供比相应的大型机系统要高得多的性能价格比和可用性。

（2）高可用性：并行数据库系统可通过数据复制来增强数据库的可用性。

（3）可扩充性：数据库系统的可扩充性指系统通过增加处理和存储能力而平滑地扩展性能的能力。

在国内，并行数据库系统的研究刚起步不久，有中国人民大学开发的基于曙光天演系列并行计算机的 PBASE/3 系统，另外联想集团正在投入巨资进行并行数据库服务器系统的开发和推广。

3. 分布式数据库系统的特点

分布式数据库（Distributed Database System）是由一组数据组成的，这组数据分布在计算机网络的不同计算机上，网络中的每个节点具有独立处理的能力（称为场地自治），可以执行局部应用。同时，每个节点也能通过网络通信子系统执行全局应用。一个分布式数据库系统由一个逻辑数据库组成，这个逻辑数据库的数据存储在一个或多个节点的物理数据库上，通过两阶段提交（2PC）协议来提供透明的数据访问和事务管理。分布式数据库系统在系统结构上的真正含义是指物理上分布、逻辑上集中的分布式数据库结构。数据在物理上分布后，由系统统一管理，使用户不感到数据的分布。用户看到的似乎不是一个分布式数据库，而是一个数据模式为全局数据模式的集中式数据库。

分布式数据库系统具有如下特点。

（1）数据独立性：在分布式数据库系统中，数据独立性这不仅包括数据的逻辑独立性和物理独立性，还包括数据分布独立性，也称为分布透明性。

（2）集中与自治相结合的控制结构：各局部的 DBMS 可以独立地管理局部数据库，具有自治的功能；同时，系统又设有集中控制机制，协调各局部 DBMS 的工作，执行全局应用。

（3）适当增加数据冗余度：在不同的场地存储同一数据的多个副本，这样可以提高系统的可靠性和可用性，同时也能提高系统性能。

（4）全局的一致性、可串行性和可恢复性。

比较常见的分布式数据库有 Sybase 数据库和 Oracle 数据库。分布式数据库系统现阶段主要用在银行、证券和政府部门的系统中。

4. 面向对象数据库系统

面向对象数据库系统（Object Oriented Data Base System，OODBS）是数据库技术与面向对象程序设计方法相结合的产物。面向对象数据库系统支持面向对象数据模型（以下简称 OO 模型）。即面向对象数据库系统是一个持久的、可共享的对象库的存储和管理者，而一个对象库是由一个 OO 模型所定义的对象的集合体。

对象-关系数据库系统就是将关系数据库系统与面向对象数据库系统两方面的特征相结合。对象-关系数据库系统除了具有原来关系数据库的各种特点外，还应该提供以下特点。

（1）扩充数据类型，例如可以定义数组、向量、矩阵、集合等数据类型以及这些数据类型上的操作。

（2）支持复杂对象，即由多种基本数据类型或用户自定义的数据类型构成的对象。

（3）支持继承的概念。

（4）提供通用的规则系统，大大增强对象-关系数据库的功能，使之具有主动数据库和知识库的特性。

近 10 年来，面向对象数据库系统一直是数据库学术界和工业界研究的热点之一。自从 1987 年以来，已陆续有多个 OODB 产品投入市场，其中某些产品已经占有一定的市场份额。总的说来，当前世界 OODB 市场只占整个数据库产品市场的很小一部分。作为数据库产品 OODB 还是不够成熟的，原因是缺乏某些数据库基本特性，例如完全非过程化的查询语言、视图、授权动态模式变化、参数化的性能调整等，这些都是数据库用户已经熟知的，因而希望提供的。此外，关系数据库产品还提供触发器、元数据管理、数据完整性约束等，而目前大多数的 OODB 产品不提供这样的支持。目前 OODB 产品的应用还很不普遍，主要应用在一些特殊的行业或特殊的应用领域中。

5. 数据仓库的特点

随着市场竞争的加剧和信息社会需求的发展，从大量数据中提取（检索、查询等）制订市场策略的信息就显得越来越重要了。这种需求既要求联机服务，又涉及大量用于决策的数据，而传统的数据库系统已无法满足这种需求。其具体体现在 3 个方面：（1）历史数据量很大；（2）辅助决策信息涉及许多部门的数据，而不同系统的数据难以集成；（3）由于关系数据库访问数据的能力不足，它对海量数据的访问性能明显下降。

随着 C/S 技术的成熟和并行数据库的发展，信息处理技术的发展趋势是从大量的事务型数据库中抽取数据，并将其清理、转换为新的存储格式，即为了决策目标把数据聚合在一种特殊的格式中。随着这项技术的发展和完善，这种支持决策的、特殊的数据存储即被称为数据仓库（Data

Warehouse，DW）。

数据仓库（Data Warehouse）是一个面向主题的（Subject Oriented）、集成的（Integrated）、相对稳定的（Non-Volatile）、反映历史变化（Time Variant）的数据集合，用于支持管理决策。这个定义中的数据是以下内容。

（1）面向主题的：因为仓库是围绕大的企业主题（如顾客、产品、销售量）而组织的。

（2）集成的：来自于不同数据源的面向应用的数据集成在数据仓库中。

（3）时变的：数据仓库的数据只在某些时间点或时间区间上是精确的、有效的。

（4）非易失的：数据仓库的数据不能被实时修改，只能由系统定期地进行刷新。刷新时将新数据补充进数据仓库，而不是用新数据代替旧的。

数据仓库是一个决策支撑环境，它从不同的数据源得到数据、组织数据、使用数据，有效地支持企业决策。一般来说，数据仓库的结构包括数据源、装载管理器、数据仓库管理器、查询管理器、详细数据、汇总数据、归档/备份数据、元数据和终端用户访问工具几大部分。

6. 多媒体数据库的特点

所谓多媒体数据库是指数据库中的信息不仅涉及各种数字、字符等格式化的表达形式，而且还包括多媒体的非格式化的表达形式，数据管理要涉及各种复杂对象的处理。多媒体是指多种媒体，如数字、文本、图形、图像和声音的有机集成，而不是简单的组合。其中数字、字符等称为格式化数据，文本、图形、图像、声音、视像等称为非格式化数据，非格式化数据具有数据量大、处理复杂等特点。多媒体数据库实现对格式化和非格式化的多媒体数据的存储、管理和查询，其主要特征如下。

（1）能够表示多种媒体的数据。非格式化数据表示起来比较复杂，需要根据多媒体系统的特点来决定表示方法。如果感兴趣的是它的内部结构且主要是根据其内部特定成份来检索，则可把它按一定算法映射成包含它所有子部分的一张结构表，然后用格式化的表结构来表示它。如果感兴趣的是它本身的内容整体，要检索的也是它的整体，则可以用源数据文件来表示它，文件由文件名来标记和检索。

（2）能够协调处理各种媒体数据。正确识别各种媒体数据之间在空间或时间上的关联。例如，关于乐器的多媒体数据包括乐器特性的描述和乐器的照片，利用该乐器演奏某段音乐的声音等，这些不同媒体数据之间存在着自然的关联，比如多媒体对象在表达时必须保证时间上的同步特性。

（3）提供更强的适合非格式化数据查询的搜索功能。

（4）多媒体数据库提供特种事务处理与版本管理能力。

7. 模糊数据库的特点

模糊数据库（Fuzzy Database）指能够处理模糊数据的数据库。一般的数据库都是以精确的数据工具为基础的，不能表示模糊不清的事情。随着模糊数学理论体系的建立，人们可以用数量来描述模糊事件并能进行模糊运算和模糊查询。这样就可以把不完全性、不确定性、模糊性引入数据库系统中，从而形成模糊数据库。目前，模糊数据库研究主要有两方面，首先是如何在数据库中存放模糊数据，其次是定义各种运算建立模糊数据上的函数。

8. 知识库系统的特点

人们对数据进行分析找出其中关系并形成信息，然后对信息进行再加工，获得更有用的信息，即知识。人工智能的发展，要求计算机不仅能够管理数据，还能管理知识。管理知识可用知识库系统实现。

知识库是一门新的学科，它研究知识表示、结构、存储和获取等技术。知识库是专家系统、知识处理系统的重要组成部分。知识库系统把人工智能的知识获取技术和机器学习的理论引入到数据库系统中，通过抽取隐含在数据库实体间的逻辑蕴涵关系和隐含在应用中的数据操纵之间的因果联系，形式化地描述数据库中的实体联系。在知识库系统中可以把语义知识自动提供给推理机，从已有的事实知识推出新的事实知识。

1.2.6　数据库应用的体系结构

在软件体系架构设计中，分层式结构是最常见也是最重要的一种结构。基于数据库和网络应用的数据库应用系统实现模式有多种，可以采用传统的客户机/服务器（C/S）架构，也可以采用目前流行的基于 WEB 的方式。

所谓客户机/服务器（C/S）模式，即数据库（比如试题库）内容放在远程的服务器上，在客户机上安装相应软件；C/S 结构在技术上很成熟，但该结构的程序往往只局限在小型的局域网内部，不利于扩展。该结构的每台客户机都需要安装相应的客户端程序。采用该结构，系统的安装和维护工作比较繁重。同时，由于应用程序直接安装在客户机，客户机直接和数据库服务器交换数据，系统的安全性也受到一定的影响。

基于 Web 的方式其实是一种特殊的客户/服务器方式，在这种方式中，客户端是各种各样的浏览器。为了区别传统的 C/S 模式，通常称为浏览器/服务器（B/S）模式。B/S 采用三层体系结构，即包括数据库系统、应用服务器、客户浏览器三部分。由于采用了互联网的相关技术，B/S 结构的系统开放性好，易维护和扩展。客户浏览器只跟 Web 服务器交换数据，数据安全性比较高。当然，B/S 结构在网络安全方面也有弱点。在 C/S 结构中，应用程序是在客户机上运行的独立程序，如果这台计算机安全的话，那么应用程序就是安全的。而在 B/S 结构中，众多的客户浏览器访问的是同一个 Web 服务器，Web 服务器会成为攻击的对象。

结合 C/S 和 B/S 结构的特点，还有基于 B/S 的三层体系结构，即 Browser/Web 服务器/数据库服务器的三层模式，是在客户端与数据库之间加入了一个中间层。三层体系结构的数据库应用系统将业务规则、数据访问、合法性校验等工作放到了中间层进行处理。通常情况下，客户端不直接与数据库进行交互，而是通过与中间层通讯建立连接，再经由中间层与数据库进行交互，保证其具有开放性和可扩充性，同时提高了数据库的安全性，如图 1-6 所示。

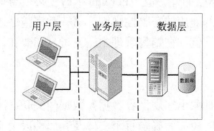

图 1-6　三层模式架构图

1.3　数 据 模 型

【提要】人们把表示事物的主要特征抽象地用一种形式化的描述表示出来，模型方法就是这种抽象的一种表示。在数据库系统中，如何存储数据和如何描述数据之间的关联通过数据模型来实现。

1.3.1 数据模型

数据模型是对现实世界进行抽象的工具。现实世界是复杂多变的，目前任何一种科学技术手段都不可能将现实世界按原样进行复制和管理，只能抽取某个局部的特征，构造反映这个局部的模型，帮助人们理解和表达数据处理的静态特征及动态特征。在组织数据模型时，人们首先将现实世界中存在的客观事物用某种信息结构表示出来，然后再转化为用计算机能表示的数据形式。数据模型是数据库技术的关键，可用数据模型来描述数据库的结构和语义。

1. 数据模型的类型

数据库管理系统都是基于某种数据模型的。目前使用的数据模型基本上可分为两种类型。一种类型是概念模型（也称信息模型），这种模型不涉及信息在计算机中的表示和实现，是按用户的观点进行数据信息建模，强调语义表达能力。这种模型比较清晰、直观，容易被理解。另一种类型是逻辑模型，这种模型是面向数据库中数据逻辑结构的，如关系模型、层次模型、网状模型和面向对象的数据模型等。用户可以使用这种模型定义和操纵数据模型中的数据。

2. 数据模型的构成

数据模型包括三部分：数据结构、数据操纵和数据的完整性约束。

（1）数据结构是实体对象存储在数据库中的记录型的集合。例如建立一个科技开发公司人事管理数据库，每个人的基本情况，如姓名、单位、出生年月、工资、工作年限等是数据对象——人的特征，构成数据库的存储框架，即实体对象的型。公司中每个技术人员可以参加多个项目，每个项目可有多个人参加，这类对象之间存在着数据关联，这种数据关联也要存储在数据库中。数据库系统是按数据结构的类型来组织数据的，由于采用的数据结构类型不同，通常把数据库分为层次数据库、网状数据库、关系数据库和面向对象数据库等。

（2）数据操纵是指对数据库中各种对象实例的操作。例如根据用户的要求，检索、插入、删除、修改对象实例的值。

（3）数据的完整性约束是指在给定的数据模型中，数据及数据关联所遵守的一组通用的完整性规则。它能保证数据库中数据的正确性、一致性。例如数据库主键的值不能取空值（没有定义的值）；关系数据库中，每个非空的外键值（Foreign Key）必须与某一主键值相匹配。这类完整性约束是数据模型所必须遵守的通用的完整性规则。另一类完整性约束是用户根据数据模型提供的完整性约束机制自己定义的。例如在销售管理中，发货日期要在订货日期之后。

1.3.2 概念模型

概念模型采用专用的工具抽象出客观世界数据及数据间关联，决定了将来实现的数据库能够提供的信息，在概念模型设计阶段需要确定每个实体及其属性以及实体之间的关系。

1. 信息实体的概念

所谓信息是指客观世界中存在的事物在人们头脑中的反映，人们把这种反映用文字、图形等形式记录下来，经过命名、整理和分类就形成了信息。

在信息领域中，与数据库技术相关的术语有实体、属性、实体集和键等。

实体（Entity）：实体是客观存在并可相互区分的事物。例如人、部门和雇员等都是实体。实体可以指实际的对象，也可以指抽象的对象。

属性（Attribute）：属性是实体所具有的特性，每一特性都称为实体的属性。例如学生的学号、班级、姓名、性别、出生年月等都是学生的属性。属性是描述实体的特征，每一属性都有一个值域。值域的类型可以是整数型、实数型或字符串型等，如学生的年龄是整数型，姓名是字符串型。

实体集：具有相同属性（或特性）的实体的集合称为实体集。例如全体教师是一个实体集，全体学生也是一个实体集。

键（Key）：键是能唯一标识一个实体的属性及属性值，键也可称为关键字。例如学号是学生实体的键。

2. 信息实体的联系

现实世界中事物间的联系通常有两种：一种是实体内部的联系，即实体中属性间的联系，另一种是实体与实体之间的联系。在数据模型中，不仅要考虑实体属性间的联系，更重要的是要考虑实体与实体之间的联系，下面主要讨论后一种联系。

实体间的联系是错综复杂的，但就两个实体的联系来说，有以下 3 种情况。

（1）一对一的联系。这是最简单的一种实体间的联系，它表示了两个实体集中的个体间存在着一对一的联系。例如，每个班级有一个班长，这种联系记为 $1:1$。

（2）一对多的联系。实体间存在的另一种联系是一对多的联系。例如，一个班级有许多学生，这种联系记为 $1:M$。

（3）多对多的联系。实体间更多的联系是多对多的联系。例如，一个教师教许多学生，一个学生有多位教师。多对多的联系表示了多个实体集，其中一个实体集中的任一实体与另一实体集中的实体间存在一对多的联系；反之亦然。这种联系记为 $M:N$。

实体间联系可用图形方式表示，如图 1-7 所示。

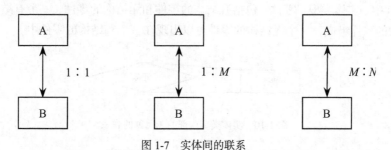

图 1-7 实体间的联系

1.3.3 概念模型的表示方法-实体联系模型

1. 实体联系模型的概念

实体联系模型（Entity-Relationship Model，一般简称为 ER 模型）是一个面向问题的概念模型，即用简单的图形方式描述现实世界中的数据。这种描述不涉及这些数据在数据库中如何表示、如何存取，这种描述方式非常接近人的思维方式。后来又有人提出了扩展实体联系模型（Extend Entity-Relationship Model，一般简称为 EER 模型），这种模型表示更多的语义，扩充了子类型的概念。

EER 模型目前已成为一种使用较广泛的概念模型，为面向对象的数据库设计提供了有效的工具。

在实体联系模型中，信息由实体、实体属性和实体联系三种概念单元来表示。

（1）实体表示建立概念模型的对象。

（2）实体属性说明实体。实体和实体属性共同定义了实体的类型。若一个或一组属性的值能唯一确定一种实体类型的各个实例，就称该实体属性或属性组为这一实体类型的键。

（3）实体联系是两个或两个以上实体类型之间的有名称的关联。实体联系可以是一对一、一对多或多对多。

2. 实体类型内部的联系

（1）一对一的联系

图 1-8 所示是实体类型"人"的一个实例，通过联系"结婚"可以与另一个实例联系。在一夫一妻制的条件下，图 1-8 表示了实体类型内部的 1∶1 联系。

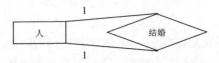

图 1-8　实体类型内部的 1∶1 的联系

（2）一对多的联系

如图 1-9 所示是实体类型"职工"的一个实例。在只有一个管理人员的条件下，图 1-9 表示实体类型内部的 1∶N 的联系。

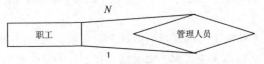

图 1-9　实体类型内部的 1∶N 的联系

（3）多对多的联系

在图 1-10 中，实体类型"零件"包括有结构的零件和无结构的零件，一个有结构的零件可以由多个无结构的零件组成，一个无结构的零件可以出现在多个有结构的零件中。

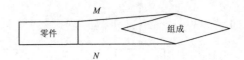

图 1-10　实体类型内部的 $M∶N$ 的联系

在这种条件下，图 1-10 表示实体类型内部的 $M∶N$ 的联系。

3. 三元联系

如图 1-11 所示，"公司"、"国家"和"产品"这 3 个实体之间有多种销售关系。一个产品可以出口到许多国家，一个国家可以进口许多产品；一个公司可以销售多种产品，一种产品可以由多个公司销售；一个公司可以出售多种产品到多个国家，一个国家进口的产品可以由多个公司提供。

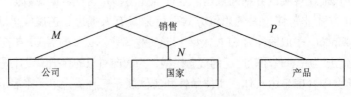

图 1-11　实体间的三元联系

4. 子类型

如果实体类型 E_1 的每个实例也是实体类型 E_2 的实例，则称 E_1 为 E_2 的子类型。如果实体类型

E 的实例的出现同样也是实体类型 E_1、E_2、$\cdots E_n$ 中之一实例的出现，则称 E 为 E_1、E_2、$\cdots E_n$ 的概括。

例如，若实体类型雇员有 3 种成分：秘书、技术员和工程师，则实体类型雇员的实例必出现在实体类型秘书、技术员和工程师之一的实例中，这些实体类型是实体类型雇员的子类型，而雇员是这些实体类型的超类型。

子类型自身还可以有子类型，这就产生了类型的分层结构。例如，实体类型工程师又分成三种不同的实体类型：汽车工程师、飞机或航空工程师和电子工程师。实体类型的分层结构如图 1-12 所示。

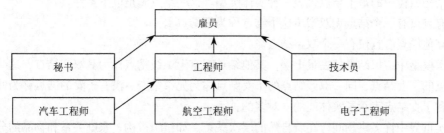

图 1-12　实体类型的分层结构

子类型共享超类型的所有性质及超类型的部分联系，子类型没有必要共享全部联系。也可以认为子类型继承了其超类型的属性，但子类型可以有附加指定的属性和联系。例如，实体类型部门有许多雇员，仅有一个经理，经理是雇员的一个实例，也可以认为是雇员的子类型，雇员是经理的超类型。用联系 IS-A 表示这种特殊的 1∶1 联系，如图 1-13 所示。经理共享雇员的属性，也拥有附加的仅与经理有关的属性。

数据建模人员在构造全局数据模型时，识别概括实体类型的分层结构是很重要的。把现实世界中信息结构的真实模型反映出来，EER 模型是一个很好的方法。

虽然 EER 模型能反映实体类型之间的语义联系，但不能直接说明详细的数据结构，因此，要想设计并实现数据库，还必须将 EER 模型按照某种具体的数据库管理系统的数据模型的要求进行转换。有关具体数据模型和模型转换的问题，将在后面的章节中详细介绍。

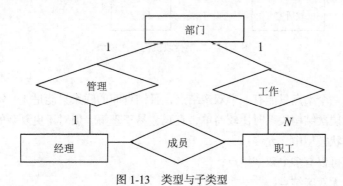

图 1-13　类型与子类型

5. 建模工具软件

对于概念数据模型的设计现在有很多专门的软件可以实现，常见的有 Sybase 公司的 PowerDesigner 软件、IBM 公司的 Rose 软件、CA 公司 AllFusion 品牌下的建模套件之一 Erwin，另外 ERDesigner NG、ModelRight3、OpenSystemArchitect 及 Mysql WorkBench 等也有很多用户。这些软件和数据库平台无关，可以简单地移植到不同的数据库平台，而且，软件大部分都是图形界面的，这更有利于实体关系的建立，同时支持强大的数据导出功能及代码生成功能，可以生成一些基本的数据操作代码，而且支持多种语言，比如 PowerDesigner 就支持.net、Java、PB、Delphi等各种语言。

1.3.4　几种常见的逻辑模型

1. 层次模型

层次模型是较早用于数据库技术的一种数据模型，它是按层次结构来组织数据的。层次结构也叫树形结构，树中的每个结点代表一种实体类型。这些结点满足以下条件。

（1）有且仅有一个结点无双亲（这个结点称为根结点）。

（2）其他结点有且仅有一个双亲结点。

在层次模型中，根结点处在最上层，其他结点都有上一级结点作为其双亲结点，这些结点称为双亲结点的子女结点，同一双亲结点的子女结点称为兄弟结点。没有子女的结点称为叶结点。双亲结点和子女结点表示了实体间的一对多的关系。

在现实世界中许多事物间存在着自然的层次关系，如组织机构、家庭关系和物品的分类等。图 1-14 是层次模型的一个例子。在模型中，大学是根结点，也是院、处的双亲结点，院、处是兄弟结点，在大学和院、处两个实体之间分别存在一对多的联系。同样，在院和教研室、班级之间也存在着一对多的关系。

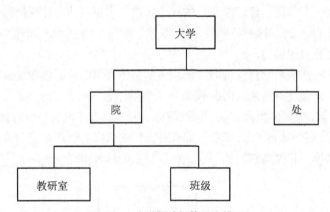

图 1-14　大学行政机构层次模型

2. 网状模型

在层次模型中一个结点只能有一个双亲结点，且结点间的联系只能是 $1:M$ 的关系，在描述现实世界中自然的层次结构关系时比较简单、直观，易于理解，但对于更复杂的实体间的联系就很难描述了。在网状模型中，允许：

（1）一个结点可以有多个双亲结点；

（2）多个结点无双亲结点。

这样，在网状模型中，结点间的联系可以是任意的，任意两个结点间都能发生联系，更适于描述客观世界。

图 1-15 是网状模型的两个例子。在图（a）中，学生实体有两个双亲结点，即班级和社团，如规定一个学生只能参加一个社团，则在班级与学生、社团与学生间都是 $1:M$ 的联系；而在图（b）中，实体工厂和产品既是双亲结点又是子结点，工厂与产品间存在着 $M:N$ 的关系。这种在两个结点间存在

$M:N$联系的网称为复杂网。而在模型图（a）中，结点间都是$1:M$的联系，这种网称为简单网。

在已实现的网状数据库系统中，一般只处理$1:M$的联系；而对于$M:N$的关系，要先转换成$1:M$的联系，然后再处理。转换方法常常是用增加一个联结实体型实现。如图1-15（b）可以转换成图1-16所示的模型，图中工厂号和产品号分别是实体工厂和产品的标识符。

网状模型最为典型的数据库系统是 DBTG 系统。有关 DBTG 的报告文本是在 1969 年由 CODASYL 委员会的数据库任务组首次推出的。它虽然不是具体机器的软件系统，但对网状数据库系统的研究和发展起着重大的影响，现有网状数据库系统大都是基于 DBTG 报告文本的。

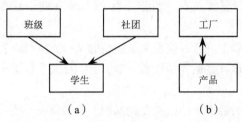

图 1-15　网状模型的例子

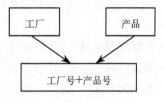

图 1-16　复杂网分解后的模型

3. 关系模型

关系模型是在层次模型和网状模型之后发展起来的，它表示实体间联系的方法与层次模型和网状模型的方法不同。

在现实世界中，人们经常用表格形式（如履历表、工资表、体检表和各种统计报表等）表示数据信息。不过人们日常所使用的表格有时比较复杂，如履历表中个人简历一栏要包括若干行，这样处理起来不太方便。在关系模型中，基本数据结构被限制为二维表格。

表 1-1 和表 1-2 是学生情况表和教师任课情况表。从这两个表中可以得到这样一些信息：张三老师上 1 班的数据结构课，李四是他的学生；王五是 2 班的学生，他选修的操作系统课是孙立老师讲授的。这些信息是从两个表中得到的，说明在这两个表之间存在着一定的联系。这一联系是通过学生情况表和教师任课情况表中都有"班级"这一栏而建立的。

表 1-1　　　　　　　　　　　　　　　学生情况表

姓　　名	性　　别	年　　龄	班　　级
李四	女	20	1
王五	男	19	2
张来	女	21	1
李工	男	22	2
…	…	…	…

表 1-2　　　　　　　　　　　　　　　教师任课情况表

姓　　名	年　　龄	所　在　院	任　课　名	班　　级
张三	45	计算机	数据结构	1
孙立	40	计算机	操作系统	2
高山	56	管院	管理学	1
…	…	…	…	…

在关系模型中，数据被组织成类似以上两个表的一些二维表格，每一张二维表称为一个关系（Relation）。二维表中存放了两类数据——实体本身的数据和实体间的联系。这里的联系是通过不同关系中具有相同的属性名来实现的。

所谓关系模型就是将数据及数据间的联系都组织成关系的形式的一种数据模型。所以在关系模型中，只有单一的"关系"的结构类型。

（1）关系模型的特征

结构单一化是关系模型的一大特点。学生情况的关系模型为学生情况（姓名、性别、年龄、班级）。教师任课情况的关系模型为教师任课情况（姓名、年龄、所在院、任课名、班级）。

对关系模型的讨论可以在严格的数学理论基础上进行，这是关系模型的又一大特点。关系是数学上集合论的一个概念，对关系可以进行各种运算，运算结果形成新关系。在关系数据库系统中，对数据的全部操作都可以归结为关系的运算。

关系模型是一种重要的数据模型，它有严格的数学基础以及在此基础上发展起来的关系数据理论。

关系模型的逻辑结构实际上是一张二维表，那么关系数据库的逻辑结构实际上也是一张二维表，这个二维表即是我们通常所说的关系。每个关系（或表）由一组元组组成，而每个元组又是由若干属性和域构成的。只有两个属性的关系称为二元关系，有三个属性的关系称为三元关系，如此类推，有 n 个属性的关系称为 n 元关系。

（2）关系数据库与其他数据库相比的优点

关系模型、网状模型和层次模型是常用的三种数据模型，它们的区别在于表示信息的方式。关系模型只用了数据记录的内容，而层次模型和网状模型要用到数据记录间的联系以及它们在存储结构中的布局。关系模型中记录之间的联系通过多个关系模式的公共属性来实现。如果建立了关系数据库，用户只要用关系数据库提供的查询语言发出查询命令，告诉系统查询目标，具体实现的过程由系统自动完成，用户不需了解记录的联系及顺序。关系数据库提供了较好的数据独立性。层次数据库和网状数据库中，记录之间的联系用指针实现，数据处理只能是过程化的，程序员的角色类似于导航员，所编程序要充分利用现有存储结构的知识，沿着存取路径，逐个存取数据。在这种模型中，程序与现有存储的联系过于密切，大大降低了数据独立性。

目前使用的关系数据库很多，如 dBase Ⅱ、dBase Ⅲ、dBase Ⅳ、Oracle、FoxBase、Paradox、SyBase、Microsoft Access 等。关系数据库与其他数据库相比的优点如下。

● 使用简便，处理数据效率高。
● 数据独立性高，有较好的一致性和良好的保密性。
● 数据库的存取不必依赖索引，可以优化。
● 可以动态地导出和维护视图。
● 数据结构简单明了，便于用户了解和维护。
● 可以配备多种高级接口。

由于关系模型有严格的数学基础，许多专家及学者在此基础上发展了关系数据理论。关系型数据库的数学模型和设计理论将在后面的章节中详细地描述。

目前，关系模型已是成熟且有前途的数据模型，深受用户欢迎。我们知道，数据库管理系统（DBMS）是用来管理和处理数据的系统，它包含有多种应用程序和多种功能。关系数据库管理系统起源于 20 世纪 60 年代，20 世纪 70 年代得到了充分的发展和应用。而进入 20 世纪 80 年代以来，通常的数据库管理系统几乎都是关系数据库管理系统（RDBMS）。

Microsoft Access 同大多关系数据库系统一样，能将不同来源的数据建立起关联，提供存储和管理信息的方式。用户可利用这些功能，采用不同的方法，对数据库进行创建、查询、更新和维护。但相对于其他的关系型数据库而言，Access 更具有其独一无二的优点和魅力，这一点读者将会在稍后的章节中了解到。可以说，通过了解 Microsoft Access 来学习数据库原理与技术是一个最佳选择。

1.4　数据库系统结构

【提要】数据库系统结构是一个多级结构，它既让用户方便地存储数据，又能高效地组织数据。现有的数据库系统在总的体系结构上都是一种三级结构。

1.4.1　数据库系统的三级模式结构

数据库系统的结构一般划分为 3 个层次（也叫作三级模式），分别为模式、子模式和存储模式。它们之间的关系如图 1-17 所示。

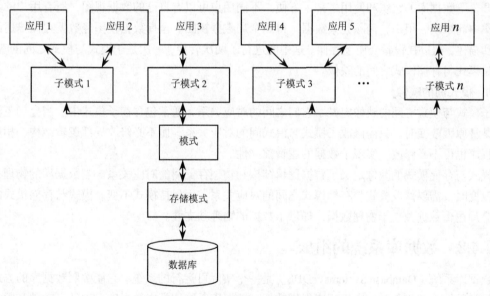

图 1-17　数据库系统的三级模式图

1. 模式

模式也称为概念模式或逻辑模式，它是数据库的框架，是对数据库中全体数据的逻辑结构和特性的描述。在模式中，有对所有记录类型及其联系的描述，还包括对数据的安全性、完整性等方面的定义。

数据库系统提供数据描述语言（Data Description Language，DDL）来描述以上内容。对一个具体的数据库结构的所有描述，构成了数据库的一个总的框架，所有数据都是按这一模式进行装配的。

2. 子模式

子模式也称为外模式，是数据库用户的数据视图。它体现了用户的数据观点，是对用户数据的逻辑描述，其内容与模式描述大致相同。

子模式通常是模式的一个子集，也可以是整个模式。所有的应用程序都是根据子模式中对数据的描述而不是根据模式中对数据的描述编写的。子模式也可以共享，在一个子模式上可以编写多个应用程序，但一个应用程序只能使用一个子模式。

根据应用的不同，一个模式可以对应多个子模式，子模式可以相互覆盖。子模式对于数据的描述包括结构、类型和长度等（它们可以与模式不同）。

子模式由子模式数据描述语言（Subschema Data Description Language，SDDL）进行具体描述。

3. 存储模式

存储模式也称为内模式，是对数据库在物理存储器上具体实现的描述。它规定数据在介质上的物理组织形式和记录寻址方式，定义物理存储块的大小和溢出处理方法等。它与模式是对应的。

存储模式由数据存储描述语言（Data Storage Description Language，DSDL）进行描述。在有的系统中存储模式由设备介质控制语言（Device Media Control Language，DMCL）进行描述。

数据库系统的三级模式结构将数据库的全局逻辑结构同用户的局部逻辑结构和物理存储结构区分开，给数据库的组织和使用带来了方便。不同用户可以有自己的数据视图，所有用户的数据视图集中起来统一组织，消除冗余数据，得到全局数据视图。全局数据视图经数据存储描述语言定义和描述，得以在设备介质上存储。这中间进行了两次转换，一次是子模式与模式之间的映像，一次是模式与存储模式之间的映像。

4. 模式间的映像

子模式与模式之间的映像定义了它们之间的对应关系，通常包含在子模式中。当全局逻辑结构因某种原因改变时，只需修改子模式与模式间的对应关系，而不必修改局部逻辑结构，相应的应用程序也可不必修改，实现了数据的逻辑独立性。

模式与存储模式的映像定义了数据逻辑结构和物理存储间的对应关系。当数据库的物理存储结构改变时，需要修改模式与存储模式之间的对应关系，而保持模式不变。模式与存储模式的映像使全局逻辑数据独立于物理数据，提供了数据的物理独立性。

1.4.2 数据库系统的组成

数据库系统（Database Systems，DBS）是一个实际可运行的系统。它能按照数据库的方式存储和维护数据，并且能够向应用程序提供数据。数据库系统通常由数据库、硬件、软件和数据库管理员（Database Administrator，DBA）4 个部分组成。

1. 数据库

数据库（Database，DB）的定义在前面的章节中已经讲述过。数据库的体系结构可划分为两个部分，一部分是存储应用所需的数据，称为物理数据库部分；另一部分是描述部分，描述数据库的各级结构，这部分由数据字典管理。例如 Oracle 数据库系统，可查询其数据字典，了解 Oracle 各级结构的描述。

2. 硬件

数据库的运行需要硬件支持系统，中央处理机、主存储器、外存储器等设备是不可缺少的硬件。数据库系统需要足够大的内存来存放支持数据库运行的操作系统、数据管理系统（Database Management Systems，DBMS）的核心模块，数据库的数据缓冲区和应用程序以及用户的工作区。例如 Oracle 5.1 版本在微机上运行需要 1.5MB 的内存；SyBase 的微机版本最低需要 12MB 的内存，最好为 16MB 的内存。由于数据库中存储大量的数据，故需要足够大的磁盘等直接存取设备来存取数据，或作数据库的备份。此外还要求硬件系统有较高的信道能力，以提高数据的传输速度。

3. 软件

数据库系统的软件主要包括支持 DBMS 运行的操作系统、DBMS 本身及开发工具。为了开发应用系统，还需要各种高级语言及其编译系统，例如 Oracle 数据库系统与高级语言 C、Fortran、Cobol 等高级语言之间都有接口。Access 关系型数据库管理系统内置有 Visual Basic for Application，并允许 Visual Basic 直接访问。不同用户开发的应用可能不同，需用不同的高级语言访问数据库，相应地要把这些高级语言的编译系统装入系统中，以供用户使用。

开发工具软件是为应用开发人员和最终用户提供的高效率的开发应用软件。例如 Oracle 数据库系统提供第四代开发工具，SQL＊FORMS 还提供一种基于表格的应用开发工具，应用设计人员用它设计格式化画面，应用操作人员通过格式化画面向 Oracle 数据库中录入数据，从 Oracle 数据库检索数据，SQL＊FORMS 还提供了数据完备性和安全性的检查能力。SQL＊GRAPH 则是一个交互式的图形生成软件包，它利用从 Oracle 数据库中提取出来的数据生成彩色的拼图、直方图和折线图。大多数的数据库系统都提供了开发工具软件，为数据库系统的开发和应用建立了良好的环境，这些开发工具软件都以 DBMS 为核心。

4. 数据库管理员

数据库管理员（DBA）、系统分析员、应用程序员和用户是管理、开发和使用数据库的主要人员。这些人员的职责和作用是不同的，因而涉及到不同的数据抽象级别，有不同的数据视图。

1.5　数据库管理系统的功能及工作过程

【提要】数据库管理系统（DBMS）的职能是有效地实现数据库三级结构之间的转换，它建立在操作系统的基础上，把相应的数据操纵从外模式、模式转换到存储文件上，进行统一的管理和控制，并维护数据库的安全性和完整性。DBMS 是数据库系统的核心组成部分。

1.5.1　数据库管理系统的主要功能

1. 数据库的定义功能

DBMS 提供数据描述语言（DDL），定义数据库的外模式、模式、内模式、数据的完整性约束和用户的权限等。例如 Oracle 的数据库管理系统提供 DDL，定义 Oracle 数据库的表、视图、索引等各种对象。DBMS 把用 DDL 写的各种源模式翻译成内部表示，放在数据字典中，作为管理和存取数据的依据。例如 DBMS 可把应用的查询请求从外模式，通过模式转换到物理记录，查询出结果返回给应用。

2. 数据操纵功能

DBMS 提供的数据操纵语言（Data Manipulation Language，DML）可实现对数据的插入、删除和修改等操作。DML 语言有两种用法：一种方法是把 DML 语句嵌入到高级语言（如 C、Cobol、Fortran 等高级语言）中；另一种方法是交互式地使用 DML 语句。对于第一种方法，DBMS 必须提供预编译程序。预处理嵌入 DML 语句的源程序，识别 DML 语句，转换为相应高级语言能调用的语句，以便原来的编译程序能接受和处理它们。

3. 数据库的控制功能

数据库的控制功能包括并发控制、数据的安全性控制、数据的完备性控制和权限控制，保证数据库系统正确有效地运行。

4. 数据库的维护功能

已建立好的数据库，在运行过程中需要进行维护。维护功能包括数据库出现故障后的恢复、数据库的重组、性能的监视等。这些功能大部分由实用程序来完成。

5. 数据字典

数据字典（Data Dictionary，DD）中放着数据库体系结构的描述。对于应用的操作，DBMS都要通过查阅数据字典进行。例如 Oracle 数据库系统，其数据字典中放着用户建立的表和索引、系统建立的表和索引以及用于恢复数据库的信息等。当增加表、删除表或修改表的内容时，DBMS自动更新数据字典；当应用检索数据时，Oracle 的 DBMS 动态地将数据字典与用户程序或终端操作连起来，保持系统正确地运行。Access 数据库管理系统提供了对象浏览器，将数据字典以对象的形式同其他数据库对象一起进行管理。

1.5.2　数据库系统的工作过程

一个数据库系统的建立是按模式和存储模式描述的框架，将原始数据存储到设备介质上形成的。用户可以通过应用程序或查询语句实现对数据的操作。

下面我们以应用程序读取一个记录为例讨论一下 DBMS 的工作过程，来了解 DBMS 与应用程序、操作系统的接口以及三级模式的使用，如图 1-18 所示。

（1）应用程序 A 通过 DML 命令向 DBMS 发读请求，并提供读取记录参数。如记录名、关键字值等。

（2）DBMS 根据应用程序 A 对应的子模式中的信息，检查用户权限，决定是否接受读请求。

（3）如果是合法用户，则调用模式，根据模式与子模式间数据的对应关系，确定需要读取的逻辑数据记录。

（4）DBMS 根据存储模式，确定需要读取的物理记录。

（5）DBMS 向操作系统发读取记录的命令。

（6）操作系统执行该命令，控制存储设备读出记录数据。

（7）在操作系统控制下，将读出的记录送入系统缓冲区。

（8）DBMS 比较模式和子模式，从系统缓冲区中得到所需的逻辑记录，并经过必要的数据变换后，将数据送入用户工作区。

（9）DBMS 向应用程序发送读命令执行情况的状态信息。

（10）应用程序对工作区中读出的数据进行相应处理。

对数据的其他操作，其过程与读出一个记录类似。

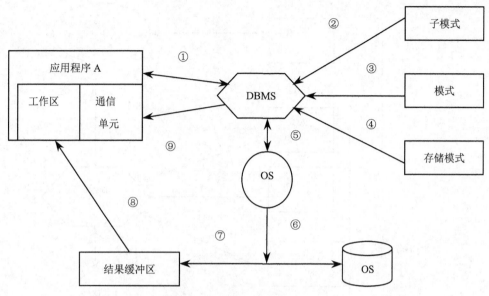

图 1-18 DBMS 工作过程的示意图

1.5.3 数据库系统的不同视图

前面已讲述，数据库系统的管理、开发和使用人员主要有数据库管理员、系统分析员、应用程序员和用户。这些人员的职责和作用是不同的，因而涉及不同的数据抽象级别，有不同的数据视图（如图 1-19 所示）。

1. 用户

用户分为应用程序和最终用户（End User）两类，他们通过数据库系统提供的接口和开发工具软件使用数据库。目前常用的接口方式有菜单驱动、表格操作、利用数据库与高级语言的接口编程、生成报表等。这些接口给用户带来很大方便。

2. 应用程序员

应用程序员负责设计应用系统的程序模块，编写应用程序通过数据库管理员为他（她）建立的外模式来操纵数据库中的数据。

3. 系统分析员

系统分析员负责应用系统的需求分析和规范说明。系统分析员要与用户和数据库管理员配合好，确定系统的软硬件配置，共同作好数据库各级模式的概要设计。

4. 数据库管理员

数据库管理员（DataBase Administrater，DBA）可以是一个人，也可以是由几个人组成的小组。他们全面负责管理、维护和控制数据库系统，一般来说由业务水平较高和资历较深的人员担任。下面介绍 DBA 的具体职责。

（1）决定数据库的信息内容。数据库中存放什么信息是由 DBA 决定的。他们确定应用的实体（实体包括属性及实体间的联系），完成数据库模式的设计，并同应用程序员一起完成用户子模式的设计工作。

（2）决定数据库的存储结构和存取策略。确定数据的物理组织、存放方式及数据存取方法。

（3）定义存取权限和有效性检验。用户对数据库的存取权限、数据的保密级别和数据的约束条件都是由 DBA 确定的。

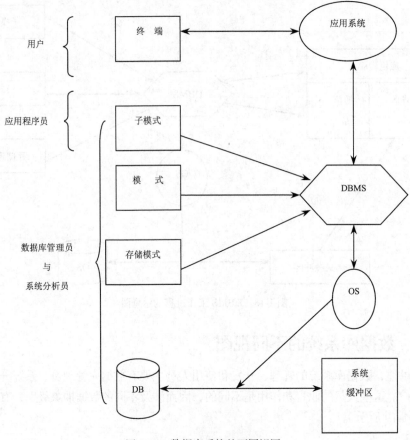

图 1-19　数据库系统的不同视图

（4）建立数据库。DBA 负责原始数据的装入，建立用户数据库。

（5）监督数据库的运行。DBA 负责监视数据库的正常运行，当出现软硬件故障时，能及时排除，使数据库恢复到正常状态，并负责数据库的定期转储和日志文件的维护等工作。

（6）重组和改进数据库。DBA 通过各种日志和统计数字分析系统性能。当系统性能下降（如存取效率和空间利用率降低）时，对数据库进行重新组织，同时根据用户的使用情况，不断改进数据库的设计，以提高系统性能，满足用户需要。

1.6　小　　结

本章介绍了数据库管理技术的发展、3 种数据模型、数据库系统结构以及数据库管理系统的组成，此章所涉及的一些基本概念是数据库原理的基础部分，应透彻理解。

习　　题

一、填空题

1. 数据处理的首要问题是数据管理。数据管理是指【1】、【2】、【3】、【4】及【5】数据。

2. 在人工管理数据阶段，应用程序完全依赖于数据，需要应用程序规定数据的【1】，分配数据的【2】，决定数据的【3】，因而导致数据变化时，相应需要修改应用程序。

3. 文件系统的三大缺陷表现为：【1】、【2】以及【3】。

4. 应用程序开发中存在的"数据依赖"问题是指【1】与【2】的存储、存取方式密切相关。

5. 【1】年美国 IBM 公司研制了世界上第一个数据库管理系统，它的英文名是【2】，缩写为 IMS。它的数据模型属于【3】模型。

6. 面向计算机的数据模型多以【1】为单位构造数据模型。

7. 数据库系统的控制功能表现在如下几点，分别是【1】、【2】、【3】和【4】。

8. 数据库中数据的最小存取单位是【1】。文件系统的最小存取单位是【2】。

9. 目前使用的数据模型基本上可分为两种类型：一种是【1】，另一种是【2】。

10. 数据模型一般来说是由 3 个部分组成，分别是：【1】、【2】和【3】。

11. 数据库系统中是按数据结构的类型来组织数据的。由于采用的数据结构类型不同，通常把数据库分为【1】、【2】、【3】和【4】4 种。

12. 联系通常有两种：一种是【1】，即实体中属性间的联系；另一种是【2】。

13. 实体间的联系是错综复杂的，但就两个实体的联系来说，主要有 3 种：【1】、【2】和【3】。

14. 数据库系统的结构，一般划分为 3 个层次，叫作【1】，分别为【2】、【3】和【4】。

15. 数据库系统（Database Systems，DBS）是一个实际可运行的系统。通常由【1】、【2】、【3】和【4】四个部分组成。

16. 数据库系统的管理、开发和使用人员主要有：【1】、【2】、【3】和【4】。

17. 数据库与文件系统的根本区别是【1】。

18. 现实世界中，事物的个体在信息世界中称为【1】，在机器世界中称为【2】。

19. 现实世界中，事物的每一个特性在信息世界中称为【1】，在机器世界中称为【2】。

20. 最常用的概念模型是【1】。

二、选择题

1. 按照数据模型分类，数据库系统可以分为 3 种类型_____。

A. 大型、中型和小型　　　　　B. 西文、中文和兼容

C. 层次、网状和关系　　　　　D. 数据、图形和多媒体

2. 下列所述不属于数据库的基本特点的是_____。

A. 数据的共享性　　　　　　　B. 数据的独立性

C. 数据量特别大　　　　　　　D. 数据的完整性

3. 下列关于数据库系统的正确叙述是_____。

A. 数据库系统减少了数据冗余

B. 数据库系统避免了一切数据冗余

C. 数据库系统中数据的一致性是指数据类型的一致

D. 数据库系统比文件系统管理更多的数据

4. 数据库（DB）、数据库系统（DBS）及数据库管理系统（DBMS）三者之间的关系是_____。

A. DBS 包含 DB 和 DBMS　　　B. DBMS 包含 DB 和 DBS

C. DB 包含 DBS 和 DBMS　　　D. DBS 就是 DB，也就是 DBMS

5. 数据库系统的核心是_____。

A. 数据库　　　　　　　　　　B. 操作系统

C. 数据库管理系统　　　　　　　D. 文件

6. 数据库系统与文件系统的主要区别是_____。

A. 数据库系统复杂，而文件系统简单

B. 文件系统不能解决数据冗余和数据独立性问题，而数据库系统可以解决

C. 文件系统只能管理程序文件，而数据库系统能够管理各种类型文件

D. 文件系统管理的数据量少，而数据库系统可以管理庞大的数据量

7. 数据库系统是由 <u>A</u>、<u>B</u>、<u>C</u> 和软件支持系统组成，其中 <u>A</u> 是物质基础，软件支持系统中 <u>D</u> 是不可缺少的，<u>B</u> 体现数据之间的联系，<u>C</u> 简称 DBA。常见的数据模型有多种，目前使用较多的数据模型为 <u>E</u> 模型。

A～D ①计算机硬件　②C 语言　③CPU　④数据库管理系统

⑤数据库　⑥主菜单　⑦数据库管理员　⑧网络管理系统

E：①层次　②网状　③关系　④拓扑

8. N 元关系的性质正确的是_____。

A. 关系相当于一个随机文件

B. 每个元组可最多有 n 个属性

C. 属性名称可以不唯一

D. 不可能存在内容完全一样的元组

9. 关于关系模型，叙述正确的是_____。

A. 只可以表示实体之间的简单关系

B. 实体间的联系用人为连线表示

C. 有严格的数学基础

D. 允许处理复杂表格，如一栏包括若干行

10. 关系数据库与其他数据库比_____。

A. 存储的内容不同　　　　　　　B. 查询的方式不同

B. 处理是过程化的　　　　　　　D. 程序与存储联系紧密

11. 关于分布式数据库叙述正确的是_____。

A. 对于数据是物理分布的，而处理和应用是不分布的

B. 尽量减少冗余度是系统目标之一

C. 除了数据的逻辑独立性与物理独立性外，还有数据分布独立性

D. 在物理上是分布的，在逻辑上也是分布的

12. 关于 DBMS 的叙述正确的是_____。

A. DBMS 是介于用户和操作系统之间的一组软件

B. 不具有开放性

C. DBMS 软件由数据定义语言与数据操作语言构成

D. 数据字典多数要手工进行维护

13. 数据库技术是从 20 世纪_____年代中期开始发展的。

A. 60　　　　　　B. 70　　　　　　C. 80　　　　　　D. 90

14. 计算机处理的数据通常可以分为三类，其中反映事物数量的是_____。

A. 字符型数据　　B. 数值型数据　　C. 图形图像数据　　D. 影音数据

15. 具有联系的相关数据按一定的方式组织排列并构成一定的结构，这种结构为_____。

A. 数据模型 　　　　B. 数据库 　　　　C. 关系模型 　　　D. 数据库管理系统

16. 使用 Access 按用户的应用需求设计的结构合理、使用方便、高效的数据库和配套的应用程序系统属于一种＿＿＿＿＿＿。

A. 数据库 　　　　　　　　　B. 数据库管理系统

C. 数据库应用系统 　　　　　D. 数据模型

17. 二维表由行和列组成，每一行表示关系的一个＿＿＿＿＿＿。

A. 属性 　　　B. 字段 　　　　C. 集合 　　　　D. 记录

18. 数据库是＿＿＿＿＿＿。

A. 以一定的组织结构保存在辅助存储器中的数据的集合

B. 一些数据的集合

C. 辅助存储器上的一个文件

D. 磁盘上的一个数据文件

19. 关系数据库是以＿＿＿＿＿＿为基本结构而形成的数据集合。

A. 数据表 　　　B. 关系模型 　　　C. 数据模型 　　　　D. 关系代数

20. 关系数据库中的数据表＿＿＿＿＿＿。

A. 完全独立，相互没有关系 　　　　B. 相互联系，不能单独存在

C. 既相对独立，又相互联系 　　　　D. 以数据表名来表现其相互间的联系

21. 以下说法中，不正确的是＿＿＿＿＿＿。

A. 数据库中存放的数据不仅仅是数值型数据

B. 数据库管理系统的功能不仅仅是建立数据库

C. 目前在数据库产品中关系模型的数据库系统占了主导地位

D. 关系模型中数据的物理布局和存取路径向用户公开

22. 现实世界中客观存在并能相互区别的是＿＿＿＿＿＿。

A. 实体 　　　B. 实体集 　　　C. 字段 　　　　D. 记录

23. 现实世界中事物的特性在信息世界中称为＿＿＿＿＿＿。

A. 实体 　　　B. 实体标识符 　　　C. 属性 　　　　D. 关键码

24. 数据库系统达到了数据独立性是因为采用了＿＿＿＿＿＿。

A. 层次模型 　　　B. 网状模型 　　　C. 关系模型 　　　D. 三级模式结构

25. 在 DBS 中，DBMS 和 OS 的关系是＿＿＿＿＿＿。

A. 相互调用 　　　B. DBMS 调用 OS 　　　C. OS 调用 DBMS 　　　D. 互不调用

三、简答题

1. 简单叙述数据管理技术发展的几个阶段。

2. 什么是数据库？

3. 什么是数据结构、数据字典？

4. 数据库有哪些主要特征？

5. 试阐述文件系统和数据库系统的区别和联系。

6. 叙述数据库中数据的独立性。

7. 关系型数据库与其他数据库相比有哪些优点？

8. 数据模型包括哪三个部分？它们分别有什么作用？

9. 什么是网状模型，网状模型有什么特点？请举出一个网状模型的例子。

10. 什么是层次模型，层次模型有什么特点？请举出一个层次模型的例子。

11. 什么是关系模型，关系模型有什么特点？请举出一个关系模型的例子。

12. 数据库管理员的主要职责是什么？

13. 定义并解释以下术语：

实体、实体型、实体集、属性、属性域、键

模式、内模式、外模式

DDL、DML、DBMS

14. 什么是数据与程序的物理独立性？什么是数据与程序的逻辑独立性？

15. 模式与内模式的映像有什么作用？

16. 模式与子模式的映像有什么作用？

四、综合题

1. 请按照下述两种情况分别建立银行—储户—存款单之间的数据模型：

（1）一个储户只在固定的一个银行存款；

（2）一个储户可以在多个银行存款。

这两个模型有什么根本区别？

2. 分别指出事物间具有一对一、一对多和多对多联系的 3 个例子。

3. 表间关系可以分为哪几类？定义关系的准则是什么？

4. 学校中有若干个系，每个系有若干个班级和教研室，每个教研室有若干个教师，其中有的教授和副教授每人各带若干个研究生。每个班有若干个学生，每个学生选若干课程，每门课程可有若干学生选修。用 EER 图画出该校的概念模型。

5. 某工厂生产若干产品，每种产品由不同的零件组成，有的零件可用在不同的产品上，这些零件由不同的原材料制成，不同零件所用的材料可以相同。这些零件按所属的不同产品分别放在仓库中，原材料按照类别放在若干仓库中，用 E-R 图画出此工厂产品、零件、材料、仓库的概念模型。

6. 收集尽可能多的关于你和你的学院或大学的关系的表格或报表，例如录取信、课程表、成绩单、课程变化表和评分等级。使用 E-R 模型，建立你和你的学校的关系中的基础实体的数据模型。

第2章
关系数据库数学模型

【本章提要】

关系数据库理论是 IBM 公司的 E.F.Code 首先提出的，是用数学的方法来处理数据库中的数据，它有着严格的数学理论基础。现有数据库管理系统都是建立在关系数据模型基础上，因而了解关系数据库理论，对数据库设计及应用都具有一定指导作用。本章主要介绍关系模型的基本概念、对关系模型的操作运算，包括关系代数和关系演算。

2.1 关系模型的基本概念

【提要】关系是一张二维表，实质上，应当把关系看成一个集合，这样就可以将一组直观的表格以及对表格的汇总和查询工作转换成数学的集合以及集合运算问题。关系的数学基础是集合代数理论。

2.1.1 关系的数学定义

1. 笛卡儿积（Cartesian Product）

设 D_1, D_2, $\cdots$, D_n 为 n 个集合，称 $D_1 \times D_2 \times \cdots \times D_n = \{ (d_1, d_2, \cdots, d_n) \in D_i, (i=1, 2, \cdots, n) \}$ 为集合 D_1, D_2, $\cdots D_n$ 的笛卡儿积（Cartesian Product）。其中，D_i（$i=1, 2, \cdots, n$）可能有相同的，称它们为域，域是值的集合。诸域的笛卡儿积也是一个集合；每一个元素（d_1, d_2, $\cdots$, d_n）称为一个元组，n 表示参与笛卡儿积的域的个数，叫作度；同时它也表示了每个元组中分量的个数。于是按 n 的值来称呼元组。如 $n=1$ 时，叫作 1 元组；$n=2$ 时，叫作 2 元组；$n=p$ 时，称为 p 元组。元组中的每一个值 d_i 称为一个分量。

若 D_i（$i=1, 2, \cdots, n$）是一组有限集，且其基数分别为 m_i（$i=1, 2, \cdots, n$），则笛卡儿积也是有限集，其基数 m 为

$$m = \prod_{i=L}^{n} m_i (i=1,2,\cdots,n)$$

笛卡儿积可表示为一个二维表。如果给出 3 个域：

D_1={赵一，王五}

D_2={张三，李四}

D_3={软件工程学，数据库原理}

则 D_1，D_2，D_3 的笛卡儿积为

$D_1 \times D_2 \times D_3$={（赵一，张三，软件工程学），（赵一，张三，数据库原理），（赵一，李四，软件工程学），（赵一，李四，数据库原理），（王五，张三，软件工程学），（王五，张三，数据库原理），（王五，李四，软件工程学），（王五，李四，数据库原理）}

结果集有 8 个元组，如表 2-1 所示。

表 2-1　　　　　　　　　　　　　教师、学生、课程的元组

D_1	D_2	D_3
赵一	张三	软件工程学
赵一	张三	数据库原理
赵一	李四	软件工程学
赵一	李四	数据库原理
王五	张三	软件工程学
王五	张三	数据库原理
王五	李四	软件工程学
王五	李四	数据库原理

2. 关系

笛卡儿积 $D_1 \times D_2 \times \cdots \times D_n$ 的子集叫作在域 D_1，D_2，$\cdots$，D_n 上的关系（Relation）。

$$R（D_1，D_2，\cdots D_n）$$

其中 R 表示关系的名称，n 表示关系的度或目。

由于关系是笛卡儿积的子集，因而关系也是一个二维表。表的每一行对应一个元组，表的每一列对应一个域。由于不同列可以源于相同的域，为了区分，将列称为属性，并给每列单独起一个名字。n 目关系必有 n 个属性。将关系所具有的度数 n 称为 n 元关系，显然 n 元关系有 n 个属性。

笛卡儿积的子集可用来构造关系。

设：

R_1={（赵一，张三，软件工程学），（王五，李四，数据库原理）}

R_2={（赵一，张三，软件工程学），（赵一，李四，软件工程学），（王五，张三，数据库原理），（王五，李四，数据库原理）}

形成两个名为 R_1 和 R_2 的关系，如表 2-2 和表 2-3 所示。

关系是元组的集合，是笛卡儿积的子集。一般来说，一个关系只取笛卡儿积的子集才有意义。笛卡儿积 $D_1 \times D_2 \times D_3$ 有八个元组，如果只允许一个教师教一门课程，显然其中的 4 个元组是没有意义的，只有关系 R_1 与 R_2 才有意义。在数据库中，对关系的要求还要更加规范。

表 2-2　　　　　　　　　　　　　　关系 R_1

教　师	学　生	课　程
赵一	张三	软件工程学
王五	李四	数据库原理

表 2-3	关系 R_2	
教　师	学　生	课　程
赵一	张三	软件工程学
赵一	李四	软件工程学
王五	张三	数据库原理
王五	李四	数据库原理

2.1.2　关系模型

关系模型是建立在数学概念上的，与层次模型、网状模型相比较，关系模型是一种最重要的数据模型。该数据模型包括 3 个部分：数据结构、关系操作和关系模型的完备性。

1. 数据结构

在关系模型中，由于实体与实体之间的联系均可用关系来表示，因此数据结构单一。关系的描述称为关系模式，它包括关系名、组成该关系的属性名及属性与域之间的映像。

关系模式定义了把数据装入数据库的逻辑格式。在某个时刻，对应某个关系模式的内容元组的集合，称为关系。关系模式是稳定的，而关系是随时间变化的。

2. 关系操作

关系操作的方式是集合操作，即操作的对象与结果都是集合，关系的操作是高度非过程化的，用户只需要给出具体的查询要求，不必请求 DBA 为他建立存取路径。存取路径的选择由 DBMS 完成，并且按优化的方式选取存取路径。

关系运算分为两类：关系代数、关系演算。

关系代数：把关系当作集合，对它进行各种集合运算和专门的关系演算，常用的有并、交、差、除法、选择、投影和连接运算。使用选择、投影和连接运算，可以把二维表进行任意的分割和组装，随机地构造出各种用户所需要的表格（即关系）。同时，关系模型采取了规范化的数据结构，所以关系模型的数据操纵语言的表达能力和功能都很强，使用起来也很方便。

关系演算：关系演算用谓词来表示查询的要求和条件。关系演算又可以分为元组关系演算和域关系演算两类。若谓词变元的基本对象是元组变量，称之为元组关系演算；若谓词变元的基本对象是域变量，称之为域关系演算。

可以证明，前面所述的关系代数运算、元组关系演算和域关系演算这 3 种关系运算形式在表达关系运算的功能上是等价的。

3. 关系模型的完整性

关系模型的完整性有 3 类，它们是实体完整性、参照完整性和用户定义的完整性。

（1）实体完整性

实体完整性要求基本关系的主键属性不能取空值，空值是没有定义的值。在关系数据库中有各种关系，即有各种表，如基本表、查询表和视图表等。基本表是实际存在的表，是实际存储数据的逻辑表示；查询表是查询的结果所构成的表；视图是虚表，由实表和视图导出的表组成。实体完整性是对基本表施行的规则，要求主键属性的值不能为空。如果取空值，则不能标识关系中的元组；一个元组对应现实世界中的一个实体，主键的属性值为空值，说明存在某个不可标识的实体，事实上现实世界中的实体都是可以区分的，即具有唯一的标识，所以主键属性的值不能为空值，故取名为实体的完整性。

（2）参照完整性

实体完整性是与保持关系中主键属性中正确的值有关，而参照完整性与关系之间能否正确地进行联系有关。两个表能否正确地进行联系，外键（Foreign Key）起了重要作用。

设 X 是关系 R 的一个属性集，X 并非 R 的键，但在另一个关系中，X 是键，则称 X 是 R 的一个外键。在两个关系建立联系时，外键提供了一个桥梁。

由用户保持参照完整性，是一件复杂而又乏味的工作。在任何一个大型关系数据库环境中，这种工作应该由系统自动进行，即对任何关系的修改，数据库系统将自动地应用已经确定的参照完整性规则去检验。

（3）用户定义的完整性

实体完整性和参照完整性是关系模型必须满足的完整性规则，应由关系数据库系统自动支持。用户定义的完整性针对数据库中具体数据的约束条件，它是由应用环境决定的。它反映了某一具体的应用所涉及的数据必须要满足的语义要求。关系模型应提供定义和检验这类完整性的机制，以便用统一的方法进行处理，不应由应用程序来完成这一功能。

为了维护数据库中数据的一致性，关系数据库的插入、删除和修改操作必须遵守上述的 3 类完整性规则。

对应于一个关系模型的所有关系的集合称为关系数据库。对于关系数据库也要分清型和值的概念。关系数据库的型（即数据库的逻辑描述）包括若干域的定义及在这些域上定义的若干关系模式。如果一个关系模式 $R(A，B，C)$ 用各属性的域值代替各属性名，就得到一个元组 $(a，b，c)$，若干个元组就构成了一个关系。关系数据库的值就是关系模式在某一时刻对应的关系的集合。

数据库的型称为数据库的内容，数据库的值称为数据库的外延。

4. 关系模型中关系的性质

在关系模型中，无论实体还是实体之间的联系均由具有如下特征的关系（二维表）来表示。

① 列是同质的，即每一列中的分量是同一类型的数据，来自同一个域。

② 不同的列可来自相同的域，每一列中有不同的属性名。

③ 列的次序可以任意交换。

④ 关系中的任意两个元组不能相同。

⑤ 行的次序如同列的次序，可以任意交换。

⑥ 每一个分量必须是不可分的数据项。

2.2 EER 模型到关系模型的转换

【提要】EER 模型（扩充实体关系模型）致力于概念建模，它能很好地模拟真实世界的情况。关系数据库用二维表组织数据，关系模型是二维表的表框架，它定义了将数据装入数据库的逻辑数据结构。本节介绍一些把 EER 模型转化为关系模型的常用规则，以便设计出良好的关系模型。

2.2.1 实体类型的转换

每种实体类型可由一个关系模型来表示。在关系模型中实体类型的属性称为关系的属性，实体类型的主键作为关系的主键。例如实体类型"学生"由如下的关系模型表示：

学生（学号，姓名，班级，系，……）

2.2.2 二元关系的转换

二元关系的转换技术取决于联系的功能度以及参与该实体类型的成员类，成员类指实体类型中的实体。成员类与实体类型之间的联系的关系影响二元关系的转换方式。

如果一种联系表示实体类型的各种实例必须具有这种联系，则说明该实体类型的成员类在这种联系下是强制性的，否则该成员类是非强制性的。例如实体"经理"和实体"职工"之间的联系是 $1:N$，这种联系用"管理"表示，即一个经理管理许多职工，如图 2-1 所示。如果规定每个职工必须有一个管理者，则"职工"中的成员类（实体类型职工中的实体）在联系"管理"中是强制性的；如果允许存在不用管理者管理的职工，则职工中的成员类在联系"管理"中是非强制性的。

图 2-1　$1:N$ 的二元关系

如果一个实体是某联系的强制性成员，则在二元关系转化为关系模型的实现方案中要增加一条完整性限制。

1. 强制性成员类

如果实体类型 E2 在实体类型 E1 的 $N:1$ 联系中是强制性的成员，则 E2 的关系模型中要包含 E1 的主属性。

例如，规定每一项工程必须由一个部门管理，则实体类型 Project 是联系"Runs"的强制性成员，因而在 Project 的关系模式中包含部门 Department 的主属性，即

Project（$\underline{P^{\#}}$，Dname，Title，Start-Date，End-Date，…）

其中 $P^{\#}$ 是项目编号，Title 是项目名称，Start-Date 和 End-Date 分别是项目的开始日期和结束日期。Dname 是部门的名称，它既是关系 Department 的主属性，又是关系 Project 的外来键，表示每个项目与一个部门相关。

2. 非强制性成员类

如果实体类型 E2 在与实体类型 E1 的 $N:1$ 联系中是一个非强制性的成员，则通常由一个分离的关系模型来表示这种联系及其属性，分离的关系模型包含 E1 和 E2 的主属性。

例如，在一图书馆数据库的 EER 模型中，有一实体类型借书者（Borrower）和书（Book）之间的联系如图 2-2 所示。

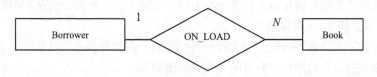

图 2-2　具有非强制性成员的 $1:N$ 关系

在任何确定的时间里，一本书可能被借出，也可能没有被借出。可以转换为如下的关系模式。

Borrower（$\underline{B^{\#}}$，Name，Address，…）

Book（$\underline{ISBN}$，$B^{\#}$，Title，…）

关系 Book 中仅包含外来键 $B^{\#}$，以便知道谁在目前借了这本书。但是图书馆的书很多，可能

有许多书没有借出，则 B# 的值为空值。如果采用的数据库管理系统不能处理空值，则在数据库的管理中会出现问题。

对这个例子，引入一个分离的关系 ON-LOAD（借出的书），会避免空值的出现。

Borrower（$\underline{B^{\#}}$, Name, Address, …）

Book（$\underline{Catalog^{\#}}$, Title, …）

On-load（$\underline{Catalog^{\#}}$, B#, Date1, Date2）

其中，Catalog# 是书的目录号，Date1 是借出时间，Date2 是归还时间。

仅有借出的书才会出现在关系 ON-LOAD 中，避免空值的出现，并把属性 Date1 和 Date2 加到关系 On-load 中。

3. 多对多的二元关系

$N:M$ 的二元关系通常引入一个分离关系来表示两个实体类型之间的联系，该关系由两个实体类型的主属性及其联系的属性组成。

例如，学生与课程之间的联系为 $N:M$，即一个学生可以学习多门课程，一门课程可以由多个学生学习。其概念模型如图 2-3 所示，可由如下的关系模型来描述。

S（$\underline{学号}$, 姓名, 班级, 系, 年龄, …）

C（$\underline{课程号}$, 课程名, 学分, 教师, …）

SC（$\underline{学号}$, $\underline{课程号}$, 成绩）

其中，D 表示学生实体类型，C 表示课程实体类型，SC 表示 S 与 C 之间的 $N:M$ 联系及联系的属性。

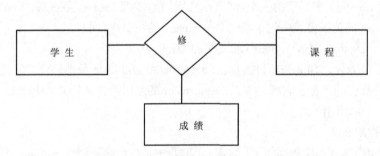

图 2-3　学生与课程之间的 $N:M$ 关系

2.2.3　实体内部之间联系的转换

实体内部之间联系的转换在很大程度上与上面介绍的二元关系的转换技术相似。

1. 实体内部之间 1∶1 的联系

图 1-8 显示了实体类型 Person 类型之间的婚姻联系，因为许多人不具备这个条件，很明显这种联系是非强制性的，因此用一个分离的关系表示该联系。

Person（$\underline{ID^{\#}}$, Name, Address, …）

Marry（$\underline{Husband\text{-}ID^{\#}}$, $\underline{Wife\text{-}ID^{\#}}$, Date, …）

其中，带下画线的属性为键。

2. 实体内部之间的 1∶N 的联系

图 1-9 所示的职工与管理人员之间的联系是 $1:N$，管理人员也是职工。如果每个职工都由一个管理人员管理，则具备一种强制性的联系。把管理人员的编号加到职工 Employee 关系中，关系模型如下。

Employee（$\underline{ID}^{\#}$，Supervisor-ID$^{\#}$，Ename，…）

如果管理人员只管理某些职工，则有一个分离的关系，关系模型如下：

Employee（$\underline{ID}^{\#}$，Ename，…）

Supervise（$\underline{ID}^{\#}$，Supervisor-ID$^{\#}$，…）

3. 实体内部之间的 $N : M$ 的联系

图 1-10 所示的实体类型内部之间 $N : M$ 的联系，可转换成如下的关系模型：

Part（$\underline{P}^{\#}$，Pname，Description，…）

Comprise（$\underline{Major\text{-}P}^{\#}$，$\underline{Minor\text{-}P}^{\#}$，Quantity）

2.2.4　三元关系的转换

图 1-11 所示的三元关系可转换为如下的关系模型：

Company（$\underline{Comp\text{-}name}$，…）

Product（$\underline{Prod\text{-}name}$，…）

Country（$\underline{Country\text{-}name}$，…）

Sells（Comp-name，Prod-name，Country-name，Quantity）

其中关系 Sells 是一分离的关系，表达了 3 个实体类型（Company，Product，Country）之间的 $N : M : P$ 的联系，属性 Quantity 是销售量，3 个关系（Company，Product，Country）的主属性构成关系 Sells 的主属性，带下画线的属性是主属性。

2.2.5　子类型的转换

图 1-12 所示的是实体类型的分层结构，根实体类型 Employee 带有子类型 Secretary、Engineer 和 Technician，子类型 Engineer 又具有其本身的子类型 Auto-engineer、Aero-engineer 和 Electronic-engineer。对于每个秘书、工程师和技术人员，关系 Employee 中将包含一个元组；对于每个汽车工程师、航空工程师和电子工程师，关系 Engineer 也将包含一个元组。

把分层结构的实体类型转化为关系模型，其结果是根实体类型和各个子类型之间产生一个分离的关系，每个分离的关系的键是根实体类型的关系的键，该关系还包含子类型中的属性。

图 1-12 所示的实体类型的分层结构，可用下列的关系模型描述：

Employee（$\underline{EMP}^{\#}$，对所有职工具有的共同属性）

Engineer（$\underline{EMP}^{\#}$，工程师专有的属性）

Secretary（$\underline{EMP}^{\#}$，秘书人员专有的属性）

Technician（$\underline{EMP}^{\#}$，技术人员专有的属性）

Aero-engineer（$\underline{EMP}^{\#}$，航空工程师专有的属性）

Auto-engineer（$\underline{EMP}^{\#}$，汽车工程师专有的属性）

其中：带下划线的属性是主属性。EMP$^{\#}$是职工的编号，通过这个属性，可把超类型产生的关系与其子类型产生的关系进行自然连接，查询出一个职工的全部信息。例如一个汽车工程师既是工程师又是职工，通过属性 EMP$^{\#}$把关系 Auto-engineer、Engineer 和 EMPLOYEE 进行自然连接，查询出自动化工程师的全部信息，说明了子类型可以继承超类型的性质。子类型与超类型的概念是相对的，类型 ENGINEER 是类型 EMPLOYEE 的子类型，又是类型 Aero-engineer、Auto-engineer 和 Electronic-engineer 的超类型。

2.3 关 系 代 数

【提要】基于关系模型的关系代数运算可分为两类：一类是传统的集合运算，另一类是专门的关系运算。从数学角度看关系是一个集合，因而传统的集合运算如并、交、差、笛卡儿积等可用到关系的运算中，关系代数的另一种运算如选择（对关系进行水平分解）、投影（对关系进行垂直分解）、连接（关系的结合）等是作为关系数据库环境而专门设计的，称为关系的专门运算。

2.3.1 基于传统集合理论的关系运算

设有关系 R、S 和 T，如图 2-4 所示。

关系 R		
A	B	C
a	1	a
b	1	b
a	1	d
b	2	f

关系 S		
A	B	C
a	1	a
a	3	f

关系 T		
B	C	D
1	a	1
3	b	1
3	c	2
3	d	4
1	d	4
2	a	3

图 2-4 关系 R、S 和 T

1. 并（Union）

关系 R 和 S 的并是由属于 R 或 S 或同时属于 R 和 S 的元组组成的集合，记为 $R \cup S$，得到的结果如图 2-5 所示。关系 R 和 S 应有相同的目，即有相同的属性个数，并且类型相同。

2. 差（Difference）

关系 R 和 S 的差是由属于 R 而不属于 S 的所有元组组成的集合，记为 $R-S$，其结果关系如图 2-6 所示。关系 R 和 S 应有相同的目，并且类型相同。

$R \cup S$		
A	B	C
a	1	a
b	1	b
a	1	b
b	2	f
a	3	f

图 2-5 并

$R-S$		
A	B	C
b	1	b
a	1	d
b	2	f

图 2-6 差

3. 交（Intersection）

关系 R 和 S 的交是由同时属于 R 和 S 的元组组成的集合组成，记为 $R \cap S$，得到的结果关系如图 2-7 所示。

$R \cap S$		
A	B	C
a	1	a

图 2-7 交

4. 笛卡儿积（Cartesian product）

设 R 为 n 目关系，S 为 m 目关系，则 R 和 S 的笛卡儿积为 $n+m$ 目关系，记为 $R \times S$。其中，前 n 个属性为 R 的属性集，后 m 个属性是 S 的属性集，结果关系中的元组为每一个 R 中元组与所有的 S 中元组的组合。在图 2-4 中，关系 R 和 S 的笛卡儿积 $R \times S$ 的结果表如图 2-8 所示。

$R \times S$

R.A	R.B	R.C	S.A	S.B	S.C
a	1	a	a	1	a
b	1	b	a	1	a
a	1	d	a	1	a
b	2	f	a	1	a
a	1	a	a	3	f
b	1	b	a	3	f
a	1	d	a	3	f

图 2-8　笛卡儿积

2.3.2　专门的关系运算

1. 选择

选择（Selection，SL）运算是根据给定的条件对关系进行水平分解，选择符合条件的元组。选择条件用 F 表示，也可称 F 为原子公式。在关系 R 中挑选满足条件 F 的所有元组，组成一个新的关系，这个关系是关系 R 的一个子集，记为：

$$\sigma_F(R) \quad \text{或} \quad \mathrm{SL}_F(R)$$

其中：σ 表示选择运算符，R 是关系名，F 是选择条件。若取图 2-4 中的关系 R，F 为 $A=a$，作选择运算，$\sigma_{A=a}(R)$ 其结果如图 2-9 所示。

说明：

F 是一个公式，取的值或者为"真"或者为"假"；

F 由逻辑运算符 $\land$（与，and）、$\lor$（或，or）和 $\lnot$（非，not）连接各种算术表达式组成；

算术表达式的基本形式为 $x\,\theta\,y$，$\theta = \{>、>=、<、<=、=、\neq\}$，$x$、$y$ 是属性名或是常量，也可以是简单函数，属性名也可以用其序号代替。

例如，在图 2-4 的关系 T 中，选择 B 属性的值大于 1 并且 D 属性值小于 4 的元组。

$\sigma_{B>\ '1'\,\text{AND}\,D<\ '4'}(T)$ 结果如图 2-10 所示。

$SL_{A=a}(R)$

A	B	C
a	1	a
a	1	d

图 2-9

$SL_{B>\ '1'\ AND\ D<\ '4'}(R)$

B	C	D
3	b	1
3	c	2
2	a	3

图 2-10 选择

选择运算也可表示成如下的形式：

$\sigma_{1>\ '1'\ AND\ 3<\ '4'}(T)$ 表示选择关系 T 中，第一个分量大于 1 并且第三个分量小于 4 的元组组成的关系。注意，常量要用引号括起来，属性序号或属性名称不用引号括起来。

关系 R 对于选择公式 F 的选择运算用 $\sigma_F(R)$ 表示，定义如下：

$\sigma_F(R)=\{t|t\in R\wedge F(t)=\ 'true'\}$，$t$ 是 R 中满足选择条件的元组，$\sigma_F(R)$ 结果关系是由元组 t 构成的关系。

2. 投影（Projection，PJ）

设 R 是一个 n 目关系，A_{i1}，A_{i2}，$\cdots$，A_{im} 是 R 的第 i_1，i_2，$\cdots$，i_m（$m\leq n$）个属性，则关系 R 在 A_{i1}，A_{i2}，$\cdots$，A_{im} 上的投影定义为：

$\prod_{i1,\ i2,\ \cdots,\ im}(R)=\{t\ |\ t=(t_{i1},\ t_{i2},\ \cdots,\ t_{im})\wedge(t_{i1},\ t_{i2},\ \cdots,\ t_{in})\in R\}$

其中：$\prod$ 为投影运算符，其含义是从 R 中按照 i_1，i_2，$\cdots$，i_n 的顺序取下这 m 列，构成以 i_1，i_2，$\cdots$，i_n 为顺序的 m 目关系。

在有的资料中，用 $PJ_{Attr}(R)$ 表示关系 R 在 A_{i1}，A_{i2}，$\cdots$，A_{im} 上的投影。

属性也可用其序号表示。例如，对图 2-4 中的关系 R 作投影运算。$\prod_{A,\ B}$ (R) 或 $\prod_{1,\ 2}(R)$ 或 $PJ_{A,\ B}(R)$，其结果如图 2-11 所示。

投影运算是对关系进行垂直分解，消去关系中的某些列，并重新排列次序，删除重复的元组，构成新的关系。

$PJ_{A,\ B}(R)$

A	B
a	1
b	1
a	1
b	2

图 2-11 投影

3. 连接

连接（Join，JN）是从关系 R 与 S 的笛卡儿积中，选取 R 的第 i 个属性值和 S 的第 j 个属性值之间满足一定条件表达式的元组，这些元组构成的关系是 $R\times S$ 的一个子集。

设关系 R 和 S 是 K_1 目和 K_2 目关系 ，θ 是算术比较运算符，R 与 S 连接的结果是一个（K_1+K_2，）目的关系。可用选择和笛卡儿积来表示连接运算。

$$R\underset{A\ \theta\ B}{\bowtie}S=\sigma_{R\cdot A\ \theta\ S.B}(R\times S)$$

其中：A，B 分别为 R、S 上可比的属性，A、B 应定义在同一个域上。

θ 是算术比较符，可以是>、>=、<、<=、=、≠等符号，相应地可以称为大于连接、大于等于连接、小于连接等，即把连接称为 θ 连接。最常用的连接是等值连接，其余统称为不等值连接。

也可以把连接表示为$(R)\ JN_F(S)$，或把连接表示为 $SL_F(R\times S)$，F 为一个条件表达式。

例如，把图 2-4 中的关系 R 与 T 作 θ 连接，$R\underset{R.C=T.C}{\bowtie}S$，或（$R$）$JN_{R.C=T.C}(S)$ 得到的结果关系如图 2-12 所示。又例如，下列连接表达式的结果关系如图 2-13 所示。

$$R \underset{R.B>T.D}{\bowtie} T, \text{ 或 } (R) \text{ JN}_{R.B>T.D} (T)$$

4. 自然连接（National Join，NJN）

自然连接是连接运算的一种特殊情况。自然连接只有当两个关系含有公共属性名时才能进行。其意义是从两个关系的笛卡儿积中选择出公共属性值相等的那些元组构成的关系。自然连接是一种常用的连接。

（R）JN$_{R.C=T.C}$（T）

R.A	R.B	R.C	T.B	T.C	T.D
a	1	a	1	a	1
a	1	a	2	a	3
b	1	b	3	b	1
a	1	d	1	d	4

图 2-12　连接 1

（R）JN$_{R.B>T.D}$（T）

R.A	R.B	R.C	T.B	T.C	T.D
b	2	f	1	a	1
b	2	f	3	b	1

图 2-13　连接 2

下面用选择和笛卡儿积运算来定义自然连接。

设关系 R 和 T 具有相同的属性集合 U：

$$U=\{A_1, A_2, \cdots, A_K\}$$

从关系 R 和 T 的笛卡儿积中，取满足

$$\prod_{R,U}=\prod_{T,U}$$

的所有元组，且去掉 $T.A_1, T.A_2, \cdots, T.A_K$，所得到的关系为关系 R 和 T 的自然连接。定义如下。

$$R \bowtie T = \prod_{i_1,i_2,\dots i_k} = (\sigma_{R.A_1=T.A_1 \wedge R.A_2=T.A_2 \wedge \dots \wedge R.A_K=T.A_K} (R \times T))$$

其中 $\bowtie$ 是自然连接符号。自然连接简记为（R）NJN（T）。

例如，取图 2-4 中的关系 R 和 T，作自然连接运算。

$$R \bowtie T = \prod_{R.A,R.B,R.C,R.D} (\sigma_{R.B=T.B \wedge R.C=T.C} (R \times T))$$

得到的结果关系如图 2-14 所示。

自然连接是关系代数中常用的一种运算，在关系数据库理论中起着重要的作用，利用选择、投影和自然连接操作可以任意地分解和构造新关系。

（R）NJN（T）

A	B	C	D
a	1	a	1
a	1	d	4

图 2-14　自然连接

5. 左连接

左连接（Left Join，LJN）是一种非常有用且特殊的扩展连接方式，"R 左连接 T"的结果关系是包括所有来自 R 的元组和那些连接字段相等处的 T 的元组。设关系 R 和 T 具有相同的属性集合 U，$U=\{A_1, A_2, \cdots, A_K\}$，则左连接的通用表达式为

$$(R)LJN(T)$$

$$R.A_1 = T.A_1 \wedge R.A_2 = T.A_2 \wedge \dots \wedge R.A_K = T.A_K$$

对于 R 中的每一个元组，如果 T 中没有与 R 相匹配的元组，则相应结果关系的元组中保留 R 的元组分量，相应地来源于 T 的属性下的元组分量为"空值"；如果 T 中有唯一元组与 R 中的某一元组相匹配，则相应结果关系的元组中保留 R 的元组分量，同时也保留 T 的元组分量；如果 T

中有 n 个元组与 R 中的一个元组相匹配，则相应结果关系的元组中保留 n 个相同的 R 的元组，相应地保留来源于 T 的这 n 个不同元组。

例如图2-4中的关系 R 和 T，有相同的属性 B 和 C，则

$$(R)\text{LJN}(T)$$
$$R.B = T.B \wedge R.C = T.C$$

结果关系如图2-15所示。

$$(R)\text{LJN}(T)$$
$$R.B = T.B \wedge R.C = T.C$$

A	$R.B$	$R.C$	$T.B$	$T.C$	D
a	1	a	1	a	1
b	1	b			
a	1	d	1	d	4
b	2	f			

图 2-15　左连接

6. 右连接

右连接（Right Join，RJN）也是一种非常有用且特殊的扩展连接方式，"R 右连接 T"的结果关系是包括所有来自 T 的元组和那些连接字段相等处的 R 的元组。设关系 R 和 T 具有相同的属性集合 U，$U=\{A_1, A_2, \cdots, A_K\}$，则右连接的通用表达式为

$$(R)\text{RJN}(T)$$
$$R.A_1=T.A_1 \wedge R.A_2=T.A \wedge \cdots \wedge R.A_K=T.A_K$$

对于 T 中的每一个元组，如果 R 中没有与 T 相匹配的元组，则相应结果关系的元组中保留 T 的元组分量，来源于 R 的相应属性下的元组分量为"空值"；如果 R 中有唯一元组与 T 中的某一元组相匹配，则相应结果关系的元组中保留 T 的元组分量，同时也保留 R 的元组分量；如果 R 中有 n 个元组与 T 中的一个元组相匹配，则相应结果关系的元组中保留 n 个相同的 T 的元组，相应地保留来源于 R 的这 n 个不同元组。

例如，图2-4中的关系 R 和 T，有相同的属性 B 和 C，则

$$(R)\text{RJN}(T)$$
$$R.B=T.B \wedge R.C=T.C$$

结果关系如图2-16所示。

$$(R)\text{RJN}(T)$$
$$R.B = T.B \wedge R.C = T.C$$

A	$R.B$	$R.C$	$T.B$	$T.C$	D
a	1	a	1	a	1
			3	b	1
			3	c	2
a	1	d	1	d	4

图 2-16　右连接

7. 除法（Division）

除法也是两个关系的运算。设有关系 R 和 S，R 是（$m+n$）元关系，S 是 n 关系，且 S 的属性是 R 属性的一部分。R 与 S 的除法运算表示为

$$W=R \div S$$

除法操作的结果产生一个 m 元的新关系，关系 R 的第（$m+i$）个属性与关系 S 的第 i 个属性定义在同一个域上（$i=1，2，3，\cdots，n$）。

结果关系 W 由这样的一些元组组成：每一个元组包含属于 R 而不属于 S 的属性；S 中的元组在 P 中有对应的元组存在，并且余留的属性相同。

例如，如图 2-17 所示，若 P、Q 关系如下，$P \div Q$ 得到的关系 W（商）只含有一个元组（a_1）。

P				Q			W
A	B	C		B	C		A
a_1	b_1	c_2		b_1	c_2		a_1
a_3	b_4	c_6		b_2	c_1		
a_1	b_2	c_3		b_2	c_3		
a_2	B_2	c_1					
a_1	b_2	c_3					

图 2-17　除法 $W=P \div Q$

如图 2-18 所示为 $W_1=R \div S_1$，$W_2=R \div S_2$，$W_3=R \div S_3$。

R			S_1		S_2		S_3
$S^\#$	$C^\#$		$C^\#$		$C^\#$		$C^\#$
S_1	C_1		C_1		C_1		C_1
S_1	C_2				C_2		C_2
S_1	C_3						C_3
S_2	C_1						
S_2	C_2						
S_3	C_1						

$W_1=R \div S_1$	$W_2=R \div S_2$	$W_3=R \div S_3$
$S^\#$	$S^\#$	$S^\#$
S_1	S_1	S_1
S_2	S_2	
S_3		

图 2-18　除法

本节共介绍了 11 种关系代数运算，其中并、交、差、笛卡儿积、投影和选择是 6 种基本的运算，其余的 5 种运算均可用这六种基本运算来表达。

2.4　关系演算

【提要】把数理逻辑中的谓词演算应用到关系运算中来，就得到了关系演算。关系演算按其谓

词变元的不同，分为元组关系演算和域关系演算。元组关系演算以元组为变量，域关系演算以域为变量，它们分别被简称为元组演算和域演算。

2.4.1 元组关系演算

在元组演算中，用演算表达式 $\{t|\varphi(t)\}$ 表示关系，其中 t 为元组变量，$\varphi(t)$ 是由原子公式和运算符组成的公式。

1. 原子公式的 3 种类型

（1）$R(t)$

R 是关系名，t 是元组变量，$R(t)$ 表示 t 是关系 R 的元组。因此关系 R 可用元组演算表达式 $\{t|R(t)\}$ 来表示。

（2）$t[i]\,\theta\,c$ 或 $c\,\theta\,t[i]$

$t[i]\,\theta\,c$ 表示元组变量 t 的第 i 个分量，c 是常量，θ 是算术运算比较符。$t[i]\,\theta\,c$ 或 $c\,\theta\,t[i]$ 表示"元组 t 的第 i 分量与常量 c 之间满足 θ 运算"。例如，$t[2]>5$，表示"t 的第 2 个分量大于 5"；$t[6]=$"WANG"，表示"t 的第 6 个分量等于 WANG"；$7>t[1]$ 表示"7 大于 t 的第 1 个分量"。

（3）$t[i]\,\theta\,u[i]$

t 和 u 是两个元组变量，θ 是算术比较运算符，$t[i]\,\theta\,u[j]$ 表示"元组 t 的第 i 个分量与元组 u 的第 j 个分量之间满足 θ 运算"。例如，$t[3]\neq u[3]$ 表示"t 的第 3 个分量与 u 的第 3 个分量不相等"；$t[2]>u[6]$ 表示"t 的第 2 个分量大于 u 的第 6 个分量"。

在定义关系演算的运算时，可同时定义"自由"元组变量和"约束"元组变量的概念。在一个公式中，一个元组变量的前面如果没有存在量词"∃"或全程量词"∀"，称这个元组变量为自由的元组变量，否则称为约束的元组变量。

自由的元组变量类似于程序设计语言中的全程变量（在当前过程之外定义的变量），而约束的元组变量类似于程序设计语言中局部变量（在过程中定义的变量）。

2. 公式及公式中自由元组变量和约束元组变量的递归定义

① 每个原子公式是一个公式。

② 设 φ_1 和 φ_2 是公式，则 $\neg\varphi_1$、$\varphi_1\wedge\varphi_2$ 和 $\varphi_1\vee\varphi_2$ 也是公式。当 φ_1 为真时，$\neg\varphi_1$ 为假，否则为真；当 φ_1 和 φ_2 同时为真时，$\varphi_1\wedge\varphi_2$ 为真，否则为假；当 φ_1 为真，或 φ_2 为真，或 φ_1 和 φ_2 同时为真时，$\varphi_1\vee\varphi_2$ 为真，否则为假。

③ 设 φ 是公式，t 是 φ 的一个元组变量，则（$\exists t$）(φ)、($\forall t$)(φ) 也是公式。当至少有一个 t 使 φ 为真时，则($\exists t$)(φ) 为真，否则为假（any，存在量词）；当所有的 t 都使得 φ 为真时，则($\forall t$)(φ) 才为真，否则为假（every，全称量词）。

④ 公式中运算符的优先次序是：算术比较运算符最高，存在量词和全程量词次之，逻辑运算符最低，且按 ¬、∧ 和 ∨ 的次序排列。如果有括号，则括号中的运算优先级最高。利用括号可改变优先次序。

公式只能由以上的形式组成。

⑤ 元组关系演算表达式 $\{t|\varphi(t)\}$ 表示了所有使得 φ 为真的元组集合。

3. 关系代数表达式的元组演算表示

因为所有的关系代数运算都能用关系代数的 5 种基本运算表达，所以这里仅把关系代数的 5

种基本运算用元组关系演算表示。

（1）并

$$R \cup S = \{t | R(t) \vee S(t)\}$$

R 与 S 的并是元组 t 的集合，t 在 R 中或 t 在 S 中。

（2）差

$$R - S = \{t | R(t) \vee -S(t)\}$$

关系 R 与 S 的差是元组 t 的集合，t 在 R 中而不在 S 中。

（3）笛卡儿积

设 R 和 S 分别是 r 目和 s 目关系，则有

$$R \times S = \{t^{(r+s)} | (\exists u^{(r)})(\exists v^{(s)})(R(u) \wedge S(v) \wedge t[1] = u[1] \wedge \cdots \wedge t[r] = u[r] \wedge t[r+1] = v[1] \wedge \cdots \wedge t[r+s] = v[s])\}$$

关系 $R \times S$ 是这样一些元组的集合：存在一个 u 和 v，u 在 R 中，v 在 S 中，并且 t 的前 r 个分量构成 u，后 S 个分量构成 v。

$T^{(i)}$ 意味着 t 的目数为 i，即有 i 个属性。$t^{(r+s)}$ 表示 t 的目数为 $r+s$。

（4）投影

$$\prod\nolimits_{i_1,i_2\cdots i_k}(R) = \{t^{(k)} | (\exists u)(R(u)) \wedge t[1] = u[i_1] \wedge \cdots \wedge t[k] = u(i_k)\}$$

公式中，关系 R 在属性 $i_1,i_2\cdots i_k$ 上的投影是 k 目元组 $t^{(k)}$ 的集合，对于 $t^{(k)}$ 的任何一个属性都满足 $t^{(k)}$ 的属性 k 与 R 的元组 u 的 i_k 属性相同的条件。

（5）选择

$$\sigma_F(R) = \{t | R(t) \wedge F'\}$$

式中 F′ 是 F 的等价公式。

公式中，关系 R 的选择是 R 的元组 t 的一个子集，它的每个元组均同时满足等价公式 F′ 的要求。

4. 元组关系演算实例

设有关系 R、S 和 W，如图 2-19 所示。

R		
A	B	C
a	e	8
c	f	6
d	b	4
d	f	3

S		
A	B	C
a	c	8
b	c	5
c	b	4
d	f	6

W	
B	C
4	x
5	d

图 2-19　关系 R、S 和 W

给出如下 5 个元组演算，结果如图 2-20 所示。

$$R_1 = \{t | R(t) \wedge \neg S(t)\}$$
$$R_2 = \{t | R(t) \wedge t[2] = f\}$$
$$R_3 = \{t | R(t) \wedge S(t)\}$$
$$R_4 = \{t | R(t) \wedge t[3] \geqslant 4\}$$

R_1		
A	B	C
a	e	8
c	f	6
d	f	3

R_2		
A	B	C
c	f	6
d	f	3

R_3		
A	B	C
d	b	4

R_4		
A	B	C
a	e	8
c	f	6
d	b	4

R_5		
A	B	C
d	b	4
d	f	3

$$R_5=\{t\,|(\exists u)(R(t)\wedge W(u)\wedge t[3]\leqslant u[1])\}$$

图 2-20　元组演算示例

2.4.2　域关系演算

域关系演算与元组关系演算类似，所不同的是公式中的变量不是元组变量，而是表示元组变量中各个分量的域变量。域关系演算表达式的一般形式是

$$\{t_1,t_2,\cdots t_k\,|\,\varphi(t_1,t_2\cdots t_k)\,\}$$

其中：t_1，t_2，$\cdots t_k$ 是元组变量 t 的各个分量，都称为域变量；φ 是一个公式，由原子公式和各种运算符构成。

1. 原子公式的 3 种形式

（1）$R(t_1,\ t_2,\ \cdots t_k)$

式中 R 是 K 目关系，t_i 是域变量或常量。$R(t_1,\ t_2,\ \cdots,\ t_k)$ 表示由分量组成的元组在 R 中。

（2）$t_i\,\theta\,C$ 或 $C\,\theta\,t_i$

式中 t_i 为元组 t 的第 i 个域变量，C 是常量，θ 为算术比较运算符。$t_i\,\theta\,C$ 表示 t 与 C 之间满足 θ 运算。

（3）$t_i\,\theta\,u_j$

式中 t_i 为 t 的第 i 个域变量，u_j 是元组 u 的第 j 个域变量，θ 是算术比较运算符，$t_i\,\theta\,u_j$ 表示 t_i 和 t_j 之间满足 θ 运算。

域演算表达式 $\{\,t_1,\ t_2,\ \cdots t_k|\ \varphi(\,t_1,\ t_2,\ \cdots t_k)\}$ 是表示所有那些使 φ 为真的 t_1，t_2，$\cdots t_k$ 组成的元组集合，关键是要找出 φ 为真的条件。

域演算中的运算符和元组演算中的运算符完全相同，因此 φ 也是域演算的原子公式及各种运算符连接的复合公式。自由和约束变量的意义以及约束变量范围的定义与元组演算中的情况完全一样，如果公式中某一个变量前有"全称（∀）量词"或"存在（∃）量词"，则这个变量称为约束变量，否则称为自由变量。

2. 原子公式的递归定义

原子公式的递归定义如下。

① 每个原子公式是公式。

② 设 φ_1 和 φ_2 是公式，则 $\neg\varphi_1$、$\varphi_1\wedge\varphi_2$ 和 $\varphi_1\vee\varphi_2$ 也都是公式。

③ 若 $\varphi(\,t_1,\ t_2,\ \cdots,\ t_k)$ 是公式，则 $(\exists t_i)(\varphi)(i=1,\ 2,\ \cdots,\ k)$ 和 $(\forall t_i)(\varphi)(i=1,\ 2,\ \cdots,\ k)$ 也都是公式。

④ 域演算公式中运算符的优先级与元组演算公式中运算符的优先级相同。

⑤ 域演算的全部公式只能由上述形式组成，无其他形式。

R		
A	B	C
d	ce	5
d	bd	2
g	ef	7
d	cd	9

S		
A	B	C
c	b	7
c	e	3
b	f	6
d	cd	9

W	
A_1	A_2
3	21
9	15

S_1		
A	B	C
d	ce	5
d	bd	2

S_2		
A	B	C
d	ce	5
d	bd	2
g	cf	7
d	cd	9

S_3		
B	A_2	A
ce	15	d
bd	21	d
bd	15	d
ef	15	g

图 2-21 域关系演算示例

3. 几个域演算的示例

设有关系 R、S 和 W，下面给出的 3 个域演算例子，其结果如图 2-21 中的 S_1、S_2 和 S_3 所示。

$$S_1 = \left\{ xyz \mid R(xyz) \wedge z < 8 \wedge x = d \right\}$$

$$S_2 = \left\{ xyz \mid R(xyz) \vee S(xyz) \wedge x \neq c \wedge y \neq f \right\}$$

$$S_3 = \left\{ yvx \mid (\exists z)(\exists u)(R(xyz) \times W(uv)) \wedge z < u \right\}$$

2.5 小　结

本章介绍了关系模型的基本概念及关系运算，其中 EER 模型到关系模式的转换一节在实际数据库模型设计中具有重要的理论指导意义，请理解并加以应用。

习　题

一、填空题

1. 设 $D_1, D_2, \cdots D_n$ 为 n 个集合，称

$$D_1 \times D_2 \times \cdots \times D_n = \left\{ (d_1, d_2, \cdots d_n) \mid d_i \in D_i, i = 1, 2, \cdots n \right\}$$

为集合 $D_1, D_2, \cdots, D_n$ 的【1】。其中每一个元素 $(d_1, d_2, \cdots d_n)$ 叫作一个【2】，元素中第 i 个值 d_i 叫作第 i 个【3】。

2. 笛卡儿积 $D_1 \times D_2 \times ... \times D_n$ 的子集叫作在域 D_1，D_2，$\cdots D_n$ 上的【1】。记作：$R(D_1, D_2, \cdots D_n)$。其中 R 表示【2】，n 表示【3】。

3. 关系模型包括 3 个部分，它们为【1】、【2】和【3】。

4. 关系运算分为两类，一类是【1】，另一类是【2】。其中【1】中常用的有【3】、【4】、【5】、【6】、【7】、【8】和【9】；而【2】又可分为【10】和【11】。

5. 关系模型的完整性有 3 类，分别是【1】、【2】和【3】。

6. 在一个公式中，一个元组变量的前面如果没有存在量词 ∃ 或全程量词 ∀，称这个元组变量为【1】元组变量，否则称为【2】元组变量。

7. 关系数据库的体系结构分为三级，即为【1】、【2】和【3】。

8. 关系数据库中每个关系的形式是【1】，事物和事物之间的联系在关系模型中都用【2】来表示，对关系进行选择、投影、联接之后，运算的结果仍是一个【3】。

9. 数据模型不仅反映事物本身的数据，而且表示出【1】。

10. 用二维表的形式来表示实体之间联系的数据模型叫作【1】。二维表中的列称为关系的【2】；二维表中的行称为关系的【3】。

11. 在关系数据库的基本操作中，从表中取出满足条件元组的操作称为【1】；把两个关系中相同属性值的元组连接到一起，形成新的二维表的操作称为【2】；从表中抽取属性值满足条件的列的操作称为【3】。

12. 关系代数的连接运算中，当 θ 为 "=" 的连接称之为【1】，且当比较的分量是通名属性组时，则称为【2】。

13. 自然连接是由【1】操作组合而成的。

二、判断题

1. 两个关系中元组的内容完全相同，但顺序不同，则它们是不同的关系。【1】

2. 两个关系的属性相同，但顺序不同，则两个关系的结构是相同的。【1】

3. 关系中的任意两个元组不能相同。【1】

4. 关系模型中，实体与实体之间的联系均可用关系表示且数据结构单一。【1】

5. 实体完整性要求基本关系的主键属性不能取空值。【1】

6. 自然连接只有当两个关系含有公共属性名时才能进行。【1】

三、单项选择题

1. 关系数据库管理系统实现的专门关系运算包括_____。

A. 排序、索引、统计
B. 选择、投影、联接
C. 关联、更新、排序
D. 显示、打印、制表

2. 关系数据库的任何检索操作都是由 3 种基本运算组合而成，这 3 种基本运算不包括_____。

A. 联接
B. 比较
C. 选择
D. 投影

3. 关系数据模型是当前最常用的一种基本数据模型，它是用 A 结构来表示实体类型和实体间联系的。关系数据库的数据操作语言（DML）主要包括 B 两类操作，关系模型的关系运算是以关系代数为理论基础的，关系代数最基本的操作是 C。设 R 和 S 为两个关系，则 R⋈S 表示 R 与 S 的 D。若 R 和 S 的关系如下：

R:（XYZ）   S:（YZW）

$x\,y\,z$ $y\,z\,u$

u y z   y z w

z x u   x u y

则 R 和 S 自然联接的结果是 E。

供选择的答案

A：①树   ②图   ③网络   ④二维表

B：①删除和插入   ②查询和检索 ③统计和修改   ④检索和更新

C：①并、差、笛卡儿积、投影、联接 ②并、差、笛卡儿积、选择、联接

③并、差、笛卡儿积、投影、选择 ④并、差、笛卡儿积、除法、投影

D：①笛卡儿积   ②联接   ③自然联接

E：①

X W X Y Z W

x u x y z u

x w x y z w

u u u y z u

u w u y z w

z y z x u y

②

X Y Z Y Z W X Y Z W

x y z y z u x y z u

x y z y z w x y z w

x y z x u y x x u y

u y z y z u u y z u

u y z y z w u y z w

u y z x u y u x u y

z x u y z u z y z u

z x u y z w z y z w

z x u x u y z x u y

③

X Y Z W

x y z u

x y z w

u y z w

u y z u

z x u y

④

X Y Z W

x y z u

u y z w

z x u y

4. 关于关系下面说法正确的为_____。

A. 关系是笛卡儿积的任意子集

B. 不同属性不能出自同一个域

C. 实体可用关系来表示，而实体之间的联系不能用关系来表示

D. 关系的每一个分量必须是不可分的数据项

5. 有关实体完整性下面正确的为_____。

A. 实体完整性由用户来维护

B. 实体完整性适用于基本表、查询表、视图表

C. 关系模型中主码可以相同

D. 主码不能取空值

6. 下面对于关系操作的叙述正确的为_____。

A. 是高度过程化的

B. 关系代数和关系演算各有优缺点，是不等价的

C. 操作对象是集合，而结果不一定是集合

D. 可以实现查询、增、删、改

7. 运算不仅仅是从关系的"水平"方向进行的是_____。

A. 并　　　　　　B. 交　　　　　　C. 广义笛卡儿积　　　　D. 选择

8. 运算不涉及列的是_____。

A. 选择　　　　　B. 连接　　　　　C. 除　　　　　　　　D. 广义笛卡儿积

9. 当关系有多个候选码时，则选定一个作为主码，但若主码为全码时应包含_____。

A. 全部属性　　　B. 多个属性　　　C. 两个属性　　　　　D. 单个属性

10. 在基本的关系中，下列说法正确的是_____。

A. 行列顺序有关　　　　　　　　　B. 属性名允许重名

C. 任意两个元组不允许重复　　　　D. 列是非同质的

11. 四元关系 R 为：R(A,B,C,D)，则_____。

A. $\prod_{A,C}(R)$ 为取属性值为 A，C 的两列组成

B. $\prod_{1,3}(R)$ 为取属性值为 1，3 的两列组成

C. $\prod_{A,C}(R)$ 与 $\prod_{1,3}(R)$ 是不等价的

D. $\prod_{A,C}(R)$ 与 $\prod_{1,3}(R)$ 是等价的

12. R 为四元关系 R(A,B,C,D)，S 为三元关系 R(B,C,D)，则 R×S 的结果集关系目数为_____。

A. 3　　　　　　B. 4　　　　　　C. 6　　　　　　D. 7

13. R 为四元关系 R(A,B,C,D)，S 为三元关系 R(B,C,D)，则 R∞S 的结果集关系目数为_____。

A. 3　　　　　　B. 4　　　　　　C. 6　　　　　　D. 7

14. R 为四元关系 R(A,B,C,D)，则代数运算 $\sigma_{3<}$'2'(R) 等价于下列的_____。

A. Select * from R Where C<'2'　　B. Select B,C from R Where C<'2'

C. Select B,C from R Having C<'2'　　D. Select * from R Where'3'<B

15. 关系代数中，θ 连接操作是由_____组合而成。

A. 投影和笛卡儿积　　　　　　　　B. 投影、选择和笛卡儿积

C. 笛卡儿积和选择　　　　　　　　D. 投影和选择

16. 设关系 R 和 S 的目数分别为 3 和 2，以下选项中与 R∞S 等价的是_____。

A. $\sigma_{1>2}$（R×S）　　　　　　　　B. $\sigma_{1>5}$（R×S）

C.　$\sigma_{1>5}$（R∞S）　　　　　　　　　　D.　$\sigma_{1>2}$（R∞S）

17. 关系代数运算 $\sigma_{4<\,'4'}$（R）的含义是_____。

A.　从 R 关系中挑选 4 的值小于第 4 个分量的元组

B.　从 R 关系中挑选第 4 个分量的值小于 4 的元组

C.　从 R 关系中挑选第 4 个分量的值小于第 4 个分量的元组

D.　向关系 R 的垂直方向运算

18. 关系运算中花费时间最多的是_____。

A.　投影　　　　　　B.　除　　　　　　C.　笛卡儿积　　　　　　D.　选择

四、多项选择题

1. 传统的集合运算包括_____。

A.　并　　　　　　　B.　交　　　　　　C.　差　　　　　　D.　广义笛卡儿积

2. 专门的关系运算有_____。

A.　选择　　　　　　B.　投影　　　　　　C.　连接　　　　　　D.　除

3. 关于实体完整性的说明，正确的有_____。

A.　一个基本关系通常对应现实世界的一个实体集

B.　现实世界中实体是可区分的

C.　关系模型中由主键作为唯一性标识

D.　由用户维护

4. 关系模式包括_____。

A.　关系名　　　　　　　　　　　　B.　组成该关系的诸属性名

C.　属性向域的映像　　　　　　　　D.　属性间数据的依赖关系

5. 关系模型的三类完整性是_____。

A.　实体完整性　　　　　　　　　　B.　参照完整性

C.　用户定义的完整性　　　　　　　D.　系统完整性

6. 基本关系 R 中含有与另一个基本关系 S 的主键 K 相对应的属性组 F（F 称为 R 的外部键）_____。

A.　对于 R 中每个元组在 F 上的值可以取空值

B.　对丁 R 中每个元组在 F 上的值可以等于 S 中某个元组的主键值

C.　关系 S 的主键 K 和 F 定义在同一个域上

D.　基本关系 R、S 不一定是不同的关系

7. 两个分别为 n、m 目的关系 R 和 S 的广义笛卡儿积 R×S_____。

A.　是一个 $n+m$ 元组的集合

B.　若 R 有 k_1 个元组，S 有 k_2 个元组，则 R×S 有 $k_1×k_2$ 个元组

C.　结果集合中每个元组的前 n 个分量是 R 的一个元组，后 m 个分量是 S 的一个元组

D.　R、S 可能相同

8. 关于自然连接，下面描述正确的是_____。

A.　自然连接只有当两个关系含有公共属性名时才能进行

B.　是从两个关系的笛卡儿积中选择出公共属性值相等的元组

C.　包括左连接和右连接

D.　结果中允许有重复属性

9. 设有关系 R 和 S，R 是（$m+n$）元关系，S 是 n 元关系，且 S 的属性是 R 属性的一部分，关于除法 $R \div S$ 下面正确的是_____。

A. 结果是一个 m 元的新关系

B. 关系 R 的第（$m+i$）个属性与关系 S 的第 i 个属性定义在同一个域上

C. 结果关系中每一个元组包含属于 R 而不属于 S 的属性

D. S 中的元组在 P 中有对应的元组存在，并且余留的属性相同

10. 关于关系演算描述正确的是_____。

A. 分为元组关系演算和域关系演算

B. 关系运算都可以用关系演算来表达

C. 在定义关系演算的运算时，可同时定义"自由"元组变量和"约束"元组变量的概念

D. 自由的元组变量类似于程序设计语言中的局部变量

五、简答题

1. 什么是实体完整性？什么是范围完整性？什么是引用完整性？举例说明。

2. 简述在关系数据库中一个关系应具有哪些性质。

3. 给出下列术语的定义：关系模型、关系模式、关系子模式、关系、属性、域、元组、关系数据库、外键。

4. 给出下列各种术语的定义，并各举一例加以说明：

并、差、交、笛卡儿积、选择、投影、连接、自然连接、左连接、右连接、除法。

5. 公式中运算符的优先次序是怎样的？

6. 试用关系代数的 5 种基本运算来表示交、连接（包括自然连接）和除等运算。

7. 给出关系并兼容的定义，并分别举出两个是并兼容和不是并兼容关系的例子。

六、综合题

1. 一数据库的关系模式如下：

S（S#，SNAME，AGE，SEX）

SC（S#，C#，GRADE）

C（C#，CNAME，TEACHER）

用关系代数表达式表示下列查询语句：

（1）检索 LIU 老师所授课程的课程号、课程名。

（2）检索年龄大于 23 岁的男学生的学号、姓名。

（3）检索 WANG 同学所学课程的课程号。

（4）检索至少选修两门课程的学生学号。

（5）检索至少选修 LIU 老师所授全部课程的学生姓名。

2. 设有关系 R 和 S，如图 2-22 所示。

	R				S	
A	B	C		C	D	E
3	6	7		3	4	5
2	5	7		7	2	3
7	2	3				
1	1	3				

图 2-22　关系 R 和 S

计算：（1）$R \cup S$（2）$R - S$（3）$R \times S$（4）$\prod_{3,2,1}(S)$　（5）$\sigma_{B<5}(R)$
（6）$R \cap S$（计算并、交、差时，不考虑属性名，仅仅考虑属性的顺序）

3．一数据库的关系模式如下：

供应商关系 S（S#（供应商号），SNAME（供应商名），Status（供应商年龄），City（供应商所在城市））

零件关系 P（P#（零件号），PNAME（零件名），Color（零件颜色），Weight（零件重量））

供应关系 SP（S#（供应商号），P#（零件号），qty（供应量））

用关系代数表达式表示下列查询语句：

（1）给出供应零件 P2 的供应商名；

（2）将新的供应商记录<'s5', 'tom', 30, 'athens'>插入到 S 关系中；

（3）将供应商 S1 供应的 P1 零件的数量改为 300；

（4）求供应红色零件的供应商名；

（5）给出供应全部零件的供应商名；

（6）给出供应商 S2 供应的零件的全部供应商名。

4．有以下 3 个关系，如图 2-23 所示。

Salesperson（销售人员）

Name	Age	Salary
Abel	63	120000
Baker	38	42000
Jones	26	36000
Murphy	42	50000
Zenith	59	118000
Kobad	27	34000

Order（订单）

Number	CustName	SalespersonName	Amount
100	Abemathy Construction	Zenith	560
200	Abemathy Construction	Jones	1800
300	Manchester Lumber	Abel	480
400	Amalgamated Housing	Abel	2500
500	Abemathy Construction	Murphy	6000
600	Tri-city Builders	Abel	700
700	Manchester　Lumber	Jones	150

Customer（顾客）

Name	City	Industry Type
Abemathy Construction	Willow	B
Manchester Lumber	Manchester	F
Tri-city Builders	Memphis	B
Amalgamated Housing	Memphis	B

图 2-23　3 个关系

（1）给出 Salesperson 和 Order 积的例子。

（2）给出下列查询的关系代数表达式：

① 所有销售人员的姓名；

② 具有 Order 行的销售人员的姓名；

③ 不具有 Order 行的销售人员的姓名；

④ 具有 Order 为 Abernath Construction 的销售人员的姓名；

⑤ 具有 Order 为 Abernath Construction 的销售人员的年龄；

⑥ 所有和销售人员 Jones 有订单（Order）的所有客户所在的城市。

第3章
关系数据库设计理论

【本章提要】关系数据库理论可以用来指导如何从众多关系模型中找到一个确定的、结构好的从而得出满足所有数据要求的关系数据模型。本章主要介绍函数依赖、关系模式的规范化、函数依赖的公理系统等。

3.1 问题的提出

【提要】通过一个实例，让大家了解建立在不合理的关系模型基础上的数据库所存在的问题，从而引入数据依赖的概念。

例如，供货商有名称、有地址，提供各种商品，每种商品都有价格。数据库设计者用如下的关系模型来描述：

SUPPLIES（$SUP^{\#}$，SNAME，SADDRESS，ITEM，PRICE），其中 $SUP^{\#}$为供货商的编号，SNAME、SADDRESS、ITEM 和 PRICE 分别为供货商的姓名、地址、提供的商品及商品的价格。这个模式存在如下问题。

① 冗余大。在数据表中，供货商的地址对于他提供的每一件商品都要重复一次。

② 数据的不一致性。由于冗余大，易产生数据的不一致性。如果一个供货商提供多种商品，地址就重复多次。如果供货商的地址变了就要修改表中每一元组的地址。忘记或漏改一项就会导致数据的不一致性，使一个供货商有两个不同的地址。

③ 插入异常。关系模型的键是（$SUP^{\#}$，ITEM），如果供货商还没有提供商品，则不能将供货商的有关信息如编号、姓名和地址等放入数据库。因为数据的相关性是 $SUP^{\#}$→SNAME，$SUP^{\#}$→SADDRESS，（$SUP^{\#}$，ITEM）→PRICE，即 $SUP^{\#}$函数决定了 SNAME 和 SADDRESS，（$SUP^{\#}$，ITEM）函数决定了 PRICE。这种数据相关性就是数据依赖。

在生活中数据依赖是普遍存在的。例如，一个学生的学号确定了该学生的姓名、班级和所在的系等信息。就像自变量 x 确定了之后，相应的函数值 $y=f(x)$ 也唯一地确定了一样，学生的学号唯一地确定了学生的姓名及学生所在的系。用 $S^{\#}$表示学号，SN 表示学生的姓名，用 SD 表示学生所在的系，$S^{\#}$函数地确定了 SN 和 SD，或者说 SN、SD 函数依赖于 $S^{\#}$，记为 $S^{\#}$→SN，$S^{\#}$→SD。

如果删除一个供货商提供的全部商品，供货商的信息也就丢了。

为了避免出现以上的问题，用两个关系模式来描述供货商提供商品的管理，即用下面的模式代替 SUPPLE。

SA（SUP#，SNAME，SADDRESS）SUP#→SNAME，SUP#→SADDRESS

SIP（SUP，ITEM，PRICE）（SUP#，ITEM）→PRICE

这两个关系模型不会产生插入、删除异常，数据的冗余和不一致性得到控制。但是如果要查询那些提供某一特定商品的供货商姓名与地址，必须做关系的连接运算，代价是较高的。相比之下，在用单个关系 SUPPLIES 的情况下，只需直接地做选择和投影运算就可以了。

3.2 函 数 依 赖

【提要】本节主要介绍如何改造一个性能较差的关系模式集合，而获取性能较好的关系模式集合，同时这组关系模式的集合又要与原有模式集合等价。

3.2.1 数据依赖

关系数据库设计理论的主要内容是研究如何使数据库中的数据能够准确地描述现实世界中的事物。在现实世界中，事物往往是相关的，例如一个部门的编号确定了该部门的名称、地址及在该部门的工作人员等。这些相关性称为数据依赖，它是通过一个关系中属性间值的相等与否来体现数据间的相互关系，它是数据的内在性质，是数据定义语义的体现。解决数据依赖问题是数据库模式设计的关键，是设计和构建数据库的基础。数据依赖的类型有很多，其中最重要的是函数的依赖（Functional Dependency，FD）和多值依赖（Multivalued Dependency，MVD）。

3.2.2 函数依赖

【定义 1】设有关系模式 $R(U)$，x 和 y 均为属性集 U 的子集，R 的任一具体关系 r，s 和 v 是 r 中的任意两个元组，如果有 $s[x]=v[x]$，就有 $s[y]=v[y]$，则 x 函数决定了 y，或 y 函数依赖于 x，记为 $x \to y$。

关系模式是指关系的型，是对关系的一种描述，通常包含关系名（或框架名）、属性名表和值域表。设关系名为 R，属性名表为 A_1，A_2，…，A_n，则关系模式记为 $R(A_1, A_2, …A_n)$，记为 $R(U)$，$U=\{A_1, A_2, …, A_n\}$，U 是 R 的全部属性组成的集合。

当把给定的元组放入关系模式后，所得的关系为具体关系，有的文献中称为当前关系，这就是所谓关系的值。例如，一个学生的关系模式 $S(S^\#, NAME, AGE, SEX)$ 的初始值是数据库建立时装入的学生关系，以后可能插入新的学生或者删除某些原来的学生，从而得到不同于初始值的具体关系。关系的值可能随时间而变化，要用动态的观点来看待。

函数依赖实际上是对现实世界中事物的性质之间相关性的一种标识，例如 $S^\# \to SNAME$，$S^\# \to AGE$，$S^\# \to SEX$，即 $S^\#$ 是关系 S 的键，当两个元组的键相等时，这两个元组必须相等，它们所有属性值也必须相等。

数据库设计者在定义数据库模式时，指明属性间的函数依赖，使数据库管理系统根据设计者的意图来维护数据库的完整性。例如，规定了"姓名"函数决定了"电话号码"，即 NAME→PHONE，必须在 DBMS 中设立一种强制机制，禁止含有姓名相同而电话号码不同的元组在数据库中存在。解决这一问题的方法之一是让同名者改用别名，或者在姓名后添加额外的信息作为属性"姓名"的一部分。排除了在数据库中一个人可以有两个电话号码的可能性。

函数依赖不是指关系模式 R 的某个或某些元组满足的约束条件，而是指 R 的一切元组均满足的约束条件。

函数依赖是现实世界中属性间关系的客观存在和数据库设计者的人为强制相结合的产物。

3.2.3　函数依赖的逻辑蕴涵

在讨论函数依赖时，有时需要研究由已知的一组函数依赖，判断另外一些函数依赖是否成立或者能否从前者推导出后者的问题。例如 R 是一个关系模式，A、B、C 为其属性，如果在 R 中的函数依赖 $A{\rightarrow}B$，$B{\rightarrow}C$ 成立，函数依赖 $A{\rightarrow}C$ 是否就一定成立呢？这就是函数依赖的蕴涵所要研究的内容。

【定义 2】设 F 是关系模式 R 上的一个函数依赖集合，X、Y 是 R 的属性子集，如果从 F 的函数依赖推导出 $X{\rightarrow}Y$，则称 F 逻辑地蕴涵 $X{\rightarrow}Y$，或称 $X{\rightarrow}Y$ 可以从 F 中导出，或 $X{\rightarrow}Y$ 逻辑蕴涵于 F。

【定义 3】被 F 逻辑蕴涵的函数依赖的集合称为 F 的闭包（Closure），记为 F^+。一般情况下，F^+ 包含或等于 F。如果两者相等，则称 F 是函数依赖的完备集。

3.2.4　键

在前面我们已经多次遇到键的概念，都是直观地定义它。在这里把键的概念同函数依赖联系起来，即用函数依赖给键下一个定义。

【定义 4】设 $R(A_1, A_2, \cdots, A_n)$ 为一个关系模式，F 是它的函数依赖集，X 是 $\{A_1, A_2, \cdots A_n\}$ 的一个子集。如果 $X{\rightarrow}\{A_1, A_2, \cdots, A_n\} \in F^+$，并且不存在 Y 包含于 X，使得 $Y{\rightarrow}\{A_1, A_2, \cdots, A_n\} \in F^+$，则称 X 为 R 的一个候选键。

通俗地讲，就是在同一组属性子集上，不存在第 2 个函数依赖，则该组属性集为候选键。

对任何一个关系来说，可能不止存在一个候选键，通常选择其中一个作为主键。

键是唯一确定一个实体的最少属性的集合。

包含在任何一个候选键中的属性称为主属性，不包含在候选键中的属性称为非主属性，或者非键属性。

例如关系模式 S（S#，SNAME，AGE，SEX），S# 是键；关系模式 SC（S#，C#，G）中，（S#，C#）是键，关系模式 R（P，W，A），P 表示演奏者，可以演奏多种作品，W 表示作品，可被多个演奏者演奏，A 表示听众，可以欣赏不同演奏者的不同作品。这个关系模式的键是（P，W，A），即 ALL—KEY（每个属性都是主键的部分）。

【定义 5】设 X 是关系模式 R 中的属性或者属性组，X 并非 R 的键，而是另一个关系模式的键，则称 X 是 R 的外部键（Foreign Key）。

例如在关系模式中 PJL（P#，J#，T）中，P# 不是键，P# 是关系模式 P（P#，NAME，UNIT）的键，则 P# 对关系模式 PJL 来说是外部键。

键与外部键提供了表示关系之间联系的手段，如关系模式 PJL（P#，J#，T）与关系模式 P（P#，NAME，UNIT）通过属性 P# 进行联系。

下面介绍一些常用的记号和术语。

① $X{\rightarrow}Y$，但 X 不包含也不等于 Y，则称 $X{\rightarrow}Y$ 是非平凡的函数依赖，若不特别说明，总是讨论非平凡的函数依赖。

② $X{\rightarrow}Y$，X 为决定性因素。

③ $X{\rightarrow}Y$，$Y{\rightarrow}X$，记为 $X{\longleftrightarrow}Y$。

④ 如 Y 不函数依赖于 X，则记为 $X \nrightarrow Y$。

【定义6】在关系模式 $R(U)$ 中，如果 $X \to Y$，并且对 X 中任一真子集 X' 都有 $X' \nrightarrow Y$，则称 Y 对 X 完全依赖，记为 $X \xrightarrow{f} Y$。若 $X \to Y$，但 Y 不完全函数依赖于 X，则称 Y 对 X 部分函数依赖，记为 $X \xrightarrow{p} Y$。

例如，在关系模式 P（P#，NAME，UNIT）中，P#→NAME，P#→UNIT，P# 是决定性因素；在关系模式中 PJL（P#，J#，T）中，（P#，J#）→T，（P#，J#）是决定性因素。

如果 P（P#，NAME，UNIT）中无重名职工，则 P#←→NAME。

【定义7】在关系模式 $R(U)$ 中，如果 $X \to Y$，$Y \to Z$，并且 X 不包含 Y，$Y \nrightarrow X$，则称 Z 对 X 传递函数依赖。

3.3 关系模式的规范化

【提要】在关系数据库设计中，一个非常重要的问题是如何设计和构造一个数据组织合理的关系模式，使它能够准确地反映现实世界，而且适合于应用。这就是所要讨论的关系模式的规范化问题。

关系模式的规范化问题是 E.F.Codd 提出的，他还提出了范式（Normal Form，NF）的概念。1971 年到 1972 年之间，E.F.Codd 提出了 1NF、2NF 和 3NF 的概念，1974 年 Codd 和 Boyce 共同提出了 BCNF（Boyce Codd Normal Form），1976 年 Fagin 提出了 4NF，后来又有人提出 5NF。

各个范式之间的关系是如图 3-1 所示的包含关系。

把一个低一级范式的关系模式通过模式分解转换为一组高一级范式的关系模式的过程称为规范化，规范化的过程可以检查关系正确与否以及是否合乎实际需要。

规范化的关系模式可以避免冗余、更新等异常问题，而且让用户使用方便、灵活，关系数据库模式的设计者要尽量使关系模式规范化，但也要根据具体情况，全面考虑。

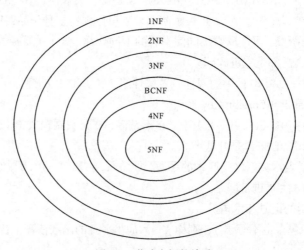

图 3-1　范式之间的关系

下面从简单的范式开始讨论。

3.3.1 第一范式（1NF）

【定义 8】如果一个关系模式 R 的每一个属性的域都只包含单一的值，则称 R 满足第一范式。例如表 3-1 所示的 P 不是 1NF 的关系，因为属性值域 J 不包含单一的值。

表 3-1　　　　　　　　　　　　　　　　　　非规范化的关系 P

$P^\#$	PD	QTY	J			
			$J^\#$	JD	$JM^\#$	QC
203	CAM	30	12	SORTER	007	5
			73	COLLATOR	086	7
206	COG	155	12	SORTER	007	33
			29	PUNCH	086	25
			36	READER	111	16

其中，P 表示零件，是关系名；　　J 表示课题；　　　　　　　PD 表示零件名称；
$P^\#$表示零件的编号，是键；　　$J^\#$表示课题代号；　　　　JD 表示课题内容；
QTY 表示现有的数量；　　　　$JM^\#$表示课题负责人；　　QC 表示已提供的数量。

在关系 P 中，与 $P^\#$，PD 和 QTY 并列的 J 的值实际上是一个关系，因此关系 P 是一个非规范化的关系。

把关系 P 分解成两个关系 P_1 和 PJ_1，就成为满足第一范式的关系。如表 3-2 所示，相应的键为 $P^\#$和（$P^\#$，$J^\#$）。其中带下划线的属性为键。

表 3-2　　　　　　　　　　　　　　　第一范式下的关系 P_1 和 PJ_1

P_1				PJ_1				
$P^\#$	PD	QTY		$P^\#$	$J^\#$	JD	$JM^\#$	QC
203	CAM	30		203	12	SORTER	007	5
206	COG	155		203	73	COLLATOR	086	7
				206	12	SORTER	007	33
				206	29	PUNCH	086	25
				206	36	READER	111	16

在关系 PJ_1 中，属性 QC 函数依赖于主键（$P^\#$，$J^\#$），属性 JD 和 $JM^\#$仅依赖于键的一个分量 $J^\#$。这就会引起如下一些问题。

① 当有一些涉及一个新课题的数据要插入到数据库中时，则这个新课题组尚未使用任何零件，无法将这些数据插入，因为主键的分量 $P^\#$还没有相应的值。

② 如果要修改一个课题中的一个属性，例如课题负责人的代号 $JM^\#$，则不止一个地方要修改。像 $J^\#$为 12 的课题组使用 203 和 206 两种零件，它的 $JM^\#$值出现在两个地方，修改 $JM^\#$时，不能有所遗漏，否则会造成数据不一致性。

③ 如果有一课题组只使用一种零件，若这种零件从数据库中删除，会导致连同这个课题组的信息也一起从数据库中删除。

为解决上述出现的异常问题，把关系 PJ_1 向第二范式变换。

3.3.2　第二范式（2NF）

【定义 9】如果关系模式 R 满足第一范式，而且它的所有非主属性完全函数依赖于候选键，则 R 满足第二范式。

把表 3-2 中的关系 PJ_1 分解成两个关系：PJ_2 和 J_2，如表 3-3 所示。其中：

表 3-3　　　　　　　　　　　　　第二范式下的关系

P₁

P#	PD	QTY
203	CAM	30
206	COG	155

P J₂

P#	J#	QC
203	12	5
203	73	7
206	12	33
206	29	25
206	36	16

J₂

J#	JD	JM#
12	SOTER	007
73	COLLATOR	086
29	PUNCH	086
36	TEADER	111

$$P\# \rightarrow PD, \quad P\# \rightarrow QTY$$
$$(P\#, \ J\#) \rightarrow QC$$
$$J\# \rightarrow JD, \quad J\# \rightarrow JM\#$$

即关系 P_1、PJ_2 和 J_2 的非主属性完全依赖"键"，P_1、PJ_2 和 J_2 都属于 2NF。

在一些关系模式中，属性间存在着传递函数依赖，分解为属于 2NF 的一组关系后，仍然存在着异常问题。例如有关系模式如下：

$$REPORT（S\#, \ C\#, \ TITLE, \ LNAME, \ ROOM\#, \ MARKS）$$

其中，$S\#$ 是学号，$C\#$ 是课程号，TITLE 为课程名，LNAME 是教师名，$ROOM\#$ 为教室编号，MARKS 为分数。

设关系的一个元组 <s, c, t, l, r, m> 表示学生 s 在标号为 c 的课程中得分为 m，课程名为 t，由教师 l 教授，其教室编号为 r，如果每门课只由一位教师讲授，每位教师只有一个教室（即只在一个教室中讲课），关系模式 REPORT 的函数依赖如下：

$$C（S\#, \ C\#）\rightarrow MARKS$$
$$C\# \rightarrow TITLE$$
$$C\# \rightarrow LNAME$$
$$LNAME \rightarrow ROOM\#$$

关系模式 REPORT 的键是（$S\#$, $C\#$），非主属性 TITLE、LNAME 和 $ROOM\#$ 对键是部分函数依赖，并存在传递函数依赖 $C\# \rightarrow LNAME$ 和 $LNAME \rightarrow ROOM\#$。REPORT 属于 1NF，不属于 2NF，存在着插入、修改和删除异常。

把 REPORT 分解为如下的两个关系模式：

REPORT1（$S\#$, $C\#$, MARKS），函数依赖是（$S\#$, $C\#$）→MARKS；

COURSE（$C\#$, TITLE, LNAME, $ROOM\#$），函数依赖是 $C\# \rightarrow TITLE$、$C\# \rightarrow LNAME$ 和 $LNAME \rightarrow ROOM\#$。

由于消除了非主属性对键的部分函数依赖，因此 REPORT1 和 COURSE 都属于 2NF，也消除了在 1NF 下的关系模式中，存在插入、删除和修改异常的问题。

但在关系模式 COURSE（C$^\#$，TITLE，LNAME，ROOM$^\#$）中，仍然存在插入、删除和修改异常的问题。

（1）还没有分配授课任务的新教师，他的姓名及教室编号都无法加到关系模式中。

（2）如果要修改教室编号，必须修改与教师授课相对应的各个元组中的教室编号，因为一位教师可能教多门课程。

（3）如果老师授课终止，则教师的姓名及教室编号均需从数据库中删去。

存在这些问题的原因是关系模式 COURSE 中存在着传递函数依赖。所以要把关系模式 COURSE 向第三范式转化，除去非主属性对键的传递函数依赖。

3.3.3　第三范式（3NF）

【定义 10】如果关系模式 R 满足 2NF，并且它的任何一个非主属性都不传递依赖于任何候选键，则 R 满足 3NF。

换句话说，如果一个关系模式 R 不存在部分函数依赖和传递函数依赖，则 R 满足 3NF。

上述的关系模式 COURSE（C$^\#$，TITLE，LNAME，ROOM$^\#$）分解为 COURSE1（C$^\#$，LNAME）和 LECTURE（LNAME，ROOM$^\#$），消除了传递函数依赖，COURSE1∈3NF，LECTURE∈3NF。避免了在第二范式下出现的插入、修改和删除的异常问题。

关系模式 REPORT 分解为下列都属于 3NF 的一组最终关系模式（关系模式的集合）：

REPORT1（S#，C#，MARKS）

COURSE1（C#，LNAME）

LECTURE（LNAME，ROOM#）

这些关系模式已经完全规范化。在分解的过程中没有丢失任何信息，把这 3 个关系进行连接总能重新构造初始的关系。这种无损分解可以对现实世界做更加严格而精确地描述。

3.3.4　BCNF 范式

BCNF（Boyce Codd Normal Form）是由 Boyce 和 Codd 提出的，被认为是修正的第三范式。

当关系模式具有多个候选键，且这些候选键具有公共属性时，第三范式不能满意地处理这些关系，需把这些关系向 BCNF 范式转换。

【定义 11】设一个关系模式 R 满足函数依赖集 F，X 和 A 为 R 中的属性集合，且 X 不包含 A。如果只要 R 满足 $X \rightarrow A$，X 就必包含 R 的一个候选键，则 R 满足 BCNF 范式。

换句话说，关系模式 R 中，若每一个决定因素都包含键，则关系模式 R 属于 BCNF 范式。

例如，考虑这样一所院校，在该院校中每门课程有几位教师讲授，但每个教师只教一门课程，每个学生可以选修几门课程。

可用如下的关系模式来描述院校的情况：

ENROLS（S#，CNAME，TNAME）

其中 S$^\#$表示学生的编号，CNAME 表示课程名称，TNAME 表示教师的姓名。

存在的函数依赖如下。

（S#，CNAME）→TNAME、（S#，TNAME）→CNAME 和 TNAME→CNAME。

ENROLS∈3NF，但 ENROLS∉BCNF，因为 TNAME 是决定因素，但不是键。

如果已经设置了课程，并且确定了由哪位教师讲授，但是还没有学生选修，则教师与课程的信息就不能加入到数据库中。如果一个学生毕业了或由于某种原因中止了学业，删除该学生时，连同教师与课程的信息也删除了。存在这些操作异常的原因是存在着属性（CNAME）对键（S#，TNAME）的部分依赖。再用无损分解来解决，把关系模式 ENROLS 分解为如下的两个关系模式。

CLASS（S #，TNAME）
TEACH（TNAME，CNAME）

CLASS 和 TEACH 都属于 BCNF，则消除了操作中的异常问题。

如果一个关系模式属于 BCNF，则该关系模式一定属于 3NF。假设关系模式属于 BCNF，而不属于 3NF，必然存在一个部分依赖和传递依赖，如 $X→Y→A$，X 是候选键，Y 是属性集，A 是非主属性；$A∉X$，$A∉Y$，$Y→X$ 不在 F^+ 中，即不可能包含 R 的键，但 $Y→A$ 却成立，根据 BCNF 的定义，R 不属于 BCNF，与假设矛盾，因此属于 BCNF 的关系模式必属于 3NF。

考查关系模式 PJL（P#，J#，T），键是（P#，J#），是唯一的决定因素，所以 PJL∈BCNF；PJL 只有一个键，没有任何属性对键部分依赖和传递依赖，故 PJL∈3NF。

对于关系模式 S（S#，SNAME，SADD，SAGE），S#、SNAME、SADD 和 SAGE 分别表示学生的编号、学生的姓名、学生的地址和学生的年龄。设 SNAME 也有唯一性，即没有重名。关系模式 S 有两个键 S# 和 SNAME。其他属性不存在对键的部分依赖与传递依赖，故 S∈3NF；而且 S 中除 S# 和 SNAME 外，无其他决定因素，故 S 也是 BCNF 范式。

但是若关系模式 R∈3NF，而 R 未必属于 BCNF。关系模式 ENROLS 已说明了这个问题。

再看下面的关系模式 SS（S#，SNAME，C#，G），其中 S#、SNAME、C# 和 G 分别表示学生的编号、学生的姓名、课程编号和成绩。若 SNAME 有唯一性，即无相同的名字，则 SS 有两个键（S#，C#）和（SNAME，C#）。非主属性 G 不传递依赖任何一个候选键，所以 SS 是 3NF 范式，但不是 BCNF 范式，因为 S#→SNAME，S# 不是 SS 的候选键。

把 SS 转换成 BCNF 范式

SS1（S#，SNAME）
SS2（S#，C#，G）

SS1 和 SS2 都属于 BCNF。

一个关系数据库模式中的关系模式都属于 BCNF，则在函数依赖的范畴内，已实现了彻底的分离，消除了插入、删除和修改的异常。3NF 的"不彻底"性表现在当关系模式具有多个候选键，且这些候选键具有公共属性时，可能存在主属性对键的部分依赖和传递依赖。

3.3.5 多值函数依赖

关系模式的属性之间的关系，除了函数依赖外，还有多值依赖。多值依赖在现实世界中也是广泛存在的，是很值得研究的。

【定义 12】设有关系模式 R，X 和 Y 是 R 的属性子集。如果对于给定的 X 属性值，有一组（零个或多个）Y 属性值与之对应，而与其他属性（$R-X-Y$，除 X 和 Y 以外的属性子集）无关，则称"X 多值决定 Y"，或"Y 多值依赖于 X"，并记 $X→→Y$。

例1 描述公司、产品和国家之间联系的关系模式

$$Sells（Company，Product，Country）$$

其中的一个元组 (x, y, z) 表示公司 x 在 z 国家销售产品 y。关系模式 SELLS 的一个实例如表 3-4 所示。

表 3-4　　　　　　　　　　　　关系 Sells、Makes 和 Exports

Company	Product	Country
IBM	PC	France
IBM	PC	Italy
IBM	PC	UK
IBM	Mainframe	France
IBM	Mainframe	Italy
IBM	Mainframe	UK
DEC	PC	France
DEC	PC	Ireland
DEC	Mini	France
DEC	Mini	Spain
ICL	Mainframe	Italy
ICL	Mainframe	France

Makes

Company	Product
IBM	PC
IBM	Mainframe
DEC	PC
DEC	Mini
ICL	Mainframe

Exports

Company	Country
IBM	France
IBM	Italy
IBM	UK
DEC	France
DEC	Spain
DEC	Ireland
ICL	Italy
ICL	France

Sells 的键是（Company，Product，Country），即是 ALL-KEY 键。显然 Sells∈BCNF。但是关系模式 Sells 具有很大的冗余性。例如，IBM 公司增加了一种新产品，必须为 IBM 出口的每一个国家增加一个元组；同样如果 DEC 公司向我国出口其所有的产品，必须为每个产品增加一个元组。在一个正确规范化的关系模式中，只需把信息加入一次。由于在关系模式 Sells 中，存在两个多值依赖。

$$Company \to\to Product$$

$$Company \to\to Country$$

导致了关系模式 Sells 的冗余性。为了消除冗余，把 Sells 无损分解为 Makes 和 Exports。

$$Makes（Company，Product）$$

$$Exports（Company，Country）$$

Sells 实例中包含的信息可以由关系 Makes 和 Exports 的实例来表示。

设 $R(U)$ 是属性集 U 上的一个关系模式，X、Y 和 Z 是 U 的子集，并且 $Z=U-X-Y$，多值依赖成立，当且仅当对 $R(U)$ 的任一关系 r，给定一对 (X, Z) 值，就有一组 Y 值与之相对应，这组值仅决定于 X 值而与 Z 值无关。

例如在 Sells 关系模式中，对于（IBM，UK），有一组 Product 值{pc，Mainframe}对应，这组值仅决定于公司 Company 上的值，与 Country 上的值无关。于是 Product 多值依赖于 Company，即 Company→→Product。

关于多值依赖的另一个等价的形式化的定义是

$R(U)$ 是属性集 U 上的一个关系模式，X、Y 和 Z 是 U 的子集，并且 $Z=U-X-Y$。对于 R (U) 的任一关系 r，t 和 s 是 r 中的两个元组，有 $t[X]=s[X]$，则 r 中也包含元组 u 和 v，有

（1）$u[X]=v[X]=t[X]=s[X]$

（2）$u[Y]=t[Y]$ 及 $u[Z]=s[Z]$

（3）$v[Y]=s[Y]$ 及 $v[Z]=t[Z]$

则称 X 多值决定 Y，或 Y 多值依赖于 X。

这个定义的意思是，如果 r 有两个元组在属性 X 上的值相等，则交换这两个元组在属性 Y 上的值，得到的两个新元组必定也在 r 中，并假定 X 与 Y 无关。

例2　关系模式 $R(C, T, H, R, S, G)$，其中，C、T、H、R、S 和 G 分别表示课程名、教师名、时间、教室、学生名和成绩。表示一门课程可能安排在不同的时间，也可能在不同的教室，一门课由一位教师讲授。

关系模式 R 的一个实例如表 3-5 所示。

表 3-5　　　　　　　　　　　　　一个多值依赖关系的例子

C	T	H	R	S	G
CS_1	T_1	H_1	R_2	S_1	B^+
CS_1	T_1	H_2	R_3	S_1	B^+
CS_2	T_1	H_3	R_2	S_1	B^+
CS_1	T_1	H_1	R_2	S_2	C
CS_1	T_1	H_2	R_3	S_2	C
CS_1	T_1	H_3	R_2	S_2	C

对一门课程（即 C）可以有一组（时间，教室）（即（H，R））与之对应，而与听课的学生及成绩（即 S 与 G）无关。也就是说存在多值依赖 C→→（H，R）。设元组 t 和 s 的值分别为

t：$<CS_1, T_1, H_1, R_2, S_1, B^+>$

s：$<CS_1, T_1, H_2, R_3, S_2, C>$

把 t 中的（H_1，R_2）与 S 中的（H_2，R_3）进行交换，得到两个新元组 u 和 v，其值分别为

u：$<CS_1, T_1, H_2, R_3, S_1, B^+>$

v：$<CS_1, T_1, H_1, R_2, S_2, C>$

与表 3-5 比较，元组 u 和 v 的确也在 R 中，且 S 和 G 中的值不受影响。关系模式 R 中不仅存在多值依赖 C→→（H，R），还存在多值依赖 T→→（H，R）。

函数依赖与多值依赖既有联系又有区别，它们都描述了关于数据之间的固有联系。在某个关系模式上，函数依赖和多值依赖是否成立由关系本身的语义属性确定。

函数依赖可以看作是多值依赖的特殊情况，因为 $X→Y$ 描述了属性值 X 与 Y 之间的一对一的联系，而 $X→→Y$ 描述了属性值 X 与 Y 之间一对多的联系。如果在 $X→→Y$ 中规定对每个 X 值仅有一个 Y 值与之对应，则 $X→→Y$ 就变成 $X→Y$ 了。

必须注意到，多值依赖的定义与函数依赖的定义有重要的区别。在函数依赖的定义中 X $→Y$ 在 $R(U)$ 上是否成立仅与 X、Y 值有关，不受其他属性值的影响；而多值依赖 $X→→Y$

在 $R(U)$ 上是否成立，不仅要考虑属性集 X、Y 上的值，而且还要考虑属性集 $U-X-Y$ 上的值。换言之，讨论任何一个 $X \rightarrow\rightarrow Y$ 都不能离开它的值域，值域变了，$X \rightarrow\rightarrow Y$ 的满足性也会跟着变。

例如，为了提高职工的计算机知识的水平，举办计算机培训班。根据报名学员的情况分班，学习不同的课程。课程设置与分班的情况如下：

存在多值依赖 <班级> $\rightarrow\rightarrow$ <学员>，<班级> $\rightarrow\rightarrow$ <课程>。如果扩展该关系模式，加入学员学习课程的成绩，即值域由（<班级>，<学员>，<课程>）变为（<班级>，<学员>，<课程>，<成绩>），多值依赖 <班级> $\rightarrow\rightarrow$ <学员>，<班级> $\rightarrow\rightarrow$ <课程> 不再成立。而函数依赖的满足性则不受值域扩展的影响。

多值依赖具有以下性质：

（1）若 $X \rightarrow\rightarrow Y$，则 $X \rightarrow\rightarrow Z$，其中 $Z=U-X-Y$。例如关系模式 Sells（Company，Product，Country）中，Coumpany $\rightarrow\rightarrow$ Product，Company $\rightarrow\rightarrow$ Country。

（2）若 $X \rightarrow Y$，则 $X \rightarrow\rightarrow Y$，可把函数依赖看作是多值依赖的特殊情况。

（3）若 $X \rightarrow\rightarrow Y$，而 $Z=\phi$（空集合），则称 $X \rightarrow\rightarrow Y$ 是平凡的多值依赖。

3.3.6　第四范式（4NF）

第四范式是 BCNF 范式的推广，它适用于多值依赖的关系模式。

【定义 13】设 R 是一关系模式，D 是 R 上的依赖集。如果对于任何一个多值依赖 $X \rightarrow\rightarrow Y$（其中 Y 非空，也不是 X 的子集，X 和 Y 并未包含 R 的全部属性），且 X 包含 R 的一个键，则称 R 为第四范式，记为 4NF。

当 D 中仅包含函数依赖时，4NF 就是 BCNF，于是 4NF 必定是 BCNF，但是一个 BCNF 不一定是 4NF。

如果一个关系模式属于 BCNF，但没有达到 4NF，仍然存在着操作中的异常问题。例如，考虑关系模式 WSC（W，S，C），W、S 和 C 分别表示仓库、保管员和商品。若每个仓库有许多保管员，有许多种商品。每个保管员保管所在仓库的所有商品，每个仓库的每种商品由所有保管员保管。

按语义，对 W 的每一个值 W_i，有一组 S 值与之对应，而与 C 取何值无关，故有 $W \rightarrow\rightarrow S$；同理有 $W \rightarrow\rightarrow C$。但关系模式 WSC 的键是 ALL-KEY，即键为（W，S，C）。W 不是键，所以 WSC $\notin$ 4NF，而是属于 BCNF。

关系模式 WSC 中，数据的冗余度有时很大。例如某一仓库 W_i 有 n 个保管员，放 m 件商品，则关系中以 W_i 为分量的元组数目有 $m \times n$ 个。每个保管员重复存储 m 次，每种商品重复存储 n 次。解决的方法是分解 WSC，使其达到 4NF。

把关系模式 WSC 分解为 WS（W，S）和 WC（W，C），在 WS 中有 $W \rightarrow\rightarrow S$，WS $\in$ 4NF；同理 WC $\in$ 4NF。这就消去了在 WSC 中存在的数据冗余度。

规范化的过程是用一组等价的关系子模式，使关系模式中的各关系模式达到某种程度的"分离"，让一个关系描述一个概念、一个实体或实体间的一种联系。规范化的实质就是概念的单一化。

关系模式规范化的过程是通过对关系模式进行分解来实现的。把低一级的关系模式分解为多个高一级的关系模式，最大限度地消除某些（特别是在 1NF 和 2NF 下的关系模式中出现的）插入、删除和修改的异常问题，这些异常问题是由于错误的"实体——联系"建模引起的。对多数实际应用来说，分解到 3NF 就够了。但是有时需要进一步分解到 BCNF 或 4NF。1NF，2NF，3NF

及 4NF 之间的逐步深化过程如图 3-2 所示。

```
                        非规范化的关系
                            ↓ 消除非原子分量
                        1NF
                            ↓ 消除非主属性对键的部分函数依赖
                        2NF
                            ↓ 消除非主属性对键的传递函数依赖
                        3NF
                            ↓ 消除主属性对键的部分和传递函数依赖
                        BCNF
                            ↓ 消除非平凡且非函数依赖的多值依赖
                        4NF
```

图 3-2　规范化的过程

实际上还存在 5NF，因 5NF 的实际意义很小，有兴趣者可参阅有关文献资料。

规范化的关系消除了操作中出现的异常现象，但是数据库的建模人员在规范化时还需要了解应用领域中的常识，不能把规范化的规则绝对化。

例如，下面的关系模式：

CUSTOMER（NO#，NAME，STREET，CITY，POSTCODE）

其中 NO#、NAME、STREET、CITY 和 POSTCODE 分别表示客户的编号、姓名、街道、城市和邮政编码。存在的函数依赖是：NO#→NAME，NO#→STREET，NO#→CITY，NO#→POSTCODE，POSTCODE→CITY，因而存在着传递函数依赖，所以 CUSTOMER∉3NF。

然而在实际应用中，总是把属性 CITY 和 POSTCODE 作为一个单位来考虑的。在这种情况下，对关系模式进行分解是不可取的。

3.4　函数依赖的公理系统

【提要】为了从已知的函数依赖导出更多新的函数依赖，人们总结出许多推理规则。1974 年，Armstrong 总结了各种推理规则，把其中若干最主要、最基本的规则称为公理，这就是有名的 Armstrong 公理系统。

3.4.1　Armstrong 公理

设有关系模式 $R(U)$，U 是 R 的属性集，X、Y、Z 和 W 均是 U 的子集，F 是 R 的函数依赖集。推理规则如下。

A_1（自反律，Reflexivity）　　如果 $Y \subseteq X \subseteq U$，则 $X \rightarrow Y$；

A_2（增广律，Augmentation）　　如果 $X \rightarrow Y$，则 $XZ \rightarrow YZ$；

A_3（传递律，Transitivity）　　如果 $X \rightarrow Y$，$Y \rightarrow Z$，则 $X \rightarrow Z$。

3.4.2　公理的正确性

【定理 1】Armstrong 公理是正确的。

证明：

A_1 是正确的。因为对任一关系 r，其两个元组在 X 的分量上相等，则在任意子集的分量上也自然相等。

A_2 是正确的。设一关系 r 满足 $X{\rightarrow}Y$，同时它有两个元组 u 和 v 在 XZ 分量上相等，而在 YZ 的分量上不相等。因为它们在 Z 的任何分量上是相等的，于是必然在 Y 分量上是不相等的。这违反假设 $X{\rightarrow}Y$，因此有 $XZ{\rightarrow}YZ$。

A_3 是正确的。设任一关系 r、u 和 v 是 r 上的两个元组，因为 $X{\rightarrow}Y$，所以 $u(y)=v(y)$；又 $Y{\rightarrow}Z$，于是有 $u(z)=v(z)$，所以 $X{\rightarrow}Z$。

3.4.3　公理的推论

从 Armstrong 公理可以得出如下的推论。

1. 合成规则（Union Rule）

若 $X{\rightarrow}Y$ 与 $X{\rightarrow}Z$ 成立，则 $X{\rightarrow}YZ$ 成立。

因为 $X{\rightarrow}Y$，所以 $X{\rightarrow}XY$；又 $X{\rightarrow}Z$，于是 $XY{\rightarrow}YZ$，所以有 $X{\rightarrow}YZ$。

2. 伪传递规则（Pseudotransitivity Rule）

若 $X{\rightarrow}Y$ 与 $WY{\rightarrow}Z$ 成立，则 $XW{\rightarrow}Z$ 成立。

因为 $X{\rightarrow}Y$，于是 $XW{\rightarrow}WY$，所以有 $XW{\rightarrow}Z$。

3. 分解规则（Decomposition Rule）

若 $X{\rightarrow}Y$ 成立，且 $Z{\subseteq}Y$，则 $X{\rightarrow}Z$ 成立。

因为 $Z{\subseteq}Y$，于是 $Y{\rightarrow}Z$，根据已知条件 $X{\rightarrow}Y$，所以 $X{\rightarrow}Z$ 成立。

从合成规则和分解规则可得出一个重要的结论：如果 A_1，A_2，$\cdots A_n$ 是关系模式 R 的属性，则 $X{\rightarrow}A_1A_2{\cdots}A_n$ 的充分必要条件是 $X{\rightarrow}A_i$（$i{=}1$，2，$\cdots n$）均成立。

3.5　模　式　分　解

【提要】本节介绍模式分解所应遵循的规则和算法。

3.3 讨论的规范化的过程就是模式分解的过程。模式分解的过程必须遵守一定的准则，不能在消除了操作异常的现象的同时，产生其他新的问题。为此，关系模式的分解要满足两个基本条件，即

（1）模式分解具有无损连接性；

（2）模式分解要保持函数依赖。

3.5.1　无损连接

无损连接是指分解后的关系通过自然连接可以恢复成原有的关系，即通过自然连接得到的关系与原有关系相比，既不多出信息，又不丢失信息。

【定理 2】设有关系模式 $R(U,F)$，分解成关系模式 $\rho=\{R_1(U_1,F_1),\cdots,R_k(U_k,F_k)\}$，其中 $U=\bigcup\limits_{i=1}^{k}U_i$ 且 $U_i\not\subset U_j(i{\neq}j)$，若对于关系 $R(U,F)$ 的任一关系 r 都有

$$r = \pi_{U_1}(r) \bowtie \pi_{U_2}(r) \bowtie \cdots \bowtie \pi_{U_k}(r)$$

则称 ρ 具有无损连接性，其中 $\pi_{U_i}(r)$ 是关系 r 在 U_i 上的投影，$\bowtie$ 为自然连接。

例如，设有关系模式 R(学号，班级，学院)，其函数依赖集为 F={学号→班级，班级→学院}，从 F 可以看出，一个学生只能属于一个班级，一个班级只能属于一个学院。设有关系实例如下表：

R	学号	班级	学院		R_1	学号	班级		R_2	学号	学院
	X1	C1	Y1			X1	C1			X1	Y1
	X2	C1	Y1			X2	C1			X2	Y1
	X3	C2	Y2			X3	C2			X3	Y2
	X4	C3	Y3			X4	C3			X4	Y3

$\rho = \{R_1(\{学号,班级\},\{学号 \to 班级\}), R_2(\{学号,学院\},\{学号 \to 学院\})\}$ 是无损连接分解（因为 $R_1 \bowtie R_2 = R$）。

$\rho = \{R_3(\{学号\},\{\phi\}), R_4(\{班级,学院\},\{班级 \to 学院\})\}$ 不是无损连接分解。读者可以证明 $R_3 \bowtie R_4$ 比 R 多了不少信息。

在原关系属性特别多或分解后关系模式较多时，利用自然连接去证明无损连接的正确性，计算量会非常大，此时我们可以利用 Chase 过程来判断模式分解是否符合无损连接。

算法：无损连接测试

输入：关系模式 $R(U,F)$，R 的一个分解 $\rho = \{R_1(U_1),\cdots,R_k(U_k)\}$

输出：判断 ρ 是否符合无损连接特性

方法：

（1）若 U 中含有 n 个属性 $A_1 A_2 \cdots A_n$，构造一张 k 行 n 列的表格，每行对应一个关系模式 $R_i(1 \leq i \leq k)$，每列对应一个属性 $A_j(1 \leq j \leq n)$。若 A_j 在 R_i 中，那么在表格的第 i 行第 j 列处填上符号 a_j，否则填上符号 b_{ij}。

（2）反复检查 F 的每一个函数依赖，并修改表格中的元素，其方法如下：

取 F 中一函数依赖 $X \to Y$，若表格中有两行在 X 分量上相等，在 Y 分量上不相等，如下方法修改 Y 分量，使这两行在 Y 分量上相等。若 Y 的分量中有一个是符号 a_j，那么另外一个也修改为 a_j，若 Y 的分量中没有符号 a_j，则用下标较小的 b_{ij} 替换另外一个符号。一直修改到表格不能被修改为止（此过程就称为 Chase 过程）。

（3）若修改到最后，表格中有一行全是 a，即此行为 $a_1 a_2 \cdots a_n$，那么 ρ 相对于 F 是无损连接分解。

例如，关系模式 $R(CTHRSG)$，函数依赖为

$$F = \{C \to T, HR \to C, HT \to R, CS \to G, HS \to R\}$$

分解为 4 个模式 CSG，CT，CHR，CHS，判断是否是无损连接分解。

解：Chase 过程的初始表如下所示：

	C	T	H	R	S	G
CSG	a1	b12	b13	b14	a5	a6
CT	a1	a2	b23	b24	b25	b26
CHR	a1	b32	a3	a4	b35	b36
CHS	a1	b42	a3	b44	a5	b46

根据 $C{\rightarrow}T$，将 b12，b32，b42 改为 a2

	C	T	H	R	S	G
CSG	a1	a2	b13	b14	a5	a6
CT	a1	a2	b23	b24	b25	b26
CHR	a1	a2	a3	a4	b35	b36
CHS	a1	a2	a3	b44	a5	b46

根据 $HT{\rightarrow}R$，将 b44 改为 a4

	C	T	H	R	S	G
CSG	a1	a2	b13	b14	a5	a6
CT	a1	a2	b23	b24	b25	b26
CHR	a1	a2	a3	a4	b35	b36
CHS	a1	a2	a3	a4	a5	b46

根据 $CS{\rightarrow}G$，将 b46 改为 a6

	C	T	H	R	S	G
CSG	a1	a2	b13	b14	a5	a6
CT	a1	a2	b23	b24	b25	b26
CHR	a1	a2	a3	a4	b35	b36
CHS	a1	a2	a3	a4	a5	a6

此时最后一行已经全是 a，因此分解是无损连接分解。

判断一个分解是否具有无损连接特性，可以用如下定理。

【定理 3】若 R 分解为 $\rho=\{R_1,R_2\}$，F 为 R 所满足的函数依赖集，分解 ρ 相对于 F 是无损连接分解的充分必要条件是 $R_1\bigcap R_2\rightarrow(R_1-R_2)$ 或 $R_1\bigcap R_2\rightarrow(R_2-R_1)$。

例：设 $R=ABC$，$F=\{A\rightarrow B,B\rightarrow C\}$，3 种不同分解为 $\rho_1=\{R_1(AB),R_2(AC)\}$，$\rho_2=\{R_1(AB),R_2(BC)\}$，$\rho_3=\{R_1(A),R_2(BC)\}$，证明 ρ_1 和 ρ_2 是无损分解而 ρ_3 不是。

解：（1）对 ρ_1，$R_1\bigcap R_2=AB\bigcap AC=A$　$R_1-R_2=AB-AC=B$，满足 $A\rightarrow B$，所以 ρ_1 是无损分解。

（2）对 ρ_2，$R_1\bigcap R_2=AB\bigcap BC=B$　$R_2-R_1=BC-AB=C$，满足 $B\rightarrow C$，所以 ρ_2 是无损分解。

（3）对 ρ_3，$R_1\bigcap R_2=A\bigcap BC=\phi$，$R_1-R_2=A-BC=A$，$R_2-R_1=BC-A=BC$，不满足 $\phi\rightarrow A$ 或 $\phi\rightarrow BC$，所以 ρ_3 不是无损分解。

3.5.2　保持函数依赖的分解

保持函数依赖分解是指在模式分解过程中，函数依赖不能丢失的特性，即模式分解不能破坏原来的语义。

【定义 14】设有关系模式 $R(U,F)$，分解成关系模式 $\rho=\{R_1(U_1,F_1),\cdots,R_k(U_k,F_k)\}$，若

$$F^+=\left(\bigcup_{i=1}^{k}F_i\right)^+$$

则称 ρ 保持函数依赖，或 ρ 没有丢失语义。

注：若 F_i 未给定，则 $F_i=\{X\rightarrow Y\,|\,X\rightarrow Y\in F^+$ 且 $XY\subseteq U_i\}$

例：设 $R = ABC$，$F = \{A \to B, B \to C\}$，两种不同分解为 $\rho_1 = \{R_1(AB), R_2(AC)\}$，$\rho_2 = \{R_1(AB), R_2(BC)\}$，证明 ρ_1 没有保持函数依赖，而 ρ_2 保持函数依赖。

解：对 ρ_1，$F_1 = \{A \to B\}$，$F_2 = \{A \to C\}$，明显 $B \to C \in (F_1 \bigcup F_2)^+$

对 ρ_2，$F_1 = \{A \to B\}$，$F_2 = \{B \to C\}$，有 $F = F_1 \bigcup F_2$，显然 $F^+ = (F_1 \bigcup F_2)^+$

3.5.3 3NF 无损连接和保持函数依赖的分解算法

算法：将关系模式 $R(U, F)$ 转换为 3NF 的保持函数依赖和无损连接的分解算法。

（1）对 $R(U, F)$ 中的 F 进行最小化处理，即计算 F 的最小覆盖 $F_{\min}$，并将 $F_{\min}$ 仍记为 F。

（2）若有 $X \to A \in F$，并且 $XA = U$，则 R 不能分解，退出。

（3）找出不在 F 中的属性，即不在 F 中任何函数依赖中出现的属性（左边和右边都不出现），把这样的属性构成一个关系模式 $R_0(U_0, \phi)$，并把 U_0 从 U 中去掉，剩余的属性集合仍记为 U。

（4）对 F 按具有相同左部的原则分组（不妨设为 m 组），每一组函数依赖所涉及的全部属性形成属性集 U_i，若出现 $U_i \subseteq U_j$，就去掉 U_i。

（5）经过以上步骤得到的分解 $\tau = \{R_0, R_1, \cdots, R_m\}$（注：$R_0$ 可能没有，$R_1 \cdots R_m$ 可能不连续）构成 R 的一个函数依赖的分解，并且 R_i 都是 3NF。

（6）设 X 是 $R(U, F)$ 的关键字（键），令 $\rho = \tau \bigcup R_X(X, F_X)$。

（7）若存在某个 U_i，有 $X \subseteq U_i$，则将 R_X 从 ρ 去掉，反之，若存在某个 U_j，有 $U_j \subseteq X$，则将 R_j 从 ρ 去掉。

（8）最后的 ρ 即为所求。

例：设关系模式 $R(A, B, C, D, E)$，其函数依赖集为

$F = \{AB \to E, DE \to B, B \to C, C \to E, E \to A, BE \to D, CE \to AB\}$

将其分解为具有 3NF、保持函数依赖和无损连接。

解：（1）由前例知 F 的最小覆盖为

$F_{\min} = \{DE \to B, B \to C, C \to E, E \to A, B \to D, C \to B\}$

（2）按算法得到模式分解为 $\tau = \{R_1(DEB), R_2(BCD), R_3(CEB), R_4(EA)\}$

（3）注意到 B 为关键字（因为 $B_F^+ = ABCDE$），$R_X = R_X(B, \phi)$，注意到 $B \subseteq DEB$，所以 R_X 不用加入。

（4）最后得到分解 ρ 为四个关系模式。

$R_1(DEB, \{DE \to B, B \to D, B \to E\})$,

$R_2(BCD, \{B \to C, B \to D, C \to B, C \to D\})$,

$R_3(CEB, \{C \to B, C \to E, B \to C, B \to E\})$,

$R_4(EA, \{E \to A\})\}$。

3.6 闭包及其计算*

【提要】本节介绍了一个简化闭包计算的方法。本节为选学内容。

在 3.2.3 节（函数依赖的逻辑蕴涵）中，介绍了闭包的概念。由于闭包是逻辑蕴含的函数依赖的最大集合，因此，计算闭包对指导和验证无损分解是非常有意义的。

计算函数依赖闭包是一件很麻烦的事情，即使 F 中只有几个函数依赖，F^+ 也可能会含有很多的函数依赖，如关系 $R(A,B,C)$，其函数依赖集 $F = \{A \rightarrow B, A \rightarrow C\}$ 只有 2 个函数依赖，但 F^+ 含有如下 41 个函数依赖。

$\phi \rightarrow \phi$，$A \rightarrow \phi$，$B \rightarrow \phi$，$C \rightarrow \phi$，$AB \rightarrow \phi$，$AC \rightarrow \phi$，$BC \rightarrow \phi$，$ABC \rightarrow \phi$，$A \rightarrow A$，$AB \rightarrow A$，$AC \rightarrow A$，$ABC \rightarrow A$，$A \rightarrow B$，$B \rightarrow B$，$AB \rightarrow B$，$AC \rightarrow B$，$BC \rightarrow B$，$ABC \rightarrow B$，$A \rightarrow C$，$C \rightarrow C$，$AB \rightarrow C$，$AC \rightarrow C$，$BC \rightarrow C$，$ABC \rightarrow C$，$A \rightarrow AB$，$AB \rightarrow AB$，$AC \rightarrow AB$，$ABC \rightarrow AB$，$A \rightarrow AC$，$AB \rightarrow AC$，$AC \rightarrow AC$，$ABC \rightarrow AC$，$A \rightarrow BC$，$AB \rightarrow BC$，$AC \rightarrow BC$，$BC \rightarrow BC$，$ABC \rightarrow BC$，$A \rightarrow ABC$，$AB \rightarrow ABC$，$AC \rightarrow ABC$，$ABC \rightarrow ABC$

这 41 个函数依赖大多数是平凡的函数依赖，冗余信息太多，若 R 中含有很多的属性，且 F 中也含有为数不少的函数依赖时，手工计算 F^+ 是不可行。

那么，随便给出一个函数依赖 $X \rightarrow Y$，在不计算 F^+ 的情况下如何判断其是否能用推理规则给出呢？答案是可以，我们只需计算下面的属性集闭包即可。

【定义 15】若 F 为关系模式 $R(U)$ 的函数依赖集，X 是 U 的子集，则由 Armstrong 公理推导出的所有 $X \rightarrow A_i$ 中的所有 A_i 所形成的属性集，称为 X 关于 F 的闭包，记为 X_F^+，

X_F^+ 在不会混淆时也可记为 X^+。

显然 $X \subseteq X_F^+$。

例1：设关系 $R(A,B,C)$，其函数依赖集 $F = \{A \rightarrow B, A \rightarrow C\}$，

则 $A_F^+ = ABC$，$B_F^+ = B$。

例2：设关系 $R(A,B,C,D)$，其函数依赖集

$F = \{A \rightarrow B, B \rightarrow C, CD \rightarrow A, BD \rightarrow AC\}$，

则 $A_F^+ = ABC$，$(CD)_F^+ = ABCD$，$(AD)_F^+ = ABCD$。

【定理 4】：$X \rightarrow Y$ 能由 Amstrong 推理规则导出的充分必要条件是 $Y \subseteq X^+$

证明：不妨设 $Y = A_1 A_2 \cdots A_m$

① 充分条件：若 $Y \subseteq X^+$，根据 X^+ 的定义，有 $X \rightarrow A_i$ $(1 \leqslant i \leqslant m)$ 能由 Amstrong 推理规则导出，再用合并率可得 $X \rightarrow Y$。

② 必要条件：若 $X \rightarrow Y$ 能够由 Amstrong 公理导出，则根据分解率，可得 $X \rightarrow A_i$ $(1 \leqslant i \leqslant m)$ 成立，所以 $A_1 A_2 \cdots A_m \subseteq X^+$，即 $Y \subseteq X^+$。

由定理可知，只需计算出 X^+，就可判断 $X \rightarrow Y$ 是否属于 F^+，而计算 X^+ 并不难，只需按如下算法经过有限步即可计算出。

算法：求 属性集 X 关于函数依赖集 F 的属性闭包 X_F^+

输入：有限的属性集和 U 和其上的函数依赖集 F，给出一 U 的子集 X

输出：X 关于 F 的闭包 X_F^+

（1）令 $X(0) = \Phi$，$X(1) = X$。

（2）若 $X(0) = X(1)$，跳至（4），否则置 $X(0) = X(1)$。

（3）若 F 中所有函数依赖均有访问标志，跳至（4），否则在 F 中依次查找每个没有被标记的函数依赖 $W \rightarrow Z$，若 $W \subseteq X(1)$，则令 $X(1) = X(1) \bigcup Z$，并给被访问过的函数依赖 $W \rightarrow Z$ 设置访问标记。

（4）输出 $X(1)$，即 X_F^+。

例：已知关系模式 $R(A,B,C,D,E)$ 其函数依赖为

$F = \{AB \rightarrow C, C \rightarrow E, BC \rightarrow D, ACD \rightarrow B, CE \rightarrow AD\}$

求 $(AB)^+$。

解：

第一次　初始 $X(0) = \Phi$，$X(1) = AB$	（1）
$X(0) \neq X(1)$，令 $X(0) = AB$	（2）
筛选出 $AB \rightarrow C$，令 $X(1) = X(1) \bigcup C = ABC$	（3）
第二次　　$X(0) = AB \neq X(1) = ABC$，令 $X(0) = ABC$	（2）
筛选出 $C \rightarrow E$，令 $X(1) = X(1) \bigcup E = ABCE$	（3）
第三次　　$X(0) = ABC \neq X(1) = ABCE$，令 $X(0) = ABCE$	（2）
筛选出 $BC \rightarrow D$，$CE \rightarrow AD$，令 $X(1) = X(1) \bigcup D \bigcup AD = ABCDE$	（3）
第四次　　$X(0) = ABCE \neq X(1) = ABCDE$，令 $X(0) = ABCDE$	（2）
筛选出 $ACD \rightarrow B$，令 $X(1) = X(1) \bigcup B = ABCDE$	（3）
第五次　　$X(0) = X(1) = ABCDE$	（2）
输出 $X(1) = ABCDE$	（4）

所以 $(AB)^+ = ABCDE$

从执行算法的循环中可看到，在一轮搜索中，$X(1)$ 若不增加任何属性，下一轮循环必然终止，又注意到 $X(0) \subseteq X(1) \subseteq U$ 为有限属性集合，所以 $X(1)$ 的属性个数不可能永远增加，最多经过 $|U| - |X|$ 次循环后，算法可定终止。

3.7　函数依赖集的等价和覆盖*

【提要】本节进一步介绍了函数依赖以及函数依赖集之间的关系。本节为选学内容。

【定义 16】设 F 和 G 是两个函数依赖集，如果 $G^+ = F^+$，则称 F 等价于 G，记为 $F \equiv G$，也可称 F 与 G 等价，或称 F 覆盖 G，或 G 覆盖 F。

很容易检查 F 是否与 G 等价，对任何函数依赖 $X \rightarrow Y \in F$，用上一小节的算法计算出 X_G^+，检查 Y 是否属于 X_G^+。若存在一个这样的函数依赖 $X \rightarrow Y \in F$，有 $Y \not\subset X_G^+$，即 $X \rightarrow Y \notin G^+$，那么 $G^+ \neq F^+$，类似的也需验证 $\forall Z \rightarrow W \in G$，有 $Z \rightarrow W \in F^+$

【定理 5】：若 F 和 G 是两个函数依赖集，则 $F \equiv G$ 的充分必要条件是 $G \subseteq F^+$ 且 $F \subseteq G^+$。

【定义 17】设 F 为函数依赖集，如果存在 F 的真子集 Z，使得 $Z \equiv F$，则称 F 是冗余的，否则称 F 为非冗余的。如果 F 是 G 的覆盖，且 F 为非冗余，则称 F 为 G 的非冗余覆盖。

【定义 18】设 F 为函数依赖集，对于任一 $X \rightarrow Y \in F$，属性 $A \in R$，如果下列条件之一成立，则称 A 是 $X \rightarrow Y$ 关于 F 的多余属性：

（1）$X = AZ$，$X \neq Z$，且 $(F - \{X \rightarrow Y\}) \bigcup \{Z \rightarrow Y\}$ 与 F 等价

（2）$Y = AW$，$Y \neq W$，且 $(F - \{X \rightarrow Y\}) \bigcup \{X \rightarrow W\}$ 与 F 等价

例如：

$F1 = \{C \rightarrow A, ACD \rightarrow B\}$，$F2 = \{C \rightarrow A, CD \rightarrow B\}$，有 $F1 \equiv F2$，则 A 是 $ACD \rightarrow B$ 中的多余属性

$F3 = \{C \rightarrow D, AC \rightarrow BD\}$，$F4 = \{C \rightarrow D, AC \rightarrow B\}$，有 $F3 \equiv F4$，则 D 是 $AC \rightarrow BD$ 中

的多余属性

【定义 19】给定函数依赖集 F ，如果 F 中任一函数依赖 $X \to Y \in F$ 的左边都不含多余属性，则称 F 为左规约的；如果 F 中任一函数依赖 $X \to Y \in F$ 的右边都不含多余属性，则称 F 为右规约的。

【定义 20】给定函数依赖集 F ，如果 F 中每一函数依赖 $X \to Y \in F$ 满足：

（1） $X \to Y$ 的右边 Y 为单个属性（ F 为右规约的）；

（2） F 为左规约；

（3） F 为非冗余的；

则称 F 为最小函数依赖集，或称 F 为正则的。

如果 F 是正则的且 $F \equiv G$ ，则称 F 为 G 的最小覆盖或正则覆盖。

【定理 6】每一个函数依赖集都等价于一个最小函数依赖集

证明：我们分三步对 F 进行最小化处理，找出与 F 等价的最小函数依赖集

（1）对 $X \to Y \in F$ ，若 $Y = B_1 B_2 \cdots B_k \ (k \geqslant 2)$ ，根据分解性，用 $X \to B_1$ ， $X \to B_2$ ，$\cdots$ ，$X \to B_k$ 替代原有的 $X \to Y$ ，对 F 中每个函数依赖都如此处理，得到函数依赖集 G ，由分解律可知 $F \equiv G$ ，且如此处理得到的 G 中所有函数依赖的右侧均为单个属性。

（2）逐一考察最新 G 中的函数依赖，消除左侧冗余属性；取 G 中函数依赖 $X \to B$ ，若 $X = A_1 A_2 \cdots A_m$ ，考察 A_i ，若 $B_i \in (X - A_i)_G^+$ ，则用 $(X - A_i) \to B$ 代替 $X \to B$ ，如此不断处理，直到新生成的函数依赖集为左规约的，记此时的函数依赖集记为 H 。

（3）逐一检查 H 中的各函数依赖 $X \to B$ ，令 $J = H - \{X \to B\}$ ，若 $B \in X_J^+$ ，则用 $H - \{X \to B\}$ 代替 H ，如此处理直到不能去掉任何一个函数依赖为止，此时函数依赖集记为 K ，易知 $K \equiv H \equiv G \equiv F$

在每步处理时，都保证了函数依赖集的等价，第（Ⅰ）步满足了定义中条件（1），第（Ⅱ）步处理完又满足了定义中的条件（2），第（Ⅲ）处理完又满足了定义中的条件（3）。最后得到的函数依赖集一定是与函数依赖集等价的最小函数依赖集。

例：设关系模式 $R(A, B, C, D, E)$ ，其函数依赖集为

$F = \{AB \to E, DE \to B, B \to C, C \to E, E \to A, BE \to D, CE \to AB\}$

解：

（1）分解函数依赖的右部 $CE \to AB$ 分解为 $CE \to A$ 和 $CE \to B$ 得到等价函数依赖集

$G = \{AB \to E, DE \to B, B \to C, C \to E, E \to A, BE \to D, CE \to A, CE \to B\}$ 。

（2）消除左边的多余属性。

考察 $AB \to E$ ，有 $A_G^+ = A$ ， $B_G^+ = BCEAD$ ，有 $E \in B_G^+$ ，用 $B \to E$ 替代 $AB \to E$ ，此时 $G = \{B \to E, DE \to B, B \to C, C \to E, E \to A, BE \to D, CE \to A, CE \to B\}$ 。

再考察 $DE \to B$ ，有 $D_G^+ = D$ ， $E_G^+ = EA$ ，没有多余属性。

再考察 $BE \to D$ ，有 $E_G^+ = EA$ ， $B_G^+ = BCEAD$ ，有 $D \in B_G^+$ ，用 $B \to D$ 替代 $BE \to D$ 此时 $G = \{B \to E, DE \to B, B \to C, C \to E, E \to A, B \to D, CE \to A, CE \to B\}$ 。

再考察 $CE \to A$ 和 $CE \to B$ 有 $C_G^+ = CEABD$ ， $E_G^+ = EA$ ，有 $A, B \in C_G^+$ ，用 $C \to A$ 替代 $CE \to A$ ，用 $C \to B$ 替代 $CE \to B$ 。

此时得到 $H = \{B \to E, DE \to B, B \to C, C \to E, E \to A, B \to D, C \to A, C \to B\}$ 。

（3）检查是否有多余的函数依赖（从左往右扫描）。

$B \to E$ 能由 $B \to C, C \to E$ 推出，可去掉

$H = \{DE \to B, B \to C, C \to E, E \to A, B \to D, C \to A, C \to B\}$

对 $DE \to B$，令 $J = \{B \to C, C \to E, E \to A, B \to D, C \to A, C \to B\}$，有

$(DE)_J^+ = DEA$，有 $B \notin (DE)_J^+$，$DE \to B$ 不能去掉。

对 $B \to C$，令 $J = \{DE \to B, C \to E, E \to A, B \to D, C \to A, C \to B\}$，有

$B_J^+ = BD$，有 $C \notin (B)_J^+$，$B \to C$ 不能去掉。

对 $C \to E$，令 $J = \{DE \to B, B \to C, E \to A, B \to D, C \to A, C \to B\}$，有

$C_J^+ = CABD$，有 $E \notin C_J^+$，$C \to E$ 不能去掉。

对 $E \to A$，令 $J = \{DE \to B, B \to C, C \to E, B \to D, C \to A, C \to B\}$，有

$E_J^+ = E$，有 $A \notin E_J^+$，$E \to A$ 不能去掉。

对 $B \to D$，令 $J = \{DE \to B, B \to C, C \to E, E \to A, C \to A, C \to B\}$，有

$B_J^+ = BCEA$，有 $D \notin B_J^+$，$B \to D$ 不能去掉。

对 $C \to A$ 能由 $C \to E, E \to A$ 推出，可去掉

$H = \{DE \to B, B \to C, C \to E, E \to A, B \to D, C \to B\}$

对 $C \to B$ 令 $J = \{DE \to B, B \to C, C \to E, E \to A, B \to D\}$，有

$C_J^+ = CEA$，有 $B \notin C_J^+$，$C \to B$ 不能去掉。

最后得到最小覆盖 $K = \{DE \to B, B \to C, C \to E, E \to A, B \to D, C \to B\}$。

最小覆盖集并不是唯一的，如 $F = \{A \to B, B \to A, B \to C, A \to C, C \to A\}$，

$G = \{A \to B, B \to C, C \to A\}$ 和 $H = \{A \to B, B \to A, A \to C, C \to A\}$ 都是 F 的最小覆盖。

3.8 公理的完备性*

【提要】本节进一步介绍了函数依赖的推演方法，从而论证了公理的完备性。本节为选学内容。

Armstrong 公理是完备的，即对任何为 F 逻辑蕴涵的函数依赖，都可以从 F 导出。也就是说，若存在一个函数依赖 $X \to Y$ 不能从 F 根据 Armstrong 公理推导出，则 $X \to Y$ 一定不为 F 逻辑蕴涵，或者，至少存在有某个关系 R，使 R 满足 F，但不满足 $X \to Y$。

【定理 7】凡是被 F 逻辑蕴涵的函数依赖一定能用公理推导出来

证明：设 F 是属性集 U 上的一个函数依赖集，并设 $X \to Y$ 不能被 F 通过推理规则导出。我们可以构造出一关系 R 如下，使得 R 满足 F，但不满足 $X \to Y$。

不妨设 $U = A_1 A_2 \cdots A_n$，$X_F^+ = A_1 A_2 \cdots A_K$，关系 R 如下表。

R	A_1	A_2	...	A_k	A_{k+1}	A_{k+2}	...	A_n
t_1	1	1	1	1	1	1	1	1
t_2	1	1	1	1	0	0	0	0

即 R 由两个元组 t_1 和 t_2 组成，t_1 在所有属性上全取值为 1，而 t_2 在 X_F^+ 所有属性上全取值为 1，在其他属性上全取值为 0。很明显 $Y \notin X_F^+$，可知关系 R 中两个元组 t_1 和 t_2 在 X 上值相等，但在 Y 值上不相等，那么 $X \to Y$ 在 R 中不成立。

下面我们证明 R 满足 F，即在关系 R 中，F 的函数依赖都成立。

设 $W \to Z$ 是 F 中任一函数依赖。

（1）若 $W \not\subset X_F^+$，则 W 必含有 $A_{k+1}A_{k+2}\cdots A_n$ 中至少一个属性，那么 $t_1[W] \neq t_2[W]$，即若 R 中存在元组 $s[W] = t[W]$，则有 $s = t = t_1$ 或 $s = t = t_2$ 自然此时有 $s[Z] = t[Z]$，$W \to Z$ 自然成立。

（2）若 $W \subseteq X_F^+$，则 $X \to W$，由传递率可知 $X \to Z$，所以 $Z \in X_F^+$，注意到关系 R 中 X_F^+ 的属性值全部等于 1，那么 $t_1[W] = t_2[W]$，$t_1[Z] = t_2[Z]$，$W \to Z$ 满足。

由于 Armstrong 公理的完备性，Armstrong 公理及其推论共同构成了一个完备的逻辑推理体系，我们称之为 Armstrong 公理体系。从推理系统的完备性可以得到下面两个重要结论：

（1）属性集 X_F^+ 中的每个属性 A，都有 $X \to A$ 被 F 逻辑蕴涵，即 X_F^+ 是由所有由 F 逻辑蕴涵的 $X \to A$ 的属性 A 的集合。

（2）F^+ 是所有利用 Armstrong 推理规则从 F 导出的函数依赖的集合。

3.9　小　　结

规范化理论为数据库设计提供了理论上的指导和工具。应当注意：并不是规范化程度越高模式就越好，而是要适合应用环境和现实世界的具体情况，合理地选择数据库模式。

习　　题

一、填空题

1. 数据依赖的类型有很多，其中最重要的是【1】和【2】。

2. 实体类型的【1】之间相互依赖又相互限制的关系称为数据依赖。

3. 被 F 逻辑蕴涵的函数依赖的集合称为 F 的【1】。

4. 如果一个关系模式 R 的每一个属性的域都只包含单一的值，则称 R 满足【1】。

5. 如果关系模式 R 满足【1】，而且它的所有非主属性完全函数依赖于候选键，则 R 满足【2】。

6. 如果关系模式 R 满足【1】，并且它的任何一个非主属性都不传递依赖于任何候选键，则 R 满足【2】。

7. 关系模式 R 中，若每一个决定因素都包含键，则关系模式 R 属于【1】。

8. 关系数据库设计理论主要包括三个方面的内容：【1】、【2】和【3】。其中【4】起着决定作用。

9. 关系模式 $R(U)$ 上的两个函数依赖集 F 和 G，如果满足条件【1】，则称 F 和 G 是等价的。

10. 好的模式设计应符合【1】、【2】和【3】三条原则。

11. 设关系模式 $R(ABCD)$ 上成立的函数依赖集为 $F=\{B \to C,\ C \to D\}$，则关系模式 R 中属性集（AB）的闭包为【1】。

二、判断题

1. 函数依赖是指关系模式 R 的某个或某些元组满足的约束条件。【1】

2. 如果在同一组属性子集上，不存在第二个函数依赖，则该组属性集为候选键。【1】

3. 如果一个关系模式属于 3NF，则该关系模式一定属于 BCNF。【1】

4. 如果一个关系数据库模式中的关系模式都属于 BCNF，则在函数依赖的范畴内已实现了彻底的分离，消除了插入、删除和修改的异常。【1】

5. 规范化的过程是用一组等价的关系子模式，使关系模式中的各关系模式达到某种程度的"分离"，让一个关系描述一个概念、一个实体或实体间的一种联系。规范化的实质就是概念的单一化。【1】

6. 规范化理论为数据库设计提供了理论上的指导和工具。规范化程度越高，模式就越好。【1】

7. 一个无损连接的分解一定保持函数依赖。【1】

8. 一个保持函数依赖的分解一定具有无损连接。【1】

9. 当且仅当函数依赖 $A->B$ 在 R 上成立，关系 $R（A，B，C）$ 等于其投影 $R1（A，B）$ 和 $R2（A，C）$ 的连接。【1】

10. 任何一个二目关系属于3NF、属于BCNF，而且属于4NF。【1】

三、单项选择题

1. 有关函数依赖错误的是_____。

A. 函数依赖实际上是对现实世界中事物的性质之间相关性的一种断言

B. 函数依赖是指关系模式 R 的某个或某些元组满足的约束条件

C. 函数依赖是现实世界中属性间关系的客观存在

D. 函数依赖是数据库设计者的人为强制的产物

2. 对于键的描述错误的是_____。

A. 键是唯一确定一个实体的属性的集合

B. 主键是候选键的子集

C. 主键可以不唯一

D. 主键可以包含多个属性

3. 对于第三范式的描述错误的是_____。

A. 如果一个关系模式 R 不存在部分依赖和传递依赖，则 R 满足3NF

B. 属于BCNF的关系模式必属于3NF

C. 属于3NF的关系模式必属于BCNF

D. 3NF的"不彻底"性表现在当关系模式具有多个候选键，且这些候选键具有公共属性时，可能存在主属性对键的部分依赖和传递依赖

4. 对关系模式的规范化错误的是_____。

A. 规范化的关系消除了操作中出现的异常现象

B. 规范化的规则是绝对化的，规范化的程度越高越好

C. 关系模式规范化的过程是通过对关系模式进行分解来实现的

D. 对多数应用来说，分解到3NF就够了

5. 关于函数依赖和多值依赖错误的是_____。

A. 都描述了关于数据之间的固有联系

B. 在某个关系模式上，函数依赖和多值依赖是否成立，由关系本身的语义属性确定

C. 函数依赖是多值依赖的特殊情况

D. $X→Y$、$X→Y$ 在 $R（U）$ 上是否成立仅与 XY 值有关

6. 设关系模式 $R（U，F）$，U 为 R 的属性集合，F 为 U 上的一个函数依赖，则对关系模式 $R（U，F）$ 而言，如果 $X→Y$ 为 F 所蕴含，且 $Z⊆U$，则 $XZ→YZ$ 为 F 所蕴含。这是函数依赖的_____。

A. 传递律　　　　B. 合并规则　　　　C. 自反律　　　　D. 增广律

7. $X→A_i$ 成立是 $X→A_1A_2...A_k$ 成立的_____。

A. 充分条件　　　　B. 必要条件　　　　C. 充要条件　　　　D. 既不充分也不必要

8. 能消除多值依赖引起冗余的是_____。

A. 2NF　　　B. 3NF　　　C. 4NF　　　D. BCNF

9. 关系数据库理论设计中，其核心作用的是_____。

A. 数据依赖　　　B. 模式设计　　　C. 范式　　　D. 数据完整性

10. 在关系模式 $R(XYZ)$ 上成立的函数依赖集 $F=\{X\text{->}Z, Z\rightarrow Y\}$，则属性集 Z 的闭包为_____。

A. XYZ　　　B. Y　　　C. Z　　　D. YZ

11. 设关系模式 $R(XYZ)$ 上成立的函数依赖集 $F=\{Y\rightarrow Z\}$，设 $\rho=\{XZ, YZ\}$ 为 R 的一个分解，则该分解 ρ 相对于 $\{Y\rightarrow Z\}$ 来说_____。

A. 是无损连接分解　　　　　　　　B. 不是无损连接分解

C. 是否无损连接分解不能确定　　　　D. 是否无损连接分解由 R 的当前关系值确定

12. 在关系模式 $R(ABCDEG)$ 上的候选码为 ABC 及 CDG，则属性集 DG 为_____。

A. 主属性　　　B. 非主属性　　　C. 复合属性　　　D. 非码属性

四、简答题

1. 要使一个表成为关系，必须施加什么约束？

2. 定义函数依赖。给出一个其两个属性间有函数依赖的例子，给出一个其两个属性间没有函数依赖的例子。

3. 给出一个有函数依赖的关系的例子，其中的决定因素有两个或多个属性。

4. 什么是删除异常？举例说明。

5. 什么是插入异常？举例说明。

6. 定义第二范式，举出一个在 1NF 但不在 2NF 中的关系的例子，并把该关系转化到 2NF 中。

7. 定义第三范式，举出一个在 2NF 但不在 3NF 中的关系的例子，并把该关系转化到 3NF 中。

8. 定义 BCNF，举出一个在 3NF 但不在 BCNF 中的关系的例子，并把该关系转化到 BCNF 中。

五、应用题

1. 某工厂需建立一个产品生产管理数据库，管理如下信息：

车间编号、车间主任姓名、车间电话，车间职工的职工号、职工姓名、性别、年龄、工种，车间生产的零件号、零件名称、零件的规格型号，车间生产一批零件有一个批号、数量、完成日期（同一批零件可以包括多种零件）。

（1）试按规范化的要求给出关系数据库模式。

（2）指出每个关系模式的候选键、外键。

2. 关系模式 S-L-C（S#，SD，SL，C#，G），其中 S#为学生号，SD 为系名，SL 为系住址（规定一个系住在一个地方），C#为课程号，G 为课程成绩，写出可能的函数依赖，并将此关系模式规范化为 2NF、3NF。

3. 考虑如下的关系定义和样本数据（如表 3-6 所示）：

PROJECT（ProjectID，EmployeeName，EmployeeSalary），其中 ProjectID 是项目的编号，EmployeeName 是该雇员的姓名，EmployeeSalary 是名为 EmployeeName 的雇员的薪水。

表 3-6   关系定义和样本数据 PROJECT Relation

ProjectID	EmployeeName	EmployeeSalary
100A	Jones	64k
100A	Smith	51k
100B	Smith	51k
200A	Jones	64k
200B	Jones	64k
200C	Parks	28k
200C	Smith	51k
200D	Parks	28k

假定所有的函数依赖和约束都显示在数据中，则以下哪个陈述是对的？

（1）ProjectID→EmployeeName

（2）ProjectID→EmployeeSalary

（3）（ProjectID，EmployeeName）→EmployeeSalary

（4）EmployeeName→EmployeeSalary

（5）EmployeeSalary→ProjectID

（6）EmployeeSalary→（ProjectID，EmployeeName）

回答如下问题：

（1）PROJECT 的关键字是什么？

（2）所有的非关键字属性（如果有的话）都依赖于整个关键字吗？

（3）PROJECT 在哪个范式中？

（4）描述 PROJECT 会遇到的两个更新异常。

（5）ProjectID 是决定因素吗？

（6）EmployeeName 是决定因素吗？

（7）ProjectID，EmployeeName 是决定因素吗？

（8）EmployeeSalary 是决定因素吗？

（9）这个关系包含传递依赖吗？如果包含，是什么？

（10）重新设计该关系，消除更新异常。

4. 设有关系模式 R（EGHIJ），R 的函数依赖集 $F=\{E \rightarrow I, J \rightarrow I, I \rightarrow G, GH \rightarrow I, IH \rightarrow E\}$，求

（1）R 的候选关键字；

（2）判断 $\rho=\{EG, EJ, JH, IGH, EH\}$ 是否为无损连接分解？

（3）将 R 分解为 3NF，并具有无损连接性和保持函数依赖性。

第4章
Access 数据库设计

【本章提要】

在 Access 数据库系统中，表是存储和管理数据的基本数据库对象，也是其他对象（如查询、窗体报表等）的数据源。在创建数据库其他对象之前，必须首先创建数据表。这一章介绍 Access2000 数据库设计的步骤、Access 数据表的创建，表结构的组成、设计和更改表的关联和参照完整性，数据表的存储等基本操作的内容。

4.1　数据库设计的总体思路

【提要】本节概要介绍了 Access 数据库设计的操作步骤。

在使用 Access 实现一个数据库应用之前，应该首先进行数据库的概念设计和逻辑设计。以下是设计数据库的基本步骤。

（1）确定新建数据库的目的。首先要明确需要处理哪些信息，解决哪些问题，并描述数据库应用系统最终生成哪些报表。同时收集当前用于记录数据的表格。

（2）确定该数据库应用系统中需要的表。这是数据库应用系统设计过程中最重要的一个环节。一般来说，最好先在纸上草拟并规划所需数据表结构的详细设计信息。设计数据表时，按以下设计原则对信息进行分类。

① 数据表中不应该包含重复信息，并且信息不应该在数据表之间复制。

② 每个数据表应该只包含关于一个实体的信息。

（3）确定数据表中需要的字段。每一个数据表中都包含关于同一实体的信息，并且数据表中的每个字段包含关于该实体的各个属性。在草拟每个数据表的字段时，请注意以下几点。

① 每个字段直接与表的实体相关。

② 不包含推导或计算的数据（表达式的计算结果）。

③ 包含所需的所有信息。

④ 以最小的逻辑部分保存信息（例如，名字和姓氏分开而不是统一为姓名）。

（4）明确有惟一值的字段。Access 为了连接保存在不同数据表中的信息，数据库中的每个数据表必须包含表中唯一确定每个记录的字段或字段集。这种字段或字段集称为主关键字。

（5）确定数据表之间的关系。因为已经将信息分配到各个数据表中了，并且定义了主关键字字段，所以需要通过某种方式告知系统如何以有意义的方法将相关信息重新结合到一起。如果要实现上述操作，必须事先定义好数据表之间的关系。详细操作参阅"课堂教学质量评价系统"（附录）中的关系设计。

（6）优化设计。在设计完成需要的数据表、字段和关系后，就应该检查该设计并找出任何可能存在的的错误，发现得越早越好。

（7）输入数据并新建其他数据库对象。如果确定数据表的结构已达到用户的设计目的，就可以向数据表中添加所有已知的数据，然后新建所需的查询、窗体、报表、宏和模块等其他的数据库对象。

（8）使用 Access 的分析工具。Access 提供了"表分析器向导"和"性能分析器"两个实用的分析工具，可以帮助用户改进数据库应用系统的设计。

4.2　建立数据库

【提要】本节介绍创建 Access 数据库的两种方法：使用向导和用户自定义。

当用户进入到 Access 系统后，在菜单栏上选择"文件"菜单中的"新建"选项，或者在工具栏上直接单击"新建"图标按钮，系统将出现"新建"数据库窗体，如图 4-1 所示。

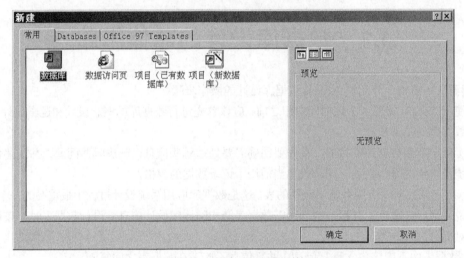

图 4-1　"新建"数据库窗体

在"新建"数据库窗体中，单击"常用"按钮，选择"数据库"图标，单击"确定"按钮，系统将出现"保存新数据库为"对话框，如图 4-2 所示。

Access 数据库系统提供了两种创建数据库的方法：一种方法是先创建一个空数据库，然后添加数据库对象；另一种方法是使用"数据库向导"，按照向导提示的步骤进行操作。

下面分别对这两种创建数据库的方法作简单的介绍。

1. 使用"数据库向导"创建数据库应用系统

（1）在第一次启动 Access 时，系统会出现一个对话框（见图 4-3），选择"新建数据库"中的"Access 数据库向导、数据页和项目"选项，然后单击"确定"按钮。

如果已经打开了数据库或在 Access 启动时显示的对话框已经关闭，可以单击工具栏上的"新建数据库"按钮。

图 4-2　"保存新数据库为"对话框

图 4-3　初次启动 Access 2000 的对话框

（2）在"Databases"选项卡上，双击要创建的数据库类型的图标，如图 4-4 所示。

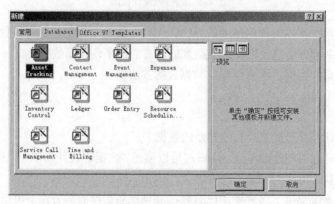

图 4-4　选中一个图标

（3）这时系统将出现如图 4-2 所示的"保存新数据库为"对话框，用户可以自己指定数据库的名称和位置，也可以采用系统默认的名称和位置。

（4）单击"创建"按钮，系统将通过"数据库向导"建立起新的数据库应用系统。

2．自定义创建数据库

（1）在第一次启动 Access 时，系统将出现一个对话框（见图 4-3），在"新建数据库"中，选择"空 Access 数据库"选项，然后单击"确定"按钮。

如果已经打开了数据库或当 Access 打开时显示的对话框已经关闭，可以单击工具栏上的"新建数据库"按钮，然后双击"常用"选项卡上的"空数据库"图标。

（2）指定新建数据库的名称及位置，并单击"创建"按钮。

创建空数据库之后，可以接着创建组成该数据库的表、窗体等各种数据库对象。

在用户给新建的数据库命名时，系统会自动在该名称后加上".MDB"后缀。

4.3 数据表的建立

【提要】本节详细介绍创建 Access 数据表的各种方法和操作步骤。

数据表是 Access 数据库系统的基石，是保存数据的地方。因此，在创建其他的数据库对象（如查询、窗体、报表等）之前，必须先设计出数据表。

图 4-5 所示的是"课堂教学质量评价系统"中使用的"评单"数据表的设计视图。

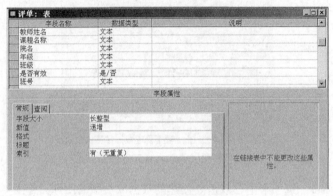

图 4-5 数据表设计视图

Access 数据库系统提供两种创建表的方法：一种方法是先创建一个空的数据表，然后向其中输入自己数据；另一种方法是使用其他数据源的已有数据来创建新数据表。

Access 数据库系统提供了 3 种创建空数据表的方法。

（1）使用数据库向导。

（2）将数据直接输入到空白的数据表中。

（3）使用"设计"视图从无到有创建新的数据表。

不管使用哪一种方法创建数据表，用户都可以使用"数据表设计视图"来进一步定义数据表，如新增字段、设置默认值或创建输入掩码等。

Access 数据库系统提供了多种使用已有数据表创建新数据表的方法。可以复制当前数据库中的数据表，也可以导入或链接其他关系型数据库（如 dBase、FoxPro 等）的数据表。

4.4 使用数据表向导创建表

【提要】本节介绍使用数据表向导创建 Access 数据表的方法和操作步骤。

使用"数据表向导"创建一个数据表的方法如下。

（1）在已经打开的数据库窗体中，选择"对象"面板中的"表对象"标签按钮。这时在数据库窗体中会出现如图 4-6 所示的 3 个选项，选择"使用向导创建表"选项。

（2）用户还可以单击"新建"命令按钮，出现"新建表"对话框，如图 4-7 所示，选择对话框中的"表向导"选项，单击"确定"按钮。

图 4-6　创建数据表的 3 个选项　　　　　　　　　　图 4-7　"新建表"对话框

（3）无论采用上述哪种方法，都会出现"表向导"对话框，如图 4-8 所示。用户可以根据自己的需要选择其中的某些字段来作为要创建的数据表的字段，还可以通过单击"重命名字段"按钮对所选择的字段重新命名。

（4）在图 4-8 中选择了需要的字段后，单击"下一步"按钮，出现"表向导"窗体，如图 4-9 所示。用户可以指定新数据表的名称，也可以采用系统默认的名称。

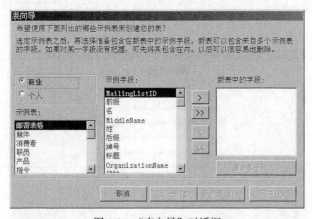

图 4-8　"表向导"对话框

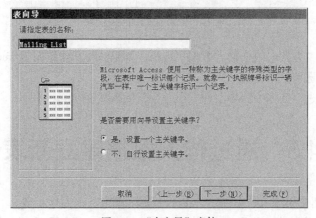

图 4-9　"表向导"窗体

同时，系统还会询问"是否需要用向导设置主关键字？"，可以根据需要选择。

如果选择了"是，设置一个主关键字"，系统将会自动设置一个主关键字。

如果选择了"不，自行设计一个主关键字"，则需要用户选择作为主关键字的字段名称。

（5）单击图 4-9 中的"下一步"按钮，会出现"表向导"的完成窗体，如图 4-10 所示。选择"利用向导创建的窗体向表中输入数据"选项，然后单击"完成"按钮，出现表数据输入窗体，如图 4-11 所示。

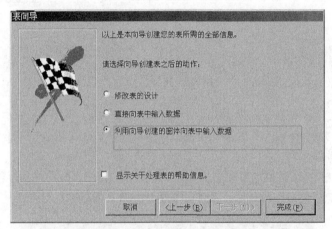

图 4-10　"表向导"的完成窗体

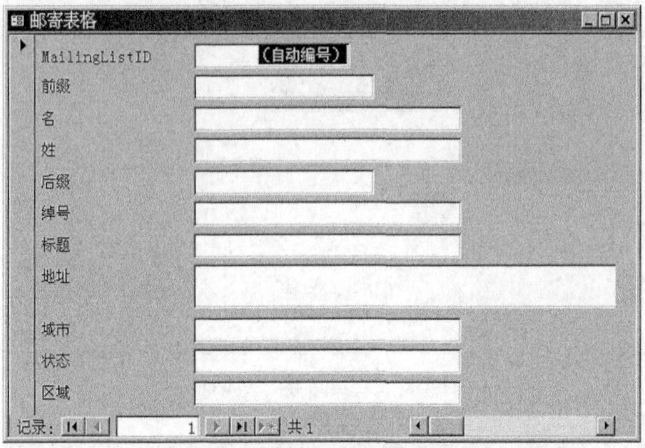

图 4-11　表数据输入窗体

用户也可以选择"直接向表中输入数据"选项。如果想对新建数据表作适当的修改，可以选择"修改表的设计"选项。

至此，就已经通过"数据表向导"建立了一个新的数据表。

4.5　通过输入数据建立新表

【提要】本节介绍使用输入数据创建 Access 数据表的方法和操作步骤。

在图 4-10 所示的窗体中，如果用户选择"直接向表中输入数据"选项，会出现空数据表视图窗体，如图 4-12 所示。

图 4-12　空数据表视图窗体

实际上，我们还可以采用如下的方法调出空数据表视图窗体。在数据库窗体中选择表对象，单击"新建"按钮，在"新建表"对话框（见图 4-7）中选择"数据表视图"选项，单击"确定"按钮，也会出现空数据表视图窗体。

在空数据表视图窗体中，用户可以把具有相同属性的一组数据输入到一个字段中。

用户可以直接在该窗体中修改字段的名称。具体的操作方法如下：将鼠标指针放在要修改的字段的名称上，当指针变为黑色的下拉式箭头时，单击鼠标左键，这时该字段所在的列全部变黑。再单击鼠标右键，出现"字段"快捷菜单（见图 4-13），选择"重命名列"选项，输入字段的新名称并按回车键即可。此外，用户也可以用鼠标双击字段名来重新命名字段。

图 4-13　"字段"快捷菜单

还有两种特殊的方法用于建立新数据表：一种方法是"导入表"，另一种方法是"链接表"。

Access 2000 数据库系统可以导入或链接在相同版本或其他版本的 Access 数据库（版本为 1.X、2.0、7.0 和 8.0）中的数据表，也可以导入或链接 Microsoft Excel、dBase、Microsoft FoxPro 或 Paradox 等程序或文件格式的数据。

导入表是将源数据表或源文件复制成当前数据库中的一个新数据表。复制的新表与其源数据表或源文件没有联系，各自数据的改变互不影响。

链接表是将源数据表或源文件逻辑地"复制"成当前数据库中的一个新数据表。"复制"的新表与其源数据表或源文件保持链接关系。数据之间还有影响。

4.6　使用表的"设计"视图

【提要】本节介绍使用表的"设计"视图创建新数据表的方法和操作步骤。其中还将详细说明字段命名、字段数据类型和字段属性及主关键字、索引等概念内容。

下面将介绍用数据表的"设计"视图来建立新的数据表，具体步骤如下。

（1）如果还没有切换到数据库窗体，可以按 F11 键从其他窗体切换到数据库窗体。

（2）选择"表"选项卡，然后单击"新建"按钮。这时系统将出现"新建表"对话框，如图 4-14 所示。

图 4-14　"新建表"对话框

（3）双击"设计视图"选项，这时系统将出现数据表设计视图窗体，如图 4-15 所示。在"字段名称"栏中输入字段的名字，在"数据类型"栏中选择合适的字段类型，在"说明"栏中可以输入适当的说明文字。

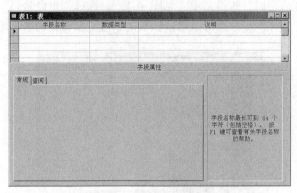

图 4-15　表的设计视图窗体

（4）逐个定义表中的每个字段，包括名称、数据类型和说明。

（5）输入已定义的每个字段的其他属性，如"字段大小"、"格式"等。字段的属性窗体如图 4-16 所示。

图 4-16　字段的属性窗体

（6）根据需要，定义一个主关键字字段。

（7）根据需要，建立索引。建立索引可以提高查询的速度。

（8）在准备保存表时，单击工具栏的"保存"按钮，然后键入合适的表的名称。

4.6.1　数据表设计窗体

数据表有"设计"视图和"数据表"视图两种视图。"设计"视图可以创建及修改数据表的结构，"数据表"视图可以查看、添加、删除及编辑数据表中的数据。

图 4-15 即是数据表的"设计"视图窗体。数据表"设计"视图窗体包括两个区域：字段输入区和字段属性区。在字段输入区中输入每个字段的名称、数据类型和说明。在字段属性区中输入或选择字段的其他属性值。属性包括字段大小以及格式等。

字段属性区中所显示的属性是"当前字段"（字段前面有一个黑色的小三角）的属性。

一般来说，用"数据库向导"、"表向导"或"导入表"方法建立的新数据表，都需要采用数据表"设计"视图作进一步的修改和完善。

4.6.2　数据表窗体中的工具栏

数据表窗体中的工具栏有两种，一种是"数据表视图"工具栏（如图 4-17 所示），另一种是数据表的"设计视图"工具栏，如图 4-18 所示。

图 4-17　"数据表视图"工具栏

图 4-18　数据表的"设计视图"工具栏

上面所述的两个工具栏中最左边按钮是"视图"切换按钮，如图 4-19 所示。当数据表显示在"数据表视图"中时，只要单击"视图"按钮就可以切换到"设计"视图，反之亦然。

图 4-19　切换按钮

4.6.3　建立和命名字段

建立字段的方法是，在数据表"设计视图"窗体的字段输入区，输入字段名称、选择该字段数据类型并给出字段说明。

字段名称是用来标识字段的，字段名称可以是大写、小写、大小混合写的英文名称，也可以是中文名称；字段命名应符合 Access 数据库的对象命名的规则。字段命名应遵循如下的规则。

（1）字段名称可以是 1～64 个字符。

（2）字段名称可以采用字母、数字和空格以及其他一切特别字符（除句号（。）、惊叹号（！）或方括号（[ ]）以外）。

（3）不能使用 ASCII 码值为 0～32 的 ASCII 字符。

（4）不能以空格为开头。

4.6.4　指定字段的数据类型

在给字段命名后，用户必须确定字段的数据类型。在数据表"设计视图"窗体中，将光标置于第二列"数据类型"的下拉式菜单位置，弹出下拉式菜单，如图 4-20 所示，选择合适的数据类型。

图 4-20　下拉式菜单

Access 2000 中经常用到的数据类型有 10 种。有关数据类型的详细说明参见表 4-1。

表 4-1　　　　　　　　　　Access 2000 中使用的数据类型

设定值	数 据 类 型	大　　小
文本	文本类型或文本与数字类型的结合。与数字类型一样，都不需要计算。例如电话号码	最多可用 255 个字符或是由 FieldSize 属性设定长度。Microsoft Access 不会为文本字段中未使用的部分保留空格
备注	长文本类型或文本与数字类型的组合	最多可用 640000 个字符
数字	用于数学计算中的数值数据。关于如何设定特殊数字类型，请看 FieldSize 属性的说明	1，2，4 或 8 字节（16 字节只适用于复制品编号）
日期/时间	日期/时间数值的设定范围为 100～9999 年	8 字节
货币	用于数学计算的货币数值与数值数据，包含小数点后 1～4 位。整数最多有 15 位	8 字节
自动编号	每当一条新记录加入到数据表时，Microsoft Access 都会制定一个唯一的连续数值（增量为 1）或随机数字表。自动编号字段不能够更新	4 字节（16 字节只是用于复制品编号）
是/否	"是"和"否"的数值与字段只包含两个数值(True/False 或 On/Off）中的一个	1 位
OLE 对象	连接或内嵌于 Microsoft Access 数据表中的对象（如可以是 Microsoft Excel 电子表、Word 文件、图形、声音或其他二进制数据）	最多可用十亿字节（受限于可用的磁盘空间）
超级链接	文本类型或文本与数字类型的结合，最终以文本形式保存。作一个超级链接地址，具有三个部分：显示的文本，即呈现一个字段；或者是控制地址，即寻找一个文件的路径（UNC）；或者是页（URL）子地址，即一个位于文件或页中的位置。插入一个超级链接到一个字段或控制的最简单方式，就是单击"插入"菜单中"超级链接"选项	在超链接中的每一部分，可以包含多达 2048 个字符
查询向导	可以建立一个字段，此字段允许从另一个数据表或者从一个以下拉式清单形式来表示的数值清单中，选取数值。在"数据类型"清单中，选取此选项，以启动查阅向导定义数据类型	与用来执行查阅的主关键字字段大小相同。通常为 4 字节

在 Access 数据库系统中，变量或字段的属性确定所存储数据的类型。如文本、备注字段的数据类型，可存储文本或数字；但数字数据类型仅允许在字段中存储数字。

Access 数据库管理系统为一些数据类型（如"数字"、"日期/时间"和"货币"等）预先设置了许多可能的显示格式，如日期可以用"yyyy-mm-dd"、"yyyy/mm/dd"或"dd/mm/yy"等格式显示。通过设置字段的格式（Format）属性可以控制其显示格式。

4.6.5 字段说明

使用"字段说明"可以帮助用户或其他的程序设计人员了解该字段的用途。

4.6.6 字段属性的设置

在数据表"设计"视图窗体中有两种属性,一种是数据表的属性,另一种是数据表中字段的属性。

在输入字段名称、数据类型和字段说明后,用户经常还希望规定字段的其他特性(如字段大小、显示格式或显示标题等),这时就会用到字段的属性。

在数据表中,用户应该设置每个字段的属性。如图 4-21 所示的就是"评单"数据表中的"课程编号"字段的属性。

图 4-21   "课程编号"字段的属性

数据表中字段有如下几个属性。

● 字段大小:用来指定文本的长度(1~255)或指定数值类型数据的大小。
● 格式:数据的窗体显示,包括大小写转换、时间/日期的显示等。
● 小数位数:用来指定小数点的位数(只有数值/货币可用)。
● 标题:指明一个更详细的说明,作为窗体和报表中的字段标记。
● 默认值:为字段指定缺省值(自动编号和 OLE 对象除外)。
● 有效性规则:根据由表达式或宏建立的规则来确认数据。
● 有效性文本:当输入的数据不符合有效性规则时所显示的信息。
● 索引:使用索引,可以提高数据的访问效率。用户可以使用文本、数字、日期/时间、货币和自动统计数据等进行索引。

4.6.7 定义主关键字

在 Access 数据库中,每一个数据表一定包含有一个主关键字,主关键字可以由一个或多个字段组成。建立用户自定义的主关键字有如下的好处。

(1)设置主关键字能够大大提高查询和排序的速度。

(2)在窗体或数据表中查看数据时,Access 数据库将按主关键字的顺序显示数据。

(3)当将新记录加到数据表时,Access 数据库可以自动检查新记录是否有重复的数据。

在 Access 数据库中,定义主关键字的方法比较简单。具体过程如下。

(1)以数据表"设计"视图的方式打开需要设置主关键字的数据表。

(2)选择要定义为主关键字的一个或多个字段。如果只需要选择一个字段作为主关键字,可以单击字段所在行的选定按钮;如果需要选择多个字段作为主关键字,可以先按下 Ctrl 键,然后依次单击这些字段所在行的行选定按钮。

（3）最后单击工具栏上的"主关键字"按钮 🔑。

4.6.8 为需要的字段建立索引

在 Access 数据库中，如果要快速地对数据表中的记录进行查找或排序，用户最好建立索引。它像在书中使用索引来查找数据一样方便。可以基于单个字段创建索引，也可以基于多个字段来创建索引。创建多字段索引的目的是区分开与第一个字段值相同的记录。

数据表的主关键字能够自动设置索引。备注、超级链接和 OLE 对象等数据类型的字段则不能设置索引。其他的字段，如果符合下列所有条件，也可以将它们设置为索引：

（1）字段的数据类型为文本、数字、货币或日期/时间；

（2）字段中包含有要查找的值；

（3）字段中包含有要排序的值；

（4）在字段中保存许多不同的值。

在数据表中使用多个字段索引进行排序时，一般使用定义在索引中的第一个字段进行排序。如果第一个字段有重复值，则系统会使用索引中的第二个字段进行排序，依此类推。

将光标置于"字段属性"区中的"索引"属性栏中，会出现一个"下拉式"列表，该列表中提供了如下 3 种选择：

（1）无（默认的）不索引；

（2）有（有重复）索引且准许重复的数据；

（3）有（无重复）索引且禁止重复的数据。

4.7 更改数据表的结构

【提要】建立了新数据表之后，有时需要对数据表作适当的修改。例如，用户想删除或者增加一个字段、更改字段名称或数据类型等，本节介绍一些更改表结构的操作。

4.7.1 移动字段的位置

用鼠标选定要移动的字段，如图 4-22 所示，并将该字段拖动到新的位置，如图 4-23 所示。

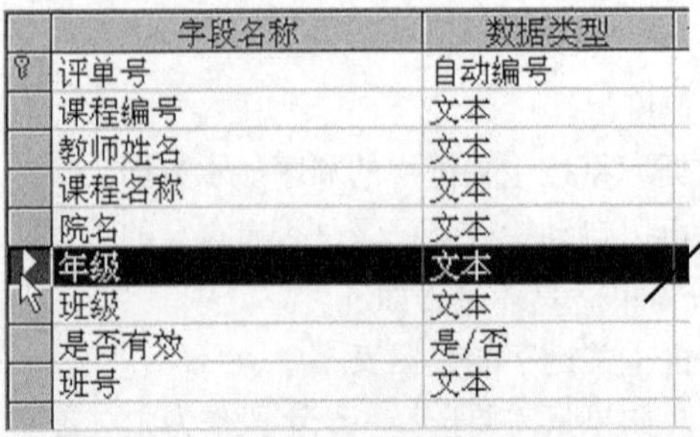

图 4-22　选中要移动的字段"年级" 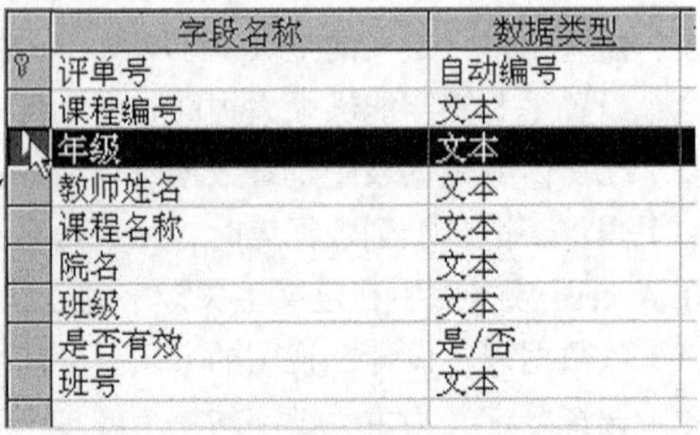　　　　图 4-23　移动字段到新的位置

4.7.2　添加新字段

在"数据表"视图和数据表"设计"视图中都可以添加新字段。以"数据表"视图方式打开数据表时，用鼠标单击要在其前边插入的列，然后选择"插入"菜单中的"列"选项。然后双击添加字段的名称，键入新的字段名。打开数据表"设计"视图时，在最末一行直接输入字段的名称并选定字段类型即可。

4.7.3　删除字段

用户可以采用如下两种方法删除字段：一种方法是选择要删除的字段，然后选择"编辑"菜单中的"删除列"选项；另一种方法是单击要删除的字段，然后按下 Delete 键。

删除时，系统会出现"提示"对话框（如图 4-24 所示）用以确认。

图 4-24　删除字段时的"提示"对话框

需要注意的是，删除字段时，必须同时删除在其他数据库对象中引用的相关字段。

4.7.4　更改字段名称

修改字段名不会影响字段中的数据，但是如果其他数据库对象引用了已修改的字段，则用户必须作相应的修改。

可以在"设计"视图或"数据表"视图中更改字段名。

1. 在"设计"视图中更改字段名称的步骤

（1）在"数据库"窗体中，选择需要修改字段名的数据表，单击"设计"按钮。

（2）在数据表"设计"视图中，双击要更改的字段名称。

（3）键入新的字段名称（命名方式必须符合 Access 数据库对象命名规则）。

（4）单击工具栏上的"保存"按钮，保存所作的更改。

2. 在"数据表"视图中更改字段名称的步骤

（1）在"数据库"窗体中，双击要操作的数据表，打开"数据表"视图。

（2）双击要更改字段的字段选定按钮。

如果已经为该字段设置了"标题"属性，双击字段选定按钮可以删除"标题"文本并用字段名称替换，这时，用户就可以修改字段的名称了。

（3）输入新的字段名称（命名方式必须符合 Microsoft Access 的对象命名规则）。

（4）请按 Enter 键保存新名称。当按 Enter 键保存时，系统将删除"标题"文本，如果不需要删除"标题"文本，在双击字段选定按钮之后，应按 Esc 键来取消编辑。

4.7.5　更改字段大小

在 Access 数据库中，用户只能修改文本或数值字段的大小。方法如下。

（1）在数据表"设计"视图的"字段输入区"中，单击 "字段大小"属性的字段。

（2）在"字段属性区"中，单击"字段大小"属性框。

（3）对文本字段，可以输入1～255个字符。对于数值字段，在"字段大小"属性框中单击带下箭头的图标按钮，就可以选择数值字段的大小。

在将字段的数据类型转换为数值类型时，用户必须检查是否需要修改该字段的大小。如果用户修改了该字段的大小，必须保证字段中的数据是否适合新字段大小。如果修改后的"字段大小"不允许包含小数位，字段中的数字将四舍五入。如果保存的数据不能存储在新字段中，Access数据库会将这些数据删除，并替换成空值（Null）。

4.7.6　更改字段的数据类型

在有些情况下，用户需要修改数据表某个字段的数据类型。这时，用户应该先备份该数据表，以免造成损失。更改字段的数据类型步骤如下。

（1）打开相应数据表的"设计"视图。

（2）单击需要修改的数据类型，单击右边下箭头按钮，选择新的数据类型。

（3）单击工具栏的"保存"按钮。

如果用户需要将一种数据类型改变成另一种数据类型，可以先了解如下几种数据类型的转换方法。

1. 从其他数据类型转换为文本类型

将其他数据类型转换为文本类型是比较简单的一种转换。在Access数据库中，在将数值类型转换为文本类型时，一般使用"常规数字"格式。而在将日期类型转换为文本类型时，一般使用"常规日期"格式。

2. 从文本类型转换为数值、货币、日期/时间或是/否类型

如果在文本字段中保存有符合其他数据类型格式的数据，在进行数据类型转换时，Access数据库能够自动把这些数据转换为适合新数据类型的值。转换为日期类型时，必须使用正确的日期或时间格式；转换为数值类型时，小数点和千位分隔符都可以正确地转换；转换为是/否类型时，Access数据库将"是"、"真"或"开"等转换为"是"值，而将"否"、"假"或"关"转换为"否"值。如果需要显示"是"或"否"值，可以在数据表"设计"视图的属性区中单击"查阅"按钮，并将"显示控件"属性设置为"文本框"。

还可以将"数字"数据类型转换为是/否数据类型。零或Null值转换为"否"值，而非零值转换为"是"值。

3. 货币类型与数值类型之间的转换

一般情况下，货币类型与数值类型可以互相转换。

通常将有关"钱"的数据保存为货币数据类型，以得到正确的计算结果。货币字段使用整型计算方法，整型计算方法可以避免四舍五入可能发生的错误。

4. 文本类型与备注类型之间的转换

文本与备注数据类型可以相互转换。文本字段的最大长度是255个字符，而备注类型可以存放32000个字符。当备注字段中的每一个值都小于设定的文本字段大小（最多255个字符）时，才可以将备注数据类型转换为文本。

如果需要对备注类型的字段进行索引或排序，就必须将该字段的备注数据类型转换为文本。

4.8　保存完成的数据表

【提要】本节介绍数据表的存储和删除操作。

在数据库窗体的"文件"菜单中，选择"保存"选项就可以保存已经设计完成的数据表。第一次保存该数据表，还必须输入数据表的名称。

至此，我们就建立了一个新的数据表，如图 4-25 所示。如果用户需要删除数据表，可以选定要删除的数据表，并按下 Delete 键即可。

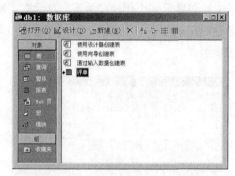

图 4-25　新建立的"评单"数据表

4.9　数据表关联

【提要】本节给出了数据表的关联的概念，介绍了表间关系的三种形式及其定义的方法和操作过程。同时对已经建立好的表间关系进行编辑、查看和删除的操作方法也作了说明，最后对表间关系的参照完整性问题进行了解释和分析。

数据表关联是指在两个数据表中相同域上的属性（字段）之间建立一对一、一对多或多对多的联系。

在 Access 数据库中，通过定义数据表关联，用户可以创建能够同时显示多个数据表中的数据的查询、窗体及报表等。

在通常情况下，相互关联的字段在一个数据表中是主关键字，它能够对每一个记录提供唯一的标识。在另一个相关联的数据表中的关联字段通常被称为外部关键字。外部关键字可以是它所在数据表中的主关键字，也可以是多个主关键字中的一个，甚至是一个普通字段。外部关键字中的数据应与关联表中的主关键字字段相匹配。

4.9.1　如何定义表间的关系

定义数据表之间的关系的具体过程如下。

（1）关闭所有打开的数据表，因为不能在已打开的数据表之间创建或修改关系。

（2）如果还没有切换到数据库窗体，可以按 F11 键从其他窗体切换到数据库窗体。

（3）选择"工具"菜单中的"关系"选项，或者直接单击数据库工具栏中的"关系"按钮 。

（4）如果数据库还没有定义任何关系，将会自动显示"显示表"对话框。如果需要在已有关系中添加一个数据表，则单击工具栏上的"显示表"按钮 🖳。双击要作为相关表的名称，然后关闭"显示表"对话框。表中的主关键字的名称以粗体文本显示。

（5）用鼠标选中某个数据表中要建立关联的字段，如果要拖动多个字段，在拖动之前请按下 Ctrl 键并单击每一字段。然后将选定的字段拖动到另一个相关表中的相关字段上。

在 Access 数据库中相关字段的名称也可以不同，但是它们的数据类型必须相同，如果匹配的字段是数值类型时，它们的"字段大小"属性也必须相同。只有如下两种情况下相关字段的数据类型可以不一致（但实质上它们是互相匹配的）。

① 可以将自动编号字段与"字段大小"属性设置为"长整型"数据类型的数值字段相匹配。

② 可以将自动编号字段与"字段大小"属性设置为"同步复制 ID"数据类型的数值字段相匹配。

（6）拖动相关字段后，系统就会显示一个创建"关系"对话框，如图 4-26 所示。这时可以检查显示在两个列表中的字段名称的正确性。如果需要，还可以设置"联系类型"选项。有关"联系类型"的设置将在后面进一步解释。

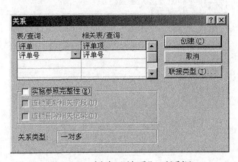

图 4-26 创建"关系"对话框

（7）单击"创建"按钮，完成关联操作。创建数据表关联后的数据表"关系"窗体如图 4-27 所示。

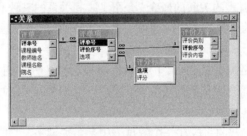

图 4-27 数据表"关联"窗体

（8）如果要关联的表有多个，则重复以上的步骤 4 到步骤 8。

在关闭"关系"窗体时，系统会询问"是否要保存此布局设置"。无论是否选择保存，用户所创建的关系都已经保存在此数据库中了。

用户在定义表之间的关系时，还必须注意以下几个问题。

（1）如果需要查看数据库中定义的所有关系，可以单击工具栏上的"显示所有关系"按钮 🎛。如果只需要查看特定表所定义的关系，可以单击表，然后单击工具栏上的"显示直接关系"按钮 🎚。

（2）如果要更改数据表的设计，可以直接在"关系"窗体上用鼠标右键单击要改变的数据表，然后在弹出的菜单中选择"表设计"选项。

（3）在进行查询设计时，用户也可以建立数据表关联，但是在查询设计中建立的数据表关联，不能实施"参照完整性"。

（4）如果要在数据表和它本身之间创建关系（即"自联接"），可以将该数据表添加两次。"自联接"可以对同一个数据表进行复合条件的查询。

图 4-27 所示的是"课堂教学质量评价系统"中定义的数据表"关系"窗体。

4.9.2 编辑已有的关系

对已有关系进行编辑操作的步骤如下。

（1）关闭所有打开的表，并切换到数据库窗体。

（2）单击工具栏中的"关系"按钮，系统将出现"关系"窗体，如图 4-27 所示。

（3）双击要编辑关系的关系连线，系统将出现"编辑关系"对话框，如图 4-28 所示。

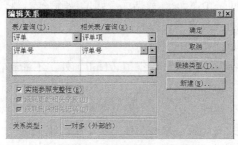

图 4-28 "编辑关系"对话框

（4）如果需要强化两个表之间的引用完整性，则选择"实施参照完整性"复选框。然后根据数据关联的要求选定或去掉"级联更新相关字段"和"级联删除相关记录"两个可选项。

（5）如果需要改变表之间的联接类型，则单击"联接类型"按钮，系统将出现"联接属性"对话框，如图 4-29 所示，选择适当的联接类型，然后单击"确定"按钮。

4.9.3 删除关系

删除关系的操作步骤如下。

（1）关闭所有打开的表，并切换到数据库窗体。

（2）单击"数据库"工具栏上的"关系"按钮 ，出现数据表"关系"窗体，如图 4-27 所示。

（3）单击所要删除关系的关系连线（当选中时，关系连线会由细实线变成粗实线），然后按 Del 键。

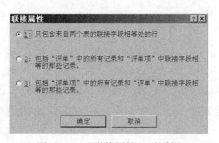

图 4-29 "联接属性"对话框

4.9.4 查看已有的关系

查看已经建立好的关系的步骤如下。

（1）关闭所有打开的表，并切换到数据库窗体。

（2）单击"数据库"工具栏上的"关系"按钮，系统将出现数据表"关系"窗体，如图 4-27 所示。

（3）如果要查看在数据库中已经定义的所有关系，可以单击工具栏上的"显示所有关系"按钮🌐。如果要查看特定表的关系，可以单击相应的表，然后再单击工具栏上的"显示直接关系"按钮。

4.9.5　设置参照完整性

Access 使用参照完整性来确保相关表中记录之间关系的有效性，防止意外地删除或更改相关数据。在符合下列全部条件时，用户才可以设置参照完整性。

（1）来自于主表的匹配字段是主关键字字段或具有唯一的索引。

（2）相关的字段都有相同的数据类型，或是符合匹配要求的不同类型。

（3）两个表应该都属于同一个 Access 数据库。如果是链接表，它们必须是 Access 格式的表。不能对数据库中的其他格式的链接表实行参照完整性。

当实行参照完整性后，必须遵守下列规则。

（1）在相关表的外部关键字字段中，除空值（Null）外，不能有在主表的主关键字字段中不存在的数据。

（2）如果在相关表中存在匹配的记录，不能只删除主表中的这个记录。

（3）如果某个记录有相关的记录，则不能在主表中更改主关键字。

（4）如果需要 Access 为某个关系实施这些规则，在创建关系时，请选中"实施参照完整性"复选框。如果出现了破坏"参照完整性"规则的操作，系统将自动出现禁止提示。

4.9.6　联系类型

在创建"关系"或"编辑关系"时，用户可以设定联系的类型。在创建"关系"对话框（见图 4-26）或"编辑关系"对话框（见图 4-28）中都有"联接类型"按钮，单击"联接类型"按钮，系统将出现"联接属性"对话框，如图 4-29 所示。对话框中共有 3 种选项，它们的含义分别对应了"专门的关系运算"中的 3 种连接（请参见本书第 2 章的 2.3.2"专门的关系运算"一节）。

（1）只包含来自两个表的联接字段相等的行，即"自然连接"。

（2）包括"评单"中的所有记录和"评单项"中联接字段相等的记录，即"左连接"。

（3）包括"评单项"中的所有记录和"评单"中联接字段相等的记录，即"右连接"。

4.10　小　　结

表是 Access 数据库当中的基本组件，除了存储、管理数据外，还可作为其他数据库对象的数据源。因此，本章介绍了数据表的一些基本知识，如表的各种创建方法、表结构的组成和设计、索引的创建等。

本章介绍了"数据表视图"中数据记录的基本操作，如改变数据表的设计、记录的基本操作，记录的筛选、记录的排序以及表与表间的关联和参照完整性的设置等内容。熟练掌握这些内容有助于管理和维护 Access 数据库。

上 机 题

　　上机目的：应用数据库设计的总体思想对简单数据库进行设计，并用 Access 2000 实现。熟悉 Access 2000 中各种创建 Table 的方法。

　　上机步骤：

　　（1）采用 Access 数据库系统构造一个学生成绩系统的数据库。

　　（提示：学生成绩系统可以用图 4-30 所示的两个数据表来处理基本的数据和成绩数据。）

学生基本数据表的字段

字 段 名	类 型	长 度
学号	文本	8
姓名	文本	8
电话	文本	11
地址	文本	40
家长姓名	文本	8
出生日期	时间/日期	8
照片	OLE 对象	4
备注	备注	4

成绩表基本数据的字段

字 段 名	类 型	长 度	小 数 位
学号	文本	8	
考试类别	文本	1	
语文	数值	5	1
数学	数值	5	1
外语	数值	5	1
物理	数值	5	1
化学	数值	5	1

图 4-30　学生成绩数据表

　　其中："考试类别"一列的代码为：

1——第一次月考　　　　4——期末考

2——第二次月考　　　　5——第一次小考

3——第三次月考　　　　6——第二次小考

　　（2）请采用不同的方法建立如下的 3 个数据表：库存零件表 Part、报价表 Quatations 和供应商表 SUPPLIERS。具体表结构和数据如图 4-31 所示。

　　（3）对"Access 数据库设计"一章中上机步骤 2 的 3 个表分别输入 5 组数据。

　　（4）定义 3 个表之间的关系，并继续输入数据，验证参照完整性。

　　（5）对 QUATATIONS 表分别进行：隐藏 PRICE、D_TIME 列、按 DELIQUTY 列升序排序、冻结 SNO 列操作。

（6）打印供货量在 100 以内的报价信息。

思考：是否在任意两个表之间都可以随意设置关系？

Part（零件表）

Pno（零件号）	Pname（零件名称）	Quty（库存量）
101	Cam	150
102	Bolt	300
105	Gear	50
203	Belt	30
207	Wheel	120
215	Washer	1300

Quatations（报价表）

SNO	PNO	Price（报价）	D_time（供货时间）	Deliquty（供货量）
51	101	25	10	50
51	105	42	15	100
52	101	20	15	75
52	203	13	7	50
58	102	9	5	200
67	207	34	12	0
67	215	4	3	500
69	105	36	20	40
69	203	15	10	30

Suppliers（供应商表）

SNO	Sname	Addr
51	Liming	Beijing
52	Xinghua	Tianjin
58	Kehai	Beijing
67	Vesam	Shanghai
69	Smith	Shanghai
75	Huahe	Beijing

图 4-31　表结构和内容

习　题

一、填空题

1. Access 2000 数据库系统提供两种创建数据库的方法：一种是【1】；另一种是【2】。

2. Access 2000 提供三种创建空表的方法：【1】，【2】，【3】。

3. 在 Access 中，数据表有两种视图：【1】和【2】。

4. 数据表"设计"视图窗体包括两个区域：【1】和【2】。

5. 在数据表中，必须为每个字段指定一个数据类型。字段的数据类型有【1】、【2】、【3】、【4】、【5】、【6】、【7】、【8】、【9】和【10】等 10 种。

6. 在数据表窗体中存在两种属性，分别是：【1】和【2】。

7. 数字型字段中，Byte 型的取值范围为【1】，Integer 的取值范围为【2】。

8. 货币型字段一般精度为小数点后【1】位。

9. Access 表对象的数据处理中，删除一个字段时，与之相联系的记录数据【1】。

10. 在 Access 中，"文本"数据类型取值最多为【1】个字符。

11. Access 共提供了【1】种数据类型。

12. 二维表由行和列组成，每一行表示关系的一个【1】。

13. "学号"字段中含有"1"、"2"、"3"……等值，则在表设计器中，该字段可以设置成数字类型，也可以设置为【1】类型。

14. 在 Access 中，每个表都应该包含一个或一组字段以唯一地识别表中的记录，这样的字段就称之为【1】。

15. 在 Access 中，表间的关系有"【1】"、"一对多"及"多对多"三种形式。

16. Access 提供了两种字段数据类型保存文本或文本和数字组合的数据，这两种数据类型是【1】和【2】。

17.

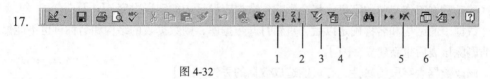

图 4-32

在图 4-32 所示的工具栏中，1 代表【1】，2 代表【2】，3 代表【3】，4 代表【4】，5 代表【5】，6 代表【6】。

18. 数据类型为【1】、【2】和【3】的字段不能够排序。

19.

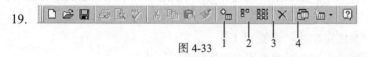

图 4-33

在图 4-33 中，1 代表【1】，2 代表【2】，3 代表【3】，4 代表【4】。

20. 在 Access 中，可以对【1】、【2】、【3】等字段设置排序次序。

21. 通过设置【1】及【2】复选框，可以覆盖、删除或更改相关记录的限制，同时仍然保留参照完整性。

22. 将不需要的记录隐藏起来，只显示出我们想要看的记录，使用的是 Access 中对表或查询或窗体中的记录的【1】功能。

二、判断题

1. 数据库设计中最难处理的步骤是确定需要哪些数据表。【1】

2. Access 系统中可以使用两个分析工具：表分析器向导和性能分析器向导来帮助您改进数据库的设计。【1】

3. 实际上一个单独的数据表可以与其它数据表有多个关联。【1】

4. 在同一张数据表中不能设置多个字段为主关键字。【1】

5. 表关键字不是必需的【1】。

6. 表必须有一个主关键字才能定义该表与数据库其它表之间的关系。【1】

7. Access 系统的数据表中，主关键字对应的记录字段，可以为空值。【1】

8. 每个字段都有自己的属性，而且每个数据类型的属性都是独一无二的。【1】

9. 可以对备注、超级链接、OLE 对象等数据类型的字段设置索引。【1】

10. 字段名称可以大写、小写、大小写混合的英文或中文。【1】

11. 字符型记录没有内容时，Access 系统会自动默认为空格。【1】

12. 数据表的结构和名称确定以后，重新打开数据库，则数据库的结构和名称再也不能修改了，除非删除该表后重新建立。【1】

13. 修改数据表字段的属性，有可能造成数据的丢失。【1】

14. Access 系统不允许用拷贝的方式生成数据库表结构。【1】

15. Microsoft Access 默认的数据库文件扩展名是 .MDB。【1】

16. Microsoft Access 不可以与 Microsoft Excel 等软件共享数据。【1】

17. Microsoft Access 也可以使用 Alt+F4 将其退出。【1】

18. Microsoft Access 中，日期的输入格式虽然有多种，但显示格式却只有一种：月-日-年。【1】

19. 在数据表中，不能用"编辑"菜单的"撤销"命令来撤销对行高或列宽所作的改变。【1】

20. 移动数据工作表中的字段，将会影响到数据表设计中的字段次序。【1】

21. 数据表的结构和名称确定以后，重新打开数据库，则数据表的结构和名称再也不能修改了，除非删除该表后重新建立。【1】

22. 修改数据表字段的属性，有可能造成数据的丢失。【1】

23. 更改数据工作表中某一行的高度，会更改数据工作表中所有行的高度。【1】

24. 如果查询或筛选的设计网格包含了字段列表中的星号，则不能在设计网格中指定排序次序，除非在设计网格中也添加了要排序的字段。【1】

25. 两张表之间的关系只有一个，如果用户设置了第二个关系，那么第二个关系将会代替第一个关系。【1】

26. 不能对链接表进行"参照完整性"设置。【1】

27. 可以在数据表中存放图片、声音、视频等多媒体信息。【1】

28. 察看数据表的内容时，如果记录太多，可以将某些记录暂时过滤掉。【1】

29. 察看数据表的内容时，如果字段太多，可以将某些字段暂时隐藏起来。【1】

30. 察看数据表的内容时，被冻结的列中的数据将不能被修改，除非解冻。【1】

31. 如果设置了"连锁删除相关记录"复选框，删除主表中的记录，将删除任何相关表中的相关记录。【1】

32. 在 Microsoft Access 的表设计视图中要选定不连续的字段时，应该先按下 Shift 键，再用鼠标选择。【1】

33. 使用 Microsoft Access 中的"复制""粘贴"不可能将原表中的记录添加到已有的表中。【1】

34. Microsoft Access 数据库中表之间关系有一对一关系、一对多关系和多对多关系。【1】

三、单项选择题

1. 在导入数据时，不能往已有的表上追加数据，除非是导入_____。

A. 电子数据表　　　　　　　B. 文本文件

C. 电子数据表或文本文件　　D. Word 文件

2.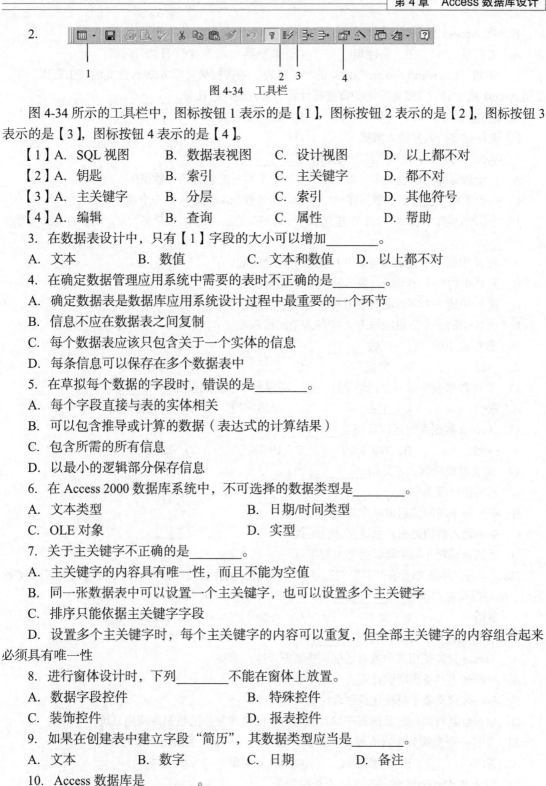

图 4-34 工具栏

图 4-34 所示的工具栏中，图标按钮 1 表示的是【1】，图标按钮 2 表示的是【2】，图标按钮 3 表示的是【3】，图标按钮 4 表示的是【4】。

【1】A. SQL 视图　　　B. 数据表视图　　C. 设计视图　　　D. 以上都不对

【2】A. 钥匙　　　　　B. 索引　　　　　C. 主关键字　　　D. 都不对

【3】A. 主关键字　　　B. 分层　　　　　C. 索引　　　　　D. 其他符号

【4】A. 编辑　　　　　B. 查询　　　　　C. 属性　　　　　D. 帮助

3. 在数据表设计中，只有【1】字段的大小可以增加_____。

A. 文本　　　　　　B. 数值　　　　　C. 文本和数值　　D. 以上都不对

4. 在确定数据管理应用系统中需要的表时不正确的是_____。

A. 确定数据表是数据库应用系统设计过程中最重要的一个环节

B. 信息不应在数据表之间复制

C. 每个数据表应该只包含关于一个实体的信息

D. 每条信息可以保存在多个数据表中

5. 在草拟每个数据的字段时，错误的是_____。

A. 每个字段直接与表的实体相关

B. 可以包含推导或计算的数据（表达式的计算结果）

C. 包含所需的所有信息

D. 以最小的逻辑部分保存信息

6. 在 Access 2000 数据库系统中，不可选择的数据类型是_____。

A. 文本类型　　　　　　　　　B. 日期/时间类型

C. OLE 对象　　　　　　　　　D. 实型

7. 关于主关键字不正确的是_____。

A. 主关键字的内容具有唯一性，而且不能为空值

B. 同一张数据表中可以设置一个主关键字，也可以设置多个主关键字

C. 排序只能依据主关键字字段

D. 设置多个主关键字时，每个主关键字的内容可以重复，但全部主关键字的内容组合起来必须具有唯一性

8. 进行窗体设计时，下列_____不能在窗体上放置。

A. 数据字段控件　　　　　　　B. 特殊控件

C. 装饰控件　　　　　　　　　D. 报表控件

9. 如果在创建表中建立字段"简历"，其数据类型应当是_____。

A. 文本　　　　B. 数字　　　　C. 日期　　　D. 备注

10. Access 数据库是_____。

A. 层状数据库　　B. 网状数据库　　C. 关系型数据库　　D. 树状数据库

11. 数据表中的"列标题的名称"叫做_____。

A. 字段　　　　B. 数据　　　　C. 记录　　　D. 数据视图

12. 在 Access 的下列数据类型中，不能建立索引的数据类型是_____。

A. 文本型　　　　B. 备注型　　　　C. 数字型　　　　D. 日期时间型

13. 不将"Microsoft Foxpro"建立的"工资表"的数据拷贝到 Access 建立的"工资库"中，仅用 Access 建立的"工资库"的查询进行计算，最方便的方法是_____。

A. 建立导入表　　　　　　　　B. 建立链接表

C. 重新建立新表并输入数据　　　D. 无

14. Access 2000 中表和数据库的关系是_____。

A. 一个数据库可以包含多个表　　　B. 一个表只能包含两个数据库

C. 一个表可以包含多个数据库　　　D. 一个数据库只能包含一个表

15. 假设数据库中表 A 与表 B 建立了"一对多"关系，表 B 为"多"方，则下述说法正确的是_____。

A. 表 A 中的一个记录能与表 B 中的多个记录匹配

B. 表 B 中的一个记录能与表 A 中的多个记录匹配

C. 表 A 中的一个字段能与表 B 中的多个字段匹配

D. 表 B 中的一个字段能与表 A 中的多个字段匹配

16. 数据表中的"行"叫做_____。

A. 字段　　　　B. 数据　　　　C. 记录　　　　D. 数据视图

17. 要使数据表中每一个记录是唯一的，应设置字段的属性是_____。

A. 索引　　　　B. 主键　　　　C. 必填字段　　　　D. 有效性规则

18. Access 数据库的运行环境是_____。

A. DOS　　　　B. Windows　　　　C. UNIX　　　　D. UCDOS

19. 定义字段的默认值是指_____。

A. 不得使字段为空

B. 不允许字段的值超出某个范围

C. 在未输入数值之前，系统自动提供数值

D. 系统自动把小写字母转换为大写字母

20. "学号"字段中含有"1"、"2"、"3"…等值，则在表设计器中，该字段可以设置成数字类型，也可以设置类型为_____。

A. 货币　　　　B. 文本　　　　C. 备注　　　　D. 日期/时间

21. 以下叙述中，正确的是_____。

A. Access 只能使用菜单或对话框创建数据库应用系统

B. Access 不具备程序设计能力

C. Access 只具备了模块化程序设计能力

D. Access 具有面向对象的程序设计能力，并能创建复杂的数据库应用系统

22. 如果一张数据表中含有照片，那么"照片"这一字段的数据类型通常为_____。

A. 备注　　　　B. 超级链接　　　　C. OLE 对象　　　　D. 文本

23. 以下关于 Access 的说法中，不正确的是_____。

A. Access 的界面采用了与 Microsoft Office 系列软件完全一致的风格

B. Access 可以作为个人计算机和大型主机系统之间的桥梁

C. Access 适用于企业、学校、个人等用户

D.　Access 可以接受多种格式的数据

24.　字段名可以是任意想要的名字，其字符数最多可达_____。

A.　16　　　　　　　B.　32　　　　　　　C. 64　　　　　　　D. 128

25.　如果要对某文本型字段设置数据格式，使其可对输入的数值进行控制，应设置该字段的_____。

A.　标题属性　　　B.　格式属性　　　C.　输入掩码属性　D.　字段大小属性

26.　在已经建立的"工资库"中，要在表中直接显示出我们想要看的记录，凡是姓"李"的记录，可用_____。

A.　排序　　　　　　B.　筛选　　　　　　C.　隐藏　　　　　　D.　冻结

27.　在已经建立的"工资库"中，要在表中使某些字段不移动显示位置，可用_____。

A.　排序　　　　　　B.　筛选　　　　　　C.　隐藏　　　　　　D.　冻结

28.　内部计算函数"Sum"的意思是求所在字段内所有的值的_____。

A.　和　　　　　　　B.　平均值　　　　　C.　最小值　　　　　D.　第一个值

29.　内部计算函数"Avg"的意思是求所在字段内所有的值的_____。

A.　和　　　　　　　B.　平均值　　　　　C.　最小值　　　　　D.　第一个值

30.　在数据表视图中，不可以_____。

A.　修改字段的类型　　　　　　　　B.　修改字段的名称

C.　删除一个字段　　　　　　　　　D.　删除一条记录

31.　用于记录基本数据的是_____。

A.　表　　　　　　　B.　查询　　　　　　C.　窗体　　　　　　D.　宏

32.　筛选的结果是滤除_____。

A.　不满足条件的记录　　　　　　　B.　满足条件的记录

C.　不满足条件的字段　　　　　　　D.　满足条件的字段

33.　内部计算函数"Min"的意思是求所在字段内所有的值的_____。

A.　和　　　　　　　B.　平均值　　　　　C.　最小值　　　　　D.　第一个值

34.　内部计算函数"First"的意思是求所在字段内所有的值的_____。

A.　和　　　　　　　B.　平均值　　　　　C.　最小值　　　　　D.　第一个值

35.　添加记录数据时，要使"年龄"字段值自动填入 21，则需要设定属性_____。

A.　输入法模式　　　B.　格式　　　　　　C.　默认值　　　　　D.　索引

36.　以下关于空值叙述正确的是_____。

A.　空值等同于空字符串　　　　　　B.　空值表示字段还没有确定值

C.　Access 不支持空值　　　　　　　D.　空值等同于数值 0

四、多项选择题

1.　Access 数据库系统提供了多种使用已有数据表创建新数据表的方法，如_____。

A.　可以复制当前数据库中的数据表

B.　可以导入或链接其他关系型数据库中的数据表

C.　可以执行生成表查询来创建基于当前数据表中数据的新数据表

D.　备份数据表

2.　关于导入和链接数据表不正确的是_____。

A.　导入或链接数据之前，必须创建或打开一个 Access 数据库用来存放导入或链接的数据表

B. 修改导入表中的数据，源数据表或源文件不会改变

C. 如果删除数据库中的链接表，将会删除与源数据表或源文件表的链接，也会删除源数据表或源文件

D. 链接后，源数据表或源文件的格式并不改变，因此可以继续用创建这些源数据表或源文件的应用程序来使用它

3. Access 2000 数据库系统的导入或链接可以_____。

A. 导入或链接在相同版本或其他版本的 Access 数据库中的数据表

B. 导入或链接 Microsoft Excel、dBASE、Microsoft FoxPro 或 Paradox 等程序或文件格式的数据

C. 导入或链接保存在本地计算机、网络服务器或 Internet 服务器上的 HTML 表或列表

D. 可以将另外一个 Access 数据库中的窗体和报表等数据库对象导入到当前的数据库中

4. 在 Access 中关于字段名称不正确的是_____。

A. 字段名称可以是大写、小写、大小混合写的英文名称

B. 字段名称不可以是中文

C. 字段名称可以随时修改

D. 对于修改的字段名称，如果其他数据库对象中引用了它，就必须重新引用，否则将会出现错误

5. 字段命名规则遵循_____。

A. 字段名称可以是 1～64 个字符

B. 字段名称可以采用字母、数字和空格

C. 不能以空格开头

D. 不能使用 ASCII 码值为 0～32 的 ASCII 字符

6. 建立用户自定义主关键字，有如下好处_____。

A. 设置主关键字能够大大提高查询和排序的速度

B. 在窗体或数据表中查看数据时，Access 数据库将按主关键字的顺序显示数据

C. 当将新记录加到数据表时，Access 数据库可以自动检查新记录是否是重复的数据，尤其是主关键字段不能重复

D. 可以节省存储空间

7. 建立索引_____。

A. 可以快速地对数据表中的记录进行查找或排序

B. 可以加快所有的操作查询的执行速度

C. 可以基于单个字段创建，也可以基于多个字段创建

D. 可以对所有的数据类型

8. 下列可以设置为索引的字段是 _____ 。

A. 备注   B. 超级链接   C. 主关键字   D. OLE 对象

9. 对于文本与备注类型_____。

A. 文本与备注数据类型可以相互转换

B. 文本可以随时转换为备注类型

C. 备注可以随时转换为文本类型

D. 如需要对备注类型的字段进行所以或排序，就必须将该字段的备注数据类型转换为文本

10.　对于文本类型不正确的是_____。

A.　系统默认的字段类型为文本类型

B.　可以转换为任何其他数据类型

C.　转换为日期类型时，用户必须使用正确的日期或时间格式

D.　转换为是/否类型时，将"是"、"真"或"开"等转换为"是"值

11.　建立数据表关联_____。

A.　在一个数据表中使用的数据就可以被另一个数据表取用

B.　可以保持数据的一致性

C.　提高数据表的可用性

D.　便于数据表的查询

12.　编辑关系对话框中选中"实施参照完整性"和"级联更新相关字段"、"级联删除相关字段"复选框。下面说法正确的是_____。

A.　当在删除主表中主关键字段的内容时，同步删除关系表中相关的内容

B.　当在更新主表中主关键字段的内容时，同步更新关系表中相关的内容

C.　主表中主关键字段"学号"中如果没有"2005012"这个数据，在关系表中的"学号"中也不允许输入"2005012"这个数据

D.　不需要设置"实施参照完整性"，就可以设置"一对多"等关系的类型

13.　使用表设计器来定义表的字段时，可以不设置内容的是_____。

A.　字段名称　　　　　B.　数据类型　　　　C.　说明　　　　D.　字段属性

14.　Access 常用的数据类型有_____。

A.　文本、数值、日期和浮点数　　　　　B.　数字、字符串、时间和自动编号

C.　数值、文本、日期/时间和货币　　　　D.　货币、自动编号、字符串和数值

15.　字段按其所存数据的不同而被分为不同的数据类型，其中"文本"数据类型用于存放_____。

A.　图片　　　　　B.　文字或数字数据　　　C.　文字数据　　　D.　数字数据

16.　Access 中，长度由系统决定的数据类型是_____。

A.　是/否　　　　　B.　文本　　　　　　C.　货币　　　　　D.　备注

17.　以下关于主关键字的说法，错误的是_____。

A.　自动编号类型字段可以设为主关键字

B.　作为主健字的字段中允许出现 Null 值

C.　作为主关键字的字段中不允许出现重复值

D.　主关键字一定为单字段

18.　有关数据工作表的叙述正确的是_____。

A.　数据表的结构和名称确定以后，重新打开数据库，则数据表的结构和名称再也不能修改了，除非删除该表后重新建立

B.　数据工作表是可以定制的，因此用户可以采用多种方法来查阅数据

C.　在没有对数据工作表进行过任何设置时，记录的顺序是以主关键字的次序来显示的

D.　在没有对数据工作表进行过任何设置时，字段是以它们在数据表设计时所建立的次序来显示的

19. 对于数据表正确的是_____。

A. 可以在数据表中存放图片、声音、视频等多媒体信息

B. 察看数据表的内容时，如果记录太多，可以将某些记录暂时过滤掉

C. 察看数据表的内容时，如果字段太多，可以将某些字段暂时隐藏起来

D. 察看数据表的内容时，被冻结的列中的数据将不能被修改，除非解冻

20. 对于排序记录正确的是_____。

A. 可以同时依据两个或多个相邻字段进行排序

B. 排序次序将和数据表、查询或窗体同时保存

C. 如某个新建窗体或报表的数据来源中保存了排序次序，则新建窗体或报表将继承数据来源的排序次序

D. 对文本字符串"1"、"2"、"11"、"22"进行升序排序，结果为"1"、"2"、"11"、"22"

21. 对于数据表关联正确的是_____。

A. 两张表之间的关系只有一个，如果用户设置了第二个关系，那么第二个关系将会代替第一个关系

B. 可以在数据表和它本身之间创建关系

C. 外部关键字可以是它所在的数据表中的主关键字，也可以是多个主关键字中的一个，甚至是一个普通字段

D. 在查询设计中建立的数据表关联同样可以实施"参照完整性"

22. 定义表间关系时，对相关字段_____。

A. 名称可以不同，但数据类型必须相同

B. 如果匹配的字段是数值类型时，它们的"字段大小"属性也必须相同

C. 可以将自动编号字段与"字段大小"属性设置为"长整型"数据类型的数值字段相匹配

D. 可以将自动编号字段与"字段大小"属性设置为"同步复制 ID"数据类型的数值字段相匹配

23. 符合什么条件时，用户可以设置参照完整性。_____

A. 来自于主表的匹配字段是主关键字字段或具有唯一的索引

B. 相关的字段都有相同的数据类型，或是符合匹配要求的不同类型

C. 两个表应该都属于同一个 Access 数据库

D. 任何链接表都可以实行参照完整性

24. 实行参照完整性后_____。

A. 如果设置了"连锁删除相关记录"复选框，删除主表中的记录，将删除任何相关表中的相关记录

B. 设置"级联更新相关字段"或"级联删除相关记录"复选框，可以覆盖、删除或更改相关记录的限制

C. 如果设置了"连锁更新相关记录"复选框，在主表中更改主关键字值，系统自动地更新所有相关记录中的匹配值

D. 如果某个记录有相关的记录，可以在主表中更改主关键字

25. 在数据表设计视图中，不可以_____。

A. 修改一条记录 B. 修改字段的名称

C. 删除一个字段 D. 删除一条记录

26. 在数据表视图中，可以_____。

A. 删除一个字段　　　　　　B. 修改字段的名称

C. 修改字段的类型　　　　　D. 删除一条记录

五、简答题

1. 设计一个新的数据库系统一般应该要经过哪些基本的步骤？

2. 在设计数据表时，应该按哪些原则对信息进行分类？

3. 简述 Access 关系数据库管理系统的发展过程。

4. 简述 Access 关系数据库管理系统的的优点。

5. 简单描述 Access 关系数据库管理系统的结构组成。

6. 数据表设计中字段命名应符合哪些规则？

7. 为什么要建立和维护用户自己的主关键字？

8. 什么情况下应该考虑对字段设置索引？

9. 列举 Access 支持的数据类型。

10. 某单位要建立一个工资数据库，该单位的工资单结构如下：

（编号、日期、姓名、性别、基本工资、加班费、奖金、缴税率、实发金额）

根据上述工资单结构，如果建立数据库表，表的名称为"工资基本表"。该表各字段应采用什么数据类型？

11. 如何定义数据表之间的关系？

12. 用户在定义数据表之间的关系时，应该注意哪些问题？

13. 实施参照完整性时，用户必须遵守哪些规则？

第5章
数据查询

【本章提要】

数据查询是数据库管理系统的基本功能。利用 Access 的可视化查询工具可以使用多种不同的方法来查看、更改或分析数据，也可以将查询结果作为窗体和报表的数据来源。本章介绍了 Access 中使用的各种类型查询，包括选择查询、交叉表查询及动作查询（含生成表查询、删除查询、追加查询及更新查询），同时也详细说明了利用 Access 的可视化查询工具进行查询创建的方法。

5.1 认 识 查 询

【提要】查询（Query）是按照一定的条件或要求对数据库中的数据进行检索或操作。建立一个查询后，可以将查询的数据显示在报表、窗体或图表上。Access 的查询是通过各种查询工具来进行的。既可以对单个数据表进行查询，也可以对多个数据表进行查询，甚至可以对查询的结果集进行查询，即查询嵌套。本节介绍了查询的概念、目标、种类和查询的准则。

5.1.1 查询的目的

使用数据查询，能够非常容易地达到如下的目的。

（1）选择合适的字段。用户可以根据自己的需要选择表中的字段进行查看。

（2）限制记录。可以找出用户想得到的记录。

（3）给数据表中的记录排序。

（4）可以从多个数据表中查询数据。

（5）可以利用查询的结果生成窗体和报表，也可以生成另一个查询。

（6）利用查询的结果可以创建图表。

（7）通过查询可以访问远程数据库。

总之，利用查询可以允许用户查看指定的字段，显示符合特定条件的记录。查询可以在多个数据表之间进行。如果需要，可以将查询的结果保存起来，也可以将其作为窗体或者报表的数据来源。

5.1.2 查询的种类

这里首先介绍一个概念——结果集（Recordset）。所谓结果集就是执行一个查询或使用一个筛选后，得到的结果所形成的记录集。

在 Access 数据库中，可以使用下列 5 种类型的查询。

1. 选择查询

选择查询是最常见的查询类型。选择查询是从一个或多个数据表中检索符合条件的数据，并且以结果集的形式显示查询结果。也可以对记录进行分组，并对分组作总计、计数、求平均以及其他类型的统计计算。

2. 参数查询

参数查询是在选择查询中增加了可变化的条件，即"参数"。参数查询增加了总计或产生总计的功能，它在执行时显示自己的对话框以提示用户输入信息。

用户一旦选择了参数查询，就会在查询的"设计视图"窗体中出现"总计"行，如图 5-1 所示。

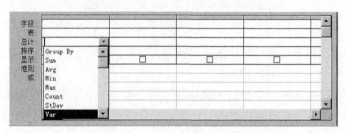

图 5-1　总计及其包括的形式

3. 动作查询

动作查询是一种可以更改记录的查询。动作查询包括 4 种类型：删除查询、更新查询、追加查询和生成表查询。用户可以利用动作查询来更新或更改现有数据表中的数据。

（1）删除查询：从一个或多个数据表中删除一组记录。

（2）更新查询：对一个或多个数据表中的一组记录作全局的修改。

（3）追加查询：从一个或多个数据表将一组记录追加到另一个或多个表的尾部。

（4）生成表查询：生成表查询是从一个或多个表中的全部或部分数据中创建一张新表。生成表查询可以应用在以下几个方面。

- 创建用于导出到其他数据库的表。
- 创建从特定时间点显示数据的报表。
- 创建表的备份副本。
- 创建包含旧记录的历史表。
- 提高基于表查询或 SQL 语句的窗体和报表的性能。

4. 交叉表查询

交叉表查询显示来源于表中某个字段的统计值（合计、平均或其他计算），并将它们分组，一组列在数据表的左侧，一组列在数据表的上部（可以理解为：将源数据表中的某个字段的内容转换成结果集的字段名称）。

5. SQL 查询

SQL 查询是用户使用 SQL 语句创建的查询。SQL 查询的特殊示例有：联合查询、传递查询、数据定义查询和子查询。有关内容请参阅本书第 7 章"使用高级查询——SQL 语言"。

5.1.3　查询准则

查询准则是查询或高级筛选中用来识别所需特定记录的限制条件。如果在设计网格中指定字段的查询准则，可以在该字段的"准则"单元格中输入相应的表达式。例如，如果用户想查找某一张评单的具体情况，则在选项栏窗体中的"评单号"字段下的准则中输入表达式"[forms]![输入界面].[text48]"（"输入界面"窗体上文本框"text48"控件的内容），如图 5-2 所示。

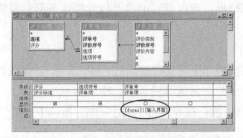

图 5-2 使用准则

由于从链接表的字段上指定准则中的值是区分大小写的，所以当查询中包含链接表时，查询准则中指定的值必须与基表中的值相匹配。

可以对相同的字段或不同的字段输入附加的准则。在多个"准则"单元格中输入表达式时，Access 将使用 And 或 Or 运算符进行组合。如果表达式是在同一行的不同单元格中，Access 将使用 And 运算符，表示将返回匹配所有单元格中准则的记录。如果表达式是在设计网格的不同行中，Access 将使用 Or 运算符，表示匹配任何一个单元格中准则的记录都将返回。

使用 Access 数据库提供的"查询向导"，用户可以创建大部分类型的查询。使用"SQL 查询"，可以创建任何类型的查询。

创建查询的另一种方式是使用"按窗体筛选"从所创建的筛选中创建查询，用户可以将筛选作为查询来保存。

如果这些方法都不能满足需要，用户可以在查询"设计"视图中从无到有地创建查询。

5.2 创建选择查询

【提要】本节介绍选择查询的创建。

在用户创建或打开一个查询之前，首先应该打开查询窗体。在 Access 数据库窗体中选择"对象"中的"查询"选项（见图 5-3），用户可以根据需要单击"新建"按钮来创建一个新的查询，也可以单击"打开"按钮打开一个已有的查询，还可以单击"设计"按钮来修改一个已存在的查询。

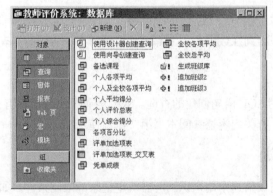

图 5-3 "查询"列表

用户可以用向导来建立选择查询，若不用向导，具体的操作步骤如下。

（1）在"数据库"窗体中，选择"查询"选项卡，然后单击"新建"按钮，系统将出现"新建查询"对话框，如图 5-4 所示。

图 5-4 "新建查询"对话框

（2）在"新建查询"对话框中，选择"设计视图"选项，然后单击"确定"按钮，系统将出现"显示表"对话框，如图 5-5 所示。

（3）在"显示表"对话框中列出了可以添加的数据库对象，用鼠标双击要添加到查询中的数据库对象的名称。

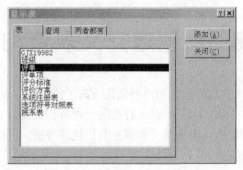

图 5-5 "显示表"对话框

（4）添加全部需要的数据库对象，然后单击"关闭"按钮。

（5）如果在查询中有多个数据表或查询，请确保它们使用联接线来彼此联接。没有联接，请自行创建联接。如果表或查询是相关联的，可以更改联接类型来改变查询所选择的记录。

（6）从字段列表拖动字段名，将字段添加到查询设计网格，如图 5-6 所示。

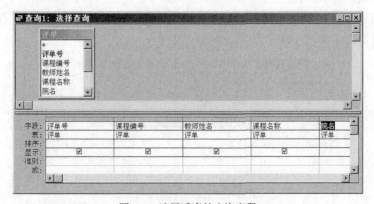

图 5-6 选择适当的查询字段

（7）通过输入准则、添加排序次序、创建计算字段，计算总数、平均数等，可以进一步定义查询。

在图5-7所示的"备选课程：选择查询"中就使用了查询准则。

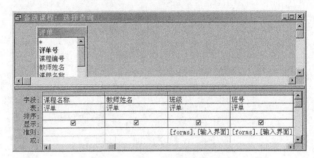

图5-7　建立查询准则示例

（8）如果需要保存查询，可以单击工具栏上的"保存"按钮，输入一个符合Access对象命名规则的名称，然后单击"确定"按钮。

要查看查询的结果，可以单击工具栏上的"视图"按钮▦即可。

5.3　创建交叉表查询

【提要】本节介绍交叉表查询的概念和两种创建方法（使用向导及不使用交叉表向导）。

交叉表查询（Crosstab Query）是Access特有的一种查询类型。它可以使大量的数据以更直观的形式显示，因此用户可以非常方便地对数据进行比较或分析。同时，交叉表查询所得到的数据还可作为图表或报表的数据来源。

交叉表查询将用于查询的字段分成两组，一组显示在左边，另一组显示在顶部，在行与列交叉的地方对数据进行总和、平均、计数或者是其他类型的计算，并显示在交叉点上。

创建交叉表查询同样有两种方法，一种方法是使用向导，另一种方法是不使用交叉表向导。

不使用交叉表向导创建交叉表查询的具体操作步骤如下。

（1）在"数据库"窗体中，选择"查询"选项卡（见图5-3），然后单击"新建"按钮，系统将出现"新建查询"对话框。

（2）在"新建查询"对话框中，选择"设计视图"选项，然后单击"确定"按钮，系统将出现"显示表"对话框，如图5-8所示。

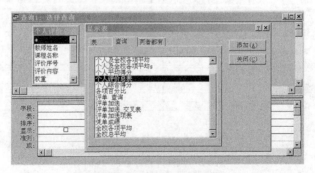

图5-8　"显示表"对话框

（3）在"显示表"对话框中，列出了可以添加的数据库对象。

（4）双击要添加到查询的每个对象的名称，然后单击"关闭"按钮。

（5）在设计网格中将字段添加到"字段"行并指定准则（可以指定准则，也可以不指定准则）。

（6）在工具栏中，单击"查询类型"按钮，然后单击"交叉表查询"选项，如图 5-9 所示，这时在设计视图中就增加了"交叉表"行，如图 5-10 所示。

图 5-9　"查询类型"按钮　　　　　　　　　　图 5-10　显示"交叉表"

（7）为交叉表指定行标题和列标题。将光标放在交叉表栏内，就会出现一个带三角形的图标按钮，单击该图标按钮就会出现一弹出式菜单，如图 5-11 所示。

对于要将其值用于交叉表的字段，请单击"交叉表"行，然后单击"值"选项。只能将一个字段设置为"值"，本例中是将"选项"设置为"值"，如图 5-12 所示。

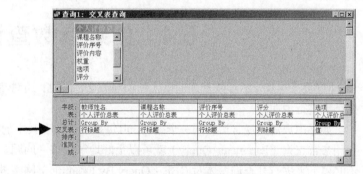

图 5-11　为交叉表作必要设置　　　　　　　　图 5-12　设置交叉表栏

（8）在这个字段的"总计"行，单击需要用于交叉表的合计函数类型（例如求和、平均或总计等）。这里是将"选项"字段的总计栏设置为"Count"。

（9）如果要在计算开始前指定限定行标题的准则，可以在"交叉表"单元格中有"行标题"的字段的"准则"行中输入表达式。

如果要对行标题进行分组，单击"总计"单元格中的"Group By"。如果指定限制某些记录的准则，可以将要设置准则的字段添加到设计网格，单击"总计"单元格中的 "Where"，保持"交叉表"单元格为空白，然后在"准则"行中输入一个表达式（查询结果不会显示"总计"行中有"Where" 的那些字段。）最终完成的交叉表的"设计"视图如图 5-13 所示。

（10）如果用户想要查看查询的结果，可以单击工具栏上的"视图"按钮，系统将出现查询的"数据表视图"，如图 5-14 所示。

在数据量较大的情况下，交叉表查询的速度比较慢。如果在启动查询后想中止运行，请同时按 Ctrl 键和 Break 键。

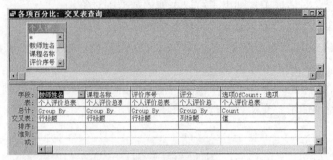

图 5-13　最终设计

图 5-14　查询结果

5.4　创建参数查询

【提要】本节介绍参数查询的概念和创建方法。同时，还对参数查询的参数表达方法及参数数据类型进行说明。

如果用户需要经常运行同一个查询，但每次都得改变其中的查询准则，这就显得非常麻烦了。利用参数查询（Parameter Query）就可以很好地解决这一问题。每当用户运行一个参数查询时，不必停下来去打开查询窗体对 QBE（Query By Example）网格进行修改，而只需在提示框中输入想要指定的规则即可。

设置参数查询时，可以在规则行输入以中括号（[]）括起的名字和短语作为参数的名称。

参数查询可以显示一个或多个提示参数值（准则）的预定义对话框。也可以创建提示查询参数的自定义对话框。建立参数查询的具体方法如下。

（1）在"数据库"窗体中，选择"查询"选项卡，然后单击"新建"按钮。

（2）在"新建查询"对话框中，选择"设计视图"选项，然后单击"确定"按钮。

（3）在"显示表"对话框中，添加"评分标准"数据表、"评单项"数据表和"评价方案"数据表，然后关闭"显示表"对话框。

（4）在查询"设计"视图中，将字段列表中合适的字段拖动到查询设计网格。

（5）在要作为参数使用的每一字段下的"准则"单元格中，在方括号内（[]）键入相应的提示。此查询运行时，Access 将显示该提示。尽管提示的文本可以包含字段名，但是必须和字段名不同。

在"评单号"字段下的"准则"单元格中输入用于参数查询的表达式[forms]![输入界面].[text48]，如图 5-15 所示。

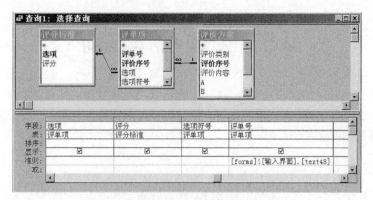

图 5-15　在"准则"单元格输入各种表达式

这里需要特别强调的是，对于显示日期的字段，可以显示类似于"请键入开始日期："和"请键入结束日期："这样的提示，以指定输入值的范围。请在字段的"准则"单元格中，键入"Between [请键入开始日期] And [请键入结束日期]"。

（6）如果要查看结果，可以单击工具栏中的"视图"按钮，这时出现"输入参数值"对话框（见图 5-16），然后键入一个参数值，这里输入值"48"，单击"确定"按钮就会出现参数查询结果，如图 5-17 所示。如果要回到查询"设计"视图，可以再次单击工具栏中的"视图"按钮。

图 5-16　"输入参数值"对话框

评价类别	评价序号	评价内容	权重	选项	评分	选项符号	评单号
教学方法	1	作业适中、批改认真	6	1	1	A	48
教学态度	2	适时安排辅导、答疑	4	1	1	A	48
教学态度	3	从不擅自听课、一般不调课	6	1	1	A	48
教学态度	4	教材或讲义适用，并指定有参考材料	5	1	1	A	48
教学态度	5	教学内容充实、精要	8	1	1	A	48
教学态度	6	概念准确、条理清楚	6	1	1	A	48
教学态度	7	重点突出、难点分析透彻	7	1	1	A	48
教学内容	8	适时与学生沟通和交流	5	1	1	A	48
教学内容	9	注意培养学生分析、解决问题的能力	8	1	1	A	48
教学内容	10	讲授生动、富有启发性，激发思维	6	1	1	A	40
教学内容	11	恰当运用电教、CAI 等教学手段	5	1	1	A	48
教学内容	12	情绪饱满，教学态度良好	6	1	1	A	48
教学方法	13	知识丰富，治学严谨	6	2	.8	B	48
教学方法	14	关心学生，严格要求	5	2	.8	B	48
教学方法	15	我学会并理解了本门课程的基本内容	6	2	.8	B	48
教学方法	16	提高了我的兴趣，激发了求知欲	5	2	.8	B	48

图 5-17　查询结果

用户应该注意的是，在基于交叉表查询的参数查询中，必须指定查询参数的数据类型。在交叉表查询中，还必须设置"列标题"属性。

有关指定参数数据类型的步骤如下。

（1）创建了参数查询后，在查询"设计"视图中单击"查询"菜单上的"参数"命令。

（2）在第一个"参数"单元格中，键入在查询设计网格中要输入的第一个提示。

（3）在右边的"数据类型"单元格中单击所需的数据类型。

对每一个要指定数据类型的参数，重复第 2 步和第 3 步。

5.5　创建动作查询

【提要】动作查询是一种比较特别的查询，它能够提高管理数据的质量和效率。利用动作查询可以在一个操作中更改许多记录。本节主要介绍动作查询中生成表查询、删除查询、追加查询和更新查询四种的概念和创建方法。

5.5.1　生成表查询

生成表查询是从一个或多个表的全部或部分数据创建新数据表。实际上在 Access 数据库系统中，如果用户需要反复使用同一个选择查询从几个数据表中提取数据，最好能把这个选择查询提取的数据存储为一个数据表，这样可以大大提高查询的效率。创建生成表查询的具体方法如下。

（1）在"数据库"窗体中，选择"查询"选项卡，然后单击"新建"按钮。

（2）在"新建查询"对话框中，选择"设计视图"选项，然后单击"确定"按钮。

（3）在"显示表"对话框中，双击"GJX19982"数据表，然后单击"关闭"按钮，如图 5-18 所示。

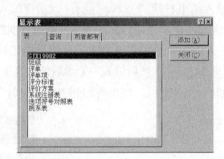

图 5-18　"显示表"对话框

（4）从字段列表中将要包含在新表中的字段拖动到查询设计网格。这里将字段"班级：BSF1"拖到查询设计网格中。

（5）对于拖动到网格的字段，如果需要设置"准则"，可以在"准则"单元格里输入准则。

（6）在查询的"设计"视图中，单击工具栏中的"查询类型"按钮 旁边的箭头，然后单击"生成表查询"选项（见图 5-19）来把"选择查询"转换成"生成表查询"，这时出现一个"生成表"对话框，如图 5-20 所示，并在其中输入所要创建的表的名称"班级"，然后单击"当前数据库"选项。

图 5-19　选择"生成表查询"选项

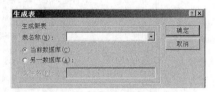

图 5-20　"生成表"对话框

（7）如果在新建表之前需要预览新表，可以单击工具栏上的"视图"按钮 。如果要回到查询"设计"视图并作一些修改或者执行查询，可以单击工具栏中的设计"视图"按钮 。

（8）如果要新建表，可以单击工具栏上的"执行"按钮 。

在新建表之前，Access 2000 会显示一个消息框，如图 5-21 所示，询问用户是否要生成一个新表。

如果单击"是"，Access 数据库系统就会自动建立一个新表，如图 5-22 所示。新建的表中数据并不会继承原始表中字段的属性或主关键字的设置。

注意，利用"生成表向导"生成的新表，不能使用"撤销"命令恢复所作的修改。

图 5-21　消息框

图 5-22　由"生成表查询"新建的表

5.5.2　删除查询

如果允许连锁删除，可以使用一个删除查询来删除主表中的记录及其相关表中的多个记录。但是，如果不允许连锁删除，就得在删除查询中添加准则，而且必须执行两次查询，因为一次删除查询不能同时从主表和相关表中同时删除相关的记录。

在查询"设计"视图中，可以通过查看两个表之间的联接来识别是否是一对多关系。如果联接中的一端标有"1"，另一端标有"∞"，则它是一对多关系。如果在联接的两端均标有符号"1"，则它是一对一关系。

创建删除查询的具体方法如下。

（1）在"数据库"窗体中，选择"查询"对象选项卡，然后单击"新建"按钮。

（2）在"新建查询"对话框中，选择"设计视图"选项，然后单击"确定"按钮。

（3）在"显示表"对话框中，双击"评单"数据表，然后单击"关闭"按钮。

（4）在查询的"设计"视图中，单击工具栏上"查询类型"按钮 ▦ ▾旁边的箭头，然后单击"删除查询"选项。这时，查询设计视图中就会显示一个"删除"行。

（5）从"评单"数据表的字段列表中，将"*"号拖放到查询设计网格的第一列中。这时，这些字段的"删除"单元格将显示 From。

（6）将用于设置"准则"的"课程名称"字段拖动到设计网格的第二格中。这时在该字段的"删除"单元格中显示 Where，然后在"课程名称"字段的"准则"单元格中输入"专业英语"，如图 5-23 所示。

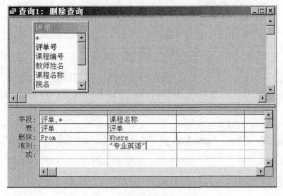

图 5-23　添加要删除的字段

（7）如果需要预览即将删除的记录，可以单击工具栏上的"视图"按钮 ▦。如果要返回查询"设计"视图，可以单击工具栏上的"设计"视图按钮 ⬏，在"设计"视图中，可以进行所需的更改。

（8）如果要删除记录，可以单击工具栏上的"执行"按钮 **!** 来删除一组属于"专业英语"的记录。

在新建表之前，Access 同样会显示一个提示消息框，询问是否要删除检索的数据记录。如果单击"是"，Access 数据库管理系统就会自动删除"评单"数据表中"专业英语"记录。

注意，利用"删除查询"删除记录，不能用"撤销"命令恢复所作的修改。

在实际使用删除查询时，应该重点考虑以下几点。

（1）使用删除查询删除了记录之后，将不能撤销这个操作。因此，在执行删除查询之前，应该预览即将删除的数据。用户可以单击工具栏中的"视图"按钮来打开"数据表"视图中预览将被删除的记录。

（2）应该随时备份数据。如果不小心删除了数据，可以从备份的数据中取回它们。

（3）在某些情况下，执行删除查询可能会同时删除相关表中的记录，即使它们并不包含在此查询中。当查询只包含一对多关系中的"一"端的表，并且允许对这些关系使用连锁删除时就可能发生这种情况。在"一"端的表中删除记录，同时也删除了"多"端的表中的记录。

（4）如果在 Paradox、dBASE 或 FoxPro 表启动删除查询，而这些表已链接到数据库，则在开始运行后将不能中止。

5.5.3　追加查询

创建追加查询的步骤如下。

（1）在"数据库"窗体中，选择"查询"选项卡，然后单击"新建"按钮。

（2）在"新建查询"对话框中，选择"设计视图"选项，然后单击"确定"按钮。

（3）在 "显示表"对话框中，双击"GJX19982"数据表，然后单击"关闭"按钮。

（4）在查询"设计"视图中，单击工具栏上"查询类型"按钮 ▦ ▾ 旁边的箭头，然后再单击"追加查询"选项，系统将显示如图 5-24 所示的"追加"对话框。

图 5-24　"追加"对话框

（5）在"表名称"框中，输入要追加记录的表名称，例如输入"班级"。如果该表在当前打开的数据库中，单击"当前数据库"或单击"另一数据库"并键入存放这个表的数据库名，必要时键入路径。

也可以输入 Microsoft FoxPro、Paradox 或 dBase 数据库的路径，或输入 SQL 数据库的连接字符串。

（6）从字段列表将要追加的字段和用来设置准则的字段拖动到查询设计网格中。如果主关键字段是"自动编号"的数据类型，则可以增加也可以不增加主关键字字段。

如果两个表中所有的字段都具有相同的名称，可以只将星号拖动到查询设计网格中。但是，如果用户正在数据库副本上工作，则必须追加所有的字段。

这里，我们想把"GJX19982"数据表中的所有 96 年级的班级追加到班级表中，必须有两个字段：年级 Right（[GJX19982].[BSF1]，2）和班级 BSF1。

（7）如果已经在两个表中选择了相同名称的字段，Access 数据库将自动在"追加到"行中填上相同的名称。如果在两个表中并没有相同名称的字段，在"追加到"行中将输入所要追加到表中字段的名称。

（8）在已经拖动到网格中的字段的"准则"单元格中，输入用于生成追加内容的准则。为了获得 96 级的所有班级，在班级字段的准则中输入"96"即可，如图 5-25 所示。

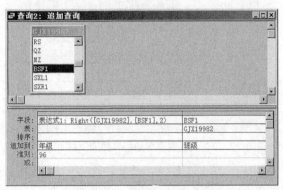

图 5-25　"追加查询"设计视图

（9）如果要预览即将添加的查询，单击工具栏上的"视图"按钮。如果要返回查询"设计"视图，再单击工具栏上的"设计"视图按钮，在"设计"视图中，可以进行必要的修改。

（10）如果要追加记录，单击工具栏上的"执行"按钮。打开"班级"数据表（见图 5-26），我们就会发现已经自动添加了记录。

图 5-26　"追加查询"执行的结果

当然在执行追加查询之前，同样也会出现一个提示消息框，询问是否真的要追加记录。一旦运行了"追加查询"，就同样不能用"撤销"命令恢复所作的修改了。

5.5.4　更新查询

Access 数据库系统提供的更新查询的方法能够修改很多具有相似特征的记录，即可以方便地改变一组记录。建立更新查询的方法如下。

（1）在"数据库"窗体中，选择"查询"选项卡，然后单击"新建"按钮。

（2）在"新建查询"对话框中，选择"设计视图"选项，然后单击"确定"按钮。

（3）在"显示表"对话框中，双击"评价标准"数据表，然后单击"关闭"按钮。

（4）从字段列表中将要更新或指定准则的字段拖动到查询设计网格中。这里，将"选项"和

"评分"两个字段拖到查询设计网格中。

（5）如果需要，可以在"准则"单元格中指定准则。本例中在"选项"字段下的"准则"中设置的表达式为："1" Or "A"，如图 5-27 所示。

图 5-27　设置要添加更新的字段

（6）在查询"设计"视图中，单击工具栏上"查询类型"按钮 旁边的箭头，然后再单击"更新查询"选项，这样所建立的选择查询就自动更改为更新查询。

（7）在要更新字段的"更新到"单元格中，键入用来改变这个字段的表达式或数值。这里，在"评分"字段的"更新到"单元格中，键入改变字段数值的表达式为：[评分]*0.95，如图 5-28 所示。

图 5-28　在"更新到"单元格中输入表达式

（8）如果需要查看将要更新的记录列表，单击工具栏上的"视图"按钮。如果要返回查询"设计"视图，再单击工具栏上的"视图"按钮，在"设计"视图中，可以进行必要的修改。

如果要创建新表，单击工具栏上的"执行"按钮。这时"评价方案"数据表中"选项"字段为"1"或"A"的"评分"字段由原来的"1"变为"0.95"，如图 5-29 所示。

图 5-29　执行"更新查询"的结果

5.6　保 存 查 询

【提要】 本节介绍保存查询的方法和步骤。

完成查询的设计后，就可以将查询保存起来。无论是从"设计"视图模式中，还是从数据工作表模式中，都可以按照如下的步骤保存查询：

从"文件"菜单中选择"保存"选项，如果使用"另存为"选项，则会在"另存为"对话框中要求指定更新的查询名称，如图 5-30 所示。

图 5-30　　"另存为"对话框

在 Access 数据库中，F12 键是保存的快捷键。用户可以直接按 F12 键或单击图标来保存结果，并可继续处理查询。

图 5-31 所示的窗体中的查询即为"课堂教学质量评价系统"中使用的查询。

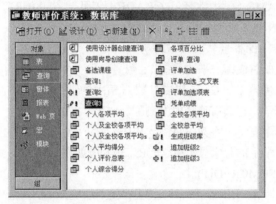

图 5-31　　"课堂教学质量评价系统"中使用的查询

5.7　小　　　结

查询是 Access 数据库中功能强大的组成部分之一，使用查询时可以选择特别的字段、定义分类排序的顺序、建立计算表达式以及输入适当的准则查找所需的记录，可以讲查询设计能力的高低对于 Access 数据库程序的开发质量有很大的影响。本章介绍了查询的基本操作，如各种类型查询的创建、查询的编辑、字段表达式的使用以及准则表达式的使用等内容。

上 机 题

上机目的：通过实例掌握各种查询的建立。

上机步骤：

（1）请用第 4 章的习题中设计的库存零件表（PART）、报价表（QUATATIONS）和供应商表

（SUPPLIERS）为基表，作下列查询设计。

① 查询库存量小于 100 的零件号及其名称。

② 查询能同时供应 207 和 215 号零件的供应商编号。

③ 查询报价表中所有供应商的编号。

④ 检索 52 号供应商的信息。

⑤ 检索 101 号零件的平均供货时间。

⑥ 检索供应时间在 5～10 天的零件号、供应商编号及供应时间，并按供应时间排序。

⑦ 在供应商表中追加一个供应商（53，DAIHONG，TIANJIN）。

⑧ 删除 51 号供应商的所有零件。

⑨ 修改 203 号零件的库存量为 30。

⑩ 把 52 号供应商供应的零件的价格增加 10%。

（2）学生选课数据库有 3 个表：

S（S#（学号），SNAME（学生姓名），GRADE（年级），SUMCREDIT（总学分））

C(C#（课程号），CNAME（课程名），CREDIT（学分））

G(S#（学生号），C#（课程号），G（成绩））

① 计算每一个学生的总成绩、平均成绩。

② 学期末打印成绩优异（如 G>85，提供参数 G 值）的学生信息(SNAME,CNAME,G)。

③ 某学期某学生修学，将其信息从库中删除。

④ 上题中修学的学生复学，将其信息添入库中。

⑤ 学期末累计每个学生的总学分（SUMCREDET）(如在 G 表中 G≥60，则把课程号 C＃所对应的 CREDIT 累加进 SUMCREDIT)。

思考：在进行查询设计时，用户也可以建立数据表查询，它能不能实施"参照完整性"？

习　题

一、填空题

1. 在建立一个查询后，可以将它的数据显示在【1】、【2】甚至【3】上。

2. 执行一个查询后，其结果所形成的记录集称为【1】。

3. Access 2000 数据库系统支持五种查询，它们分别是【1】、【2】、【3】、【4】和【5】。

4. 动作查询包括【1】、【2】、【3】和【4】4 种类型。

5. 【1】是查询或高级筛选中用来识别所需特定记录的限制条件。

6. 交叉表查询将用于查询的字段分成两组，一组显示在左边，另一组显示在顶部，在行与列交叉的地方对数据进行【1】、【2】、【3】或者是其他类型的计算，并显示在交叉点上。

7. 在数据库中，可以通过【1】来显示交叉表数据，而无需创建单独的查询。

8. Access 数据库系统提供四种查询向导，分别是【1】、【2】、【3】和【4】。

9. 写出下列函数名称。

（1）对字段内的值求和【1】。

（2）对字段内的值求平均【2】。

（3）求字段内的值的最小值【3】。

（4）求字段内的值的最大值【4】。

（5）求字段内有值的记录个数（不统计该字段为空值的记录）【5】。

（6）求字段内的值的标准偏差【6】。

（7）求字段内的值的方差【7】。

（8）对要进行计算的字段分组【8】。

（9）取该字段在第一个记录中的值【9】。

（10）取该字段在最后一个记录中的值【10】。

（11）创建一个计算字段，它由一个表达式产生一个集合【11】。

（12）为一个不在分组条件中的字段指定一个条件，其目的是为了筛选记录【12】。

10．Access 数据库系统中，有 3 种查询视图可以利用，分别是【1】、【2】和【3】。

11．查询用于在一个或多个表内查找某些特定的【1】，完成数据的检索、定位和计算的功能，供用户查看。

12．若希望使用一个或多个字段的值进行计算，需要在查询设计视图的"设计网格"中添加【1】字段。

13．创建查询的操作，实质上是生成【1】的过程。

14．在 Access 中，表达式 "123"+"456" 的结果是【1】。

二、判断题

1．查询可以在多个数据表之间进行。【1】

2．可以使用选择查询来对记录进行分组，并且对记录作总计、计数、平均以及其他类型的汇总或统计计算。【1】

3．使用删除查询，将删除整个记录，而不只是记录中所选择的字段。【1】

4．可以对相同的字段或不同的字段输入附加的准则。【1】

5．通过"简单选择查询向导"创建查询时，可以设置准则来限制检索的记录。【1】

6．在交叉表查询或者基于交叉表查询或图表的参数查询中，必须指定查询参数的数据类型。【1】

7．利用"生成表向导"生成的新表，可以用"撤销"命令恢复所作的修改。【1】

8．当修改查询中（动态集内）的数据时，这种改动也同时被写入了与查询有关的数据表格中。【1】

9．作为最基本的功能，Access 查询向用户提供了一个在单个或多个表格中浏览或操作数据的方法。【1】

10．Microsoft Access 中可创建选择查询、操作查询、参数查询、交叉表查询和 SQL 查询。【1】

三、单项选择题

1．在 Access2000 数据库系统中，最常见的查询是_____。

A．参数查询　　　B．交差表查询　　　C．SQL 查询　　　D．选择查询

2．参数查询就是在选择查询中增加了【1】或产生【2】的能力。

【1】A．总计　　　B．计数　　　C．平均　　　D．其他类型

【2】A．计数　　　B．平均　　　C．总计　　　D．其他类型

3．

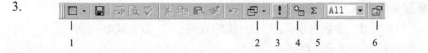

图 5-32　题 3 图表菜单

在图 5-32 所示的图表菜单中，图表按钮 1 表示的是【1】，图表按钮 2 表示的是【2】，图表按

钮 3 表示的是【3】, 图表按钮 4 表示的是【4】, 图表按钮 5 表示的是【5】, 图表按钮 6 表示的是【6】。

【1】 A. SQL 视图 　　B. 数据表视图 　　C. 设计设图 　　D. 都不是

【2】 A. 选择查询 　　B. 交叉表查询 　　C. 生成表查询 　　D. 追加查询

【3】 A. 修改 　　　　B. 帮助 　　　　C. 运行 　　　　D. 撤销

【4】 A. 显示表 　　　B. 生成表 　　　C. 修改表 　　　D. 都不是

【5】 A. 总计 　　　　B. 平均 　　　　C. 分组 　　　　D. 排序

【6】 A. 编辑 　　　　B. 查询 　　　　C. 属性 　　　　D. 修改

4. 使用向导创建交叉表查询时，选择作为行标题的字段最多只能是【1】个字段。

　　A. 2 　　　　　B. 3 　　　　　C. 4 　　　　　　D. 不确定

5. 用表"学生名单"创建新表"学生名单 2"，所使用的查询方式是_____。

　　A. 删除查询 　　B. 生成表查询 　　C. 追加查询 　　D. 交叉表查询

6. 条件 "Between 70 and 90" 的意思是_____。

　　A. 数值 70 到 90 之间的数字

　　B. 数值 70 和 90 这两个数字

　　C. 数值 70 和 90 这两个数字之外的数字

　　D. 数值 70 和 90 包含这两个数字，并且除此之外的数字

7. 条件"性别＝"女"Or　工资额>2000"的意思是_____。

　　A. 性别为"女"并且工资额大于 2000 的记录

　　B. 性别为"女"或者工资额大于 2000 的记录

　　C. 性别为"女"并非工资额大于 2000 的记录

　　D. 性别为"女"或者工资额大于 2000，且二者择一的记录

8. 将表"学生名单 2"的记录复制到表"学生名单 1"中，且不删除表"学生名单 1"中的记录，所使用的查询方式是_____。

　　A. 删除查询 　　B. 生成表查询 　　C. 追加查询 　　D. 交叉表查询

9. 查看工资表中实发工资为 2000 元以上（不包含 2000 元）至 4000 元（不包含 4000 元）以下的人员记录，表达式为_____。

　　A. 实发工资>2000　OR　　实发工资<4000

　　B. 实发工资>2000　AND　实发工资<4000

　　C. 实发工资>=2000　AND　实发工资=<4000

　　D. 实发工资 (Between 2000 and 4000)

10. 以下叙述中，正确的是_____。

　　A. 在数据较多、较复杂的情况下使用筛选比使用查询的效果好

　　B. 查询只从一个表中选择数据. 而筛选可以从多个表中获取数据

　　C. 通过筛选形成的数据表，可以提供给查询、视图和打印使用

　　D. 查询可将结果保存起来，供下次使用

11. 利用对话框提示用户输入参数的查询过程称为_____。

　　A. 选择查询 　　　　B. 参数查询 　　　C. 操作查询 　　　D. SQL 查询

12. 在查询中，默认的字段显示顺序是_____。

　　A. 在表的"数据表视图"中显示的顺序 　　B. 添加时的顺序

　　C. 按照字母顺序 　　　　　　　　　　　D. 按照文字笔画顺序

13. 创建交叉表查询时，在查询设计视图的"交叉表"行上有且只能有一项的是_____。

A. 行标题和列标题   B. 行标题和值

C. 行标题、列标题和值   D. 列标题和值

14. Access 支持的查询类型有 _____。

A. 选择查询、交叉表查询、参数查询、SQL 查询和操作查询。

B. 基本查询、选择查询、参数查询、SQL 查询和操作查询

C. 多表查询、单表查询、交叉表查询、参数查询和操作查询

D. 选择查询、统计查询、参数查询、SQL 查询和操作查询

四、多项选择题

1. 使用数据查询可以达到如下目的_____。

A. 限制记录   B. 访问远程数据库

C. 给数据表中的记录排序   D. 生成窗体和报表，也可以生成另一个查询

2. 属于 Access 查询的有_____。

A. 更新查询   B. 交叉表查询

C. SQL 查询   D. 连接查询

3. 生成表查询可以应用在_____。

A. 创建表的备份副本

B. 创建从特定时间点显示数据的报表

C. 提高基于表查询或 SQL 语句的窗体和报表的性能

D. 创建包含旧记录的历史表

4. 动作查询包括_____。

A. 生成表查询   B. 删除查询

C. 追加查询   D. 更新查询

5. 使用删除查询时，正确的是_____。

A. 使用删除查询删除了记录后，可以撤销这个操作。

B. 在某些情况下，执行删除查询可能会同时删除相关表中的记录，即使它们并不包含在此查询中

C. 如在 FoxPro 表启动删除查询，而这些表已链接到数据库，则在开始运行后将不能中止

D. 如果不允许连锁删除，就得在删除查询中添加准则，而且必须执行两次查询，因为一次删除查询不能同时从主表和相关表中同时删除相关的记录

6. 查询中的计算公式和条件应写在设计视图中的_____。

A. "总计"行   B. "字段"行   C. "准则"行   D. "显示"行

7. 如果要修改表中的数据，可采用下面哪种方式?_____。

A. 选择查询   B. 动作查询

C. 表对象中的设计视图   D. 表对象中的数据视图

8. 筛选图书编号是"01"或"02"的记录，可以在准则中输入_____。

A. "01" or "02"   B. not in ("01", "02")

C. in ("01", "02")   D. not ("01" and "02")

9. 如果要在查询中，因运算增添集合性新字段，可采用下面哪种方式?_____

A. 在设计视图中建立新查询，在"字段"中以写公式的方法建立

B. 在设计视图中，用 SQL 建立新查询，以写 SQL 语句的方法建立

C. 用建立表对象中的设计视图，以增添新字段的方法建立

D. 在设计视图中建立新查询，在"准则"中以写公式的方法建立

10. 筛选图书编号是"01"的记录，不可以用_____。

A. 工具栏中的筛选功能　　　　　B. 表中的隐藏字段的功能

C. 在查询的"准则"中输入公式　　D. 表中的冻结字段的功能

11. 查询中的列求和条件应写在设计视图中的_____。

A. "总计"行　　　B. "字段"行　　　C. "准则"行　　　D. "显示"行

五、简答题

1. 为什么要使用查询来处理数据？

2. 生成表查询一般在什么情况下经常使用？

3. 在实际使用删除查询时，应该重点注意哪些问题？

4. Access 2000 的查询类型有哪些？条件查询怎么使用？

5. 已知：某学校学生成绩数据库中的"成绩表"及内容如下：

编号	姓名	语文	数学	外语	总分
01	张三	80	100	70	
02	李四	60	90	55	
03	王五	88	100	70	

（1）以上各字段除了"总分"的内容之外，其他都已录入。假设已经在成绩表的基础上生成了"成绩表　查询"，请用"设计视图"功能来计算"总分"。请写出其操作过程。

（2）上述操作过程也可以运用"SQL 视图"直接在显示的语句中添加和改写计算内容。下面是未改动的"SQL 视图"语句：

SELECT 编号,姓名,语文,数学,外语,总分 FROM 成绩表;

请在上述语句的基础上添加和改写计算内容。

第6章
使用高级查询——SQL 语言

【本章提要】

SQL（Structure Query Language）语言是一种操纵数据库的结构查询语言。由于其功能很强，使用方便灵活，1986 年 10 月美国国家标准学会（ANSI）批准将 SQL 语言作为美国数据库的语言标准，随后国际标准化组织（ISO）也作出同样的决定。

当前使用的 Oracle、Sybase、dBase、FoxPro 和 Microsoft Access 等数据库管理系统都支持 SQL 语言。可以说学好 SQL 语言是学习关系型数据库的重要基础。

由于 Access 2000 数据库系统是一种可视化的关系型数据库管理系统，它直接通过视图操作直接定义基表和视图，不直接支持 SQL 的数据定义和视图操作，也不直接支持 SQL 的授权控制，这类操作都是通过 VBA 代码中复杂的 DAO（数据访问对象）进行的。

SQL 虽然是查询语言，但它集 DDL、DML、DCL 于一体，包括了数据定义、查询、操纵和控制四种功能。

本章介绍了 SQL 语言的一些基本操作命令，包括数据定义语句（DDL）、数据操纵语句（DCL）和有关视图的操作内容。

6.1 SQL 的数据定义

【提要】本节介绍了 SQL 的数据定义语句，并给出了利用这些语句来创建、更改和释放表及索引的示例。

SQL 的 DDL（数据定义）语句包括 3 个部分：定义基表、视图及索引。主要语句有：CREATE TABLE、CREATE VIEW、CREATE INDEX、DROP TABLE、DROP VIEW、DROP INDEX、ALTER TABLE。

6.1.1 基表

1. 定义基表

定义基表的格式为：

CREATE TABLE 表名

（列名 1 数据类型 1 [NOT NULL]

[,列名 2 数据类型 2 [NOT NULL]]… ）

[IN 数据库空间名]

一个表可有一列或者多个列，列定义需要说明列名、数据类型，并指出列值是否允许为空值（NULL）。如果某列作为表的关键字，应该定义该列为非空（NOT NULL）。

Access 中支持的数据类型请参见表 4-1，下面是部分类型的说明。

Integer   整字长的二进制整数

Decimal（m, [n]） 十进制数，m 为数的位数，n 为小数点位数

Float   双字长浮点数

Char（n）   长度为 n 的定长字符串

Memo   备注

Access 支持空值（Null）的概念。空值是"不存在"的值，即未知的或不可用的。加入空值后的真值表如表 6-1 所示。

表 6-1   空值运算表

AND	T F ?	OR	T F ?	NOT	
T	T F ?	T	T T T	T	F
F	F F F	F	T F ?	F	T
?	? F ?	?	T ? ?	?	?

如果算术表达式中任一运算分量为空值（NULL），则表达式的值为空值（NULL）。如下例所示。

例 1 CREATE TABLE PART

（PNO SMALLINT NOT NULL,

PNAME CHAR（20），

PQUTY INTEGER）

IN SAMPLE

执行以上语句生成一个新表 PART，并把该表的描述以表名 PART 存入系统的数据字典中。

2. 修改基表

修改基表的基本格式为：

ALTER TABLE 表名

ADD 列名   数据类型

运行该语句后，在已经存在的基表中将增加一列，如下例所示。

例 2 ALTER TABLE PART

ADD PRICE INTEGER

该语句执行后，基表 PART 由原来的三列增加为四列。对 PART 表中已有的记录，PRICE 的值为空值。因此，新增的列不允许说明为 NOT NULL。

3. 删除基表

删除基表的格式为：DROP TABLE 表名。

DROP TABLE 删除一个已经存在的基表，在基表上定义的所有视图和索引也一起被删除。

【示例】DROP TABLE PART

6.1.2 索引

1. 建立索引

建立索引的格式为：CREATE [UNIQUE] INDEX 索引名 ON 基表名

（列名 1 [ASC/DESC][, 列名 2 [ASC/DESC]]…）

[PCTFREE={10/整数}]

CREATE INDEX 语句允许在基表的一列或者多列上建立索引，最多不超过 16 列。索引可按升序（ASC）或者降序（DESC）排列，缺省时为升序。

选项 PCTFREE 指明在建立索引时，索引项中为以后插入或者更新索引项保留的自由空间的百分比，缺省值为 10%。

在一个基表上可以建立多个索引，以提供多种存取路径。索引一旦建立，在它被删除前一直有效。用户不能选择索引，在查询时系统将自动提供最优存取路径，使存取代价为最小。如下例所示：

例 3　CREATE UNIQUE INDEX IPART ON PART（PNO）

在 PART 表的列 PNO 上建立唯一索引 IPART。

2. 删除索引

删除索引的格式为：DROP INDEX 索引名。

使用 DROP INDEX 可删除基表上建立的索引。此外，在删除基表时，基表上建立的索引将被一起删除。如下例所示：

例 4　DROP INDEX IPART

删除索引 IPART，并从数据字典中删除有关 IPART 的描述。

6.2　SQL 的数据操纵

【提要】本节介绍 SQL 的数据操纵语句，并给出利用这些语句来完成选择、插入、删除和更新数据记录操作的示例。

6.2.1　查询

1. 查询语句的一般格式

查询语句的一般格式为：

SELECT [ALL/DISTINCT] */选择列表

FROM 基表名

[WHERE 条件表达式]

[GROUP BY 列名 1[HAVING 条件表达式]]

[ORDER BY 列名 2 {[ASC/DESC]}

该语句的含义是：在 FROM 后给出的表名中找出满足 WHERE 条件表达的元组，然后按 SELECT 后列出的目标表形成结果表。如果有 GROUP BY 短语，结果表按列名 1 的值分组输出，每组一个元组，因此 GROUP BY 后的列要有分组的特征。有 HAVING 短语时，列名 1 按 HAVING 后的条件分组。

在格式中，SELECT 后是查询目标表，其中：

ALL 检索所有符合条件的元组。

DISTINCT 检索去掉重复组的所有元组，缺省值为 ALL。

　*检索结果为整个元组，即包括所有列。

选择列表是由"，"分开的多个项，这些项可以是列名、常数或者系统内部函数。

常用的内部函数如下。

（1）AVG（[DISTINCT]）列名），求列的平均值，有 DISTINCT 选项是不计函数重复值。

（2）SUM（[DISTINCT]）列名），求一列的和，如只计算不同值的和，可用选项 DISTINCT。

（3）MAX（列名）和 MIN（列名），找出列的最大最小值。

（4）COUNT（*），计算结果表中有多少个元组。COUNT（DISTINCT 列名）计算结果表中不同列名值的元组个数。

格式中的条件表达式可以是含有算术运算符（+、-、*、/）、比较运算符（=、>=、>、<、<=、≠）、逻辑运算符（AND、OR、NOT）的表达式，也可以是下列形式之一。

< 列名 > IS [NOT] NULL，列值是否为空。

< 表达式 1 > [NOT] BETWEEN < 表达式 2 > AND < 表达式 3 >，表达式 1 的值是否在表达式 2 和表达式 3 的值之间。

< 表达式 > [NOT] IN（目标表列），表达式的值是否是目标表列中的一个值。

列名[NOT] LIKE < ‘字符串’ >，列值是否包含在“字符串”中。

“字符串”中可用通配符“？”和“*”。“？”表示任意一个字符，“*”表示任意字符串。

下面以零件数据库中的三个表（见图 6-1 和图 6-3）为基础举例说明 SELECT 语句的用法。

PART：表

PNO	PNAME	QUTY
101	CAM	150
102	BOLT	300
105	GEAR	50
203	BELT	70
207	WHEEL	120
215	WASHER	1300

记录：1 共 6

图 6-1 零件表（PART）

QUOTATIONS：表

SNO	PNO	PRICE	D_TIME	DELIQUTY
51	101	25	10	50
51	105	42	15	100
52	101	20	15	75
52	203	13	7	50
58	102	9	5	200
67	207	34	12	0
67	215	4	3	500
69	105	36	20	40
69	203	15	10	30

记录：1 共 9

图 6-2 报价表（QUTATIONS）

SUPPLERS：表

SNO	SNAME	ADDR
51	LIMING	BEIJING
52	XINGHUA	TIANJIN
58	KEHAI	BEIJING
67	VESAM	SHANGHAI
69	SMITH	SHANGHAI
75	HUAHE	BEIJING

记录：1 共 6

图 6-3 供应商表（SUPPLIERS）

其中：PART（PNO，PNAME，QUTY）为库存零件表；

QUOTATIONS（SNO，PNO，PRICE，D_TIME，DELIQUTY）为报价表；

SUPPLIERS（SNO，SNAME，ADDR）为供应商表。

2. 简单查询

例 5 检索库存量小于 100 的零件。采用如下的 SQL 语句。

```
SELECT PART.PNO, PART.PNAME, PART.QUTY  FROM  PART
WHERE(((PART.QUTY)<100));
```

查询结果见图 6-4。

PNO	PNAME	QUTY
105	GEAR	50
203	BELT	70

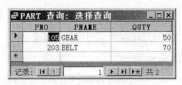

图 6-4　示例 1 的查询结果

例 6　检索 QUOTATIONS 表中的所有供应者号。采用如下的 SQL 语句。

```
SELECT DISTINCT [SNO] FROM QUOTATIONS;
```

在查询中可以采用 DISTINCT 去掉结果集中的重复值。查询结果如图 6-5 所示。

例 7　检索 SNO 为 52 的供应者信息。采用如下的 SQL 语句。

```
SELECT * FROM SUPPLIERS
WHERE (((SUPPLERS.SNO)=52));
```

查询结果如图 6-6 所示。

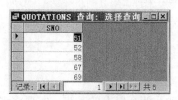

SNO
51
52
58
67
69

图 6-5　示例 2 的查询结果

SNO	SNAME	ADDR
52	XINGHUA	TIANJIN

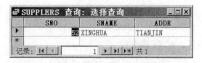

图 6-6　示例 3 的查询结果

例 8　检索 PNO 为 101 零件的平均供货时间。采用如下的 SQL 语句。

```
SELECT 'PNO101', AVG(D_TIME)  FROM QUOTATIONS
WHERE PNO=101;
```

查询的结果如图 6-7 所示。在这个示例的检索中，目标表包含一个常量，因此查询的结果中这一列为常量。当目标表中有内部函数时，不能再出现一般的列名。

Expr1000	Expr1001
PNO101	12.5

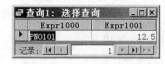

图 6-7　示例 4 的查询结果

例 9　检索供应时间在 5～10 天的零件号、供应者号及供应时间，并按供应时间排序。采用如下的 SQL 语言。

```
SELECT PNO, SNO, D_TIME  FROM  QUOTATIONS
WHERE (((QUOTATIONS.D_TIME) Between 5 And 10))
ORDER BY QUOTATIONS.D_TIME;
```

查询的结果如图 6-8 所示。

例 10　检索'BOLT'、'CAM'、'BELT'的库存量。采用如下的 SQL 语言。

```
SELECT PART.PNAME, PART.QUTY  FROM  PART
WHERE PNAME  IN ('BOLT','CAM','BELT');
```

其中"IN"等价于用多个"OR"连接起来的复合条件。查询结果如图 6-9 所示。

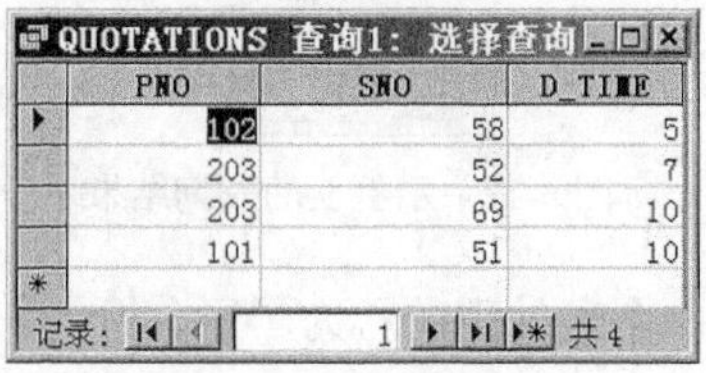

PNO	SNO	D_TIME
102	58	5
203	52	7
203	69	10
101	51	10

图 6-8　示例 5 的查询结果

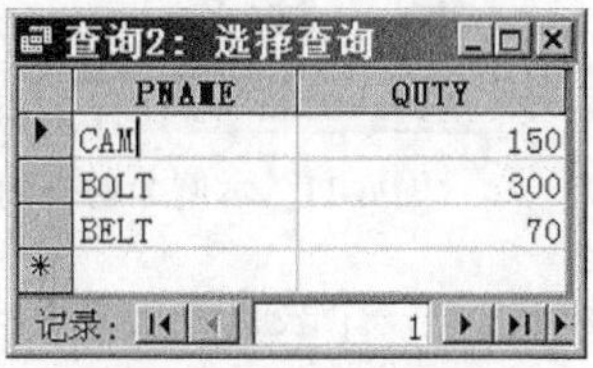

PNAME	QUTY
CAM	150
BOLT	300
BELT	70

图 6-9　示例 6 的查询结果

例 11 检索所有零件的最高、最低价格并按零件号排序。

一种零件有多种价格，在 QUOTATIONS 表中对应多个元组，而输出结果为一种零件一行，应该按零件进行分组。采用如下的 SQL 语句。

```
SELECT QUOTATIONS.PNO, Min(QUOTATIONS.PRICE) AS PRICEOfMin,
Max(QUOTATIONS.PRICE) AS PRICEOfMax
FROM QUOTATIONS
GROUP BY QUOTATIONS.PNO
ORDER BY QUOTATIONS.PNO;
```

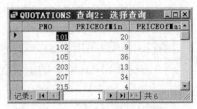

查询结果如图 6-10 所示。查询结果中 102、207、215 这三种零件只有一个供应者，最高、最低价是一样的，如在 SELECT 语句中用 HAVING 短语，可得到多于一种价格零件的最高、最低价，即查询结果中只有 101、105、203 三行。具体的 SQL 语句如下。

图 6-10   示例 7 的查询结果

```
SELECT QUOTATIONS.PNO, Min(QUOTATIONS.PRICE) AS PRICEOfMin,
Max(QUOTATIONS.PRICE) AS PRICEOfMax
FROM QUOTATIONS
GROUP BY QUOTATIONS.PNO HAVING COUNT（*）＞1
ORDER BY QUOTATIONS.PNO;
```

3. 多表查询

以上讲述的一些查询是只在一个基表中进行的，如果查询涉及两个以上的基表，需要将多个表连接后进行查询。标准的 SQL 语言中没有专门的联接语句（Access 数据库管理系统支持内联接、左联接和右联接），多表查询也是直接通过 SELECT 语句完成的。在 FROM 后列出需查询的多个表，WHERE 后是联接条件。没有 WHERE 短语即没有联接条件时，将返回连接后的所有元组。

例 12   检索出供应者号为 51 的供应者供应的所有零件的零件号、零件名、零件价格。采用如下的 SQL 语句：

```
SELECT PART.PNO, PART.PNAME QUOTATIONS.PRICE
FROM PART, QUOTATIONS
WHERE(((PART.PNO)=(QUOTATIONS.PNO)AND (QUOTATIONS.SNO)=51));
```

PART.PNO 表示是表 PART 中的 PNO，若列名在多个表中是唯一的，列名前的表名可省略。以上查询中，联接条件为 PART.PNO=QUOTATIONS.PNO，SNO=51 是查询条件，它们组成复合条件。查询结果如图 6-11 所示。

例 13   查询能同时供应 207 和 215 零件的供应者号。采用如下的 SQL 语句。

```
SELECT QUOTATIONS.SNO
FROM QUOTATIONS AS QA, QUOTATIONS AS QB
WHERE QA.PNO=207 AND QB.PNO=215 AND QA.SNO=QB.SNO;
```

查询结果如图 6-12 所示。

图 6-11   示例 8 的查询结果   图 6-12   示例 9 的查询结果

联接可以是一个表自身的联接。在联接时实际是作为两个表处理的。为了区分开，用表的别名表示，本例中表 QUOTATIONS 分别用别名 QA、QB 表示。有时为了简化表名，也可以用别名表示。如例 7 中的 SELECT 语句可以写成如下形式。

```
SELECT P.PNO, PNAME, PRICE
FROM PART AS P, QVOTATIONS AS Q
WHERE P.PNO=Q.PNO AND SNO=51;
```

例 14 检索供应者 'KEHAI' 供应的零件细目。采用如下的 SQL 语句。

```
SELECT SUPPLERS.SNAME, QUOTATIONS.PNO, PART.PNAME,
QUOTATIONS.PRICE, QUOTATIONS.D_TIME
FROM (PART INNER JOIN QUOTATIONS ON PART.PNO = QUOTATIONS.PNO) INNER
JOIN SUPPLERS ON QUOTATIONS.SNO = SUPPLERS.SNO
WHERE (((SUPPLERS.SNAME)="KEHAI"));
```

以上检索需要在三个表之间进行联接。查询结果如图 6-13 所示。

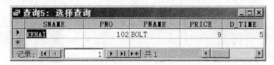

图 6-13 示例 10 的查询结果

4. 子查询

在 WHERE 后的表达式中出现另一个查询，称为子查询，子查询的结果一般表示 "IN" 要查询的值的集合。子查询是可以嵌套的。

例 15 检索库存量小于 200 的零件的供应号。采用如下的 SQL 语句。

```
SELECT SNO FROM QUOTATIONS
WHERE PNO IN (SELECT PNO FROM PART WHERE QUTY<200);
```

查询结果如图 6-14 所示。

本例中先对子查询求值，结果得到库存小于 200 的零件为 101、105、203 和 207。因此，第一个 WHERE 后的条件等价于 PNO IN（101，105，203，207）。

图 6-14 示例 11 的查询结

例 16 检索库存量小于 200 的零件的供应者细目。

```
SELECT QUOTATIONS.SNO
FROM (SUPPLERS INNER JOIN QUOTATIONS ON SUPPLERS.SNO =
QUOTATIONS.SNO)
INNER JOIN PART ON QUOTATIONS.PNO = PART.PNO
WHERE (((PART.QUTY)<200));
```

在子查询嵌套的情况下，执行时先得到最内层的查询结果，逐层向外求值，最后得到要查询的值。

例 17 查询可由一个以上的供应者提供的零件号。

```
SELECT PNO FROM QUOTATIONS AS QX
WHERE PNO IN (SELECT PNO FROM QUOTATIONS AS QY
WHERE QX.SNO>QY.SNO);
```

本查询也可以用下面的语句实现。

```
SELECT PNO FROM QUOTATIONS
GROUP BY PNO HAVING COUNT(*)>1;
```

在子查询中除了使用 "IN" 外，还常常使用存在量词 'EXISTS'，形式为：

```
WHERE [NOT] EXISTS (子查询)
```

解释为：当且仅当子查询的值不为空时存在量词的值为真。

查询结果如图 6-15 所示。

图 6-15 示例 13 的查询结果

例 18　查询可供应 207 号零件的供应者名。采用如下的 SQL 语句。

```
SELECT SNAME FROM SUPPLERS
WHERE EXISTS (SELECT * FROM QUOTATIONS
WHERE PNO=207 AND SNO=SUPPLIERS.SNO);
```

查询结果如图 6-16 所示。

例 19　查询没有供应零件的供应者名。

```
SELECT SNAME FROM SUPPLERS
WHERE NOT EXISTS (SELECT * FROM QUOTATIONS
WHERE  SNO=SUPPLIERS.SNO);
```

查询的结果如图 6-17 所示。

图 6-16　示例 14 的查询结果

图 6-17　示例 15 的查询结果

5. 使用 UNION 的查询

SQL 中提供了并（UNION）运算。如果两个查询结果是并兼容的，则可以并为一个查询结果，UNION 运算自动消去重复元组。

例 20　查询库存量大于 1000 或 67 号供应者供应的零件。使用的 SQL 语句如下：

```
SELECT PNO FROM PART WHERE QUTY>1000
UNION  SELECT PNO FROM QUOTATIONS WHERE SNO=67;
```

第一个 SELECT 查询结果为 215，第二个 SELECT 的查询结果为 207 和 215，消去重复元组后的结果如图 6-18 所示。

图 6-18　示例 16 的查询结果

6.2.2　插入

SQL 中，插入（INSERT）语句可将一个或者多个元组加到基表中。

插入语句有如下两种格式。

格式 1

INSERT INTO 表名[（列名 1[，列名 2]…）]　VALUES（常量 1[，常量 2]…）

采用此格式，一次可以插入一个元组，也可以插入一个元组的几列值。这时，表名后要指出列名，VALUES 后的值与列名相对应，其余列值为 NULL。

格式 2

INSERT INTO 表名[（列名 1[，列名 2]…）]<SELECT 语句>

此格式是将 SELECT 查询得到的一组值插入到表中。由 SELECT 得到的列数应该与所要插入的列数相同。

例 21　在供应者表中插入一供应者（53，DAIHONG，TIANJIN）。采用如下的 SQL 语句。

```
INSERT INTO SUPPLERS  VALUES (53, 'DAIHONG', 'TIANJIN');
```

如果供应者的地址不知道，则可以写为：

```
INSERT INTO SUPPLERS  VALUES (53, 'DAIHONG');
```

插入后 ADDR 的值为空值（NULL）。

执行该示例后，打开供应者表不难发现已经增加了一个供应者，如图 6-19 所示。

例 22　现在建立一新表 QUO52（PNO，PNAME，PRICE，D_TIME），要求加入 52 号供应者供应零件的情况。采用如下的 SQL 语句。

```
INSERT INTO QUO52
SELECT Q.PNO,PNAME,PRICE,D_TIME
FROM PART,QUOTATIONS AS Q
WHERE SNO=52 AND PART.PNO=Q.PNO;
```

执行该示例后，就自动增加了一张名为 QUO52 的新表，如图 6-20 所示。

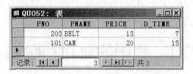

图 6-19　示例 1 的查询结果　　　　　　图 6-20　示例 2 的查询结果

6.2.3　删除

删除语句的格式为：

DELETE FROM 表名[WHERE 条件表达式]

DELETE 语句删除表中满足条件的元组。如果没有 WHERE 子句则删除所有元组，删除后表成为空表。WHERE 后的查询条件与 SELECT 语句相同，也可以用子查询。

例 23　删除 51 号供应者供应的所有零件。采用如下的 SQL 语句。

```
DELETE FORM QUOTATIONS  WHERE SNO=51;
```

例 24　删除供应者"VESAM"供应的所有零件。采用如下的 SQL 语句。

```
DELETE FROM QUOTATIONS
WHERE SNO=(SELECT SNO FROM SUPPLIERS WHERE SNAME='VESAM');
```

例 25　删除不供应任何零件的供应者。采用如下的 SQL 语句。

```
DELETE FROM SUPPLIERS
WHERE SNO NOT IN(SELECT SNO FROM QUOTATIONS);
```

6.2.4　更新

更新语句格式为：

UPDATE 表名 SET 列名 1=表达式 1[, 列名 2=表达式 2]…

[WHERE 条件表达式]

UPDATE 语句更新满足条件的所有元组的列值。被更新的字段名及字段值在 SET 后指出，未指出的字段名其值不变。无 WHERE 短语时更新所有元组的值。

例 26　修改 203 号零件的库存量为 30。

```
UPDATE PART SET QUTY=30 WHERE PNO=203;
```

例 27　把 52 号供应者的零件价格增加 10%。

```
UPDATE QUOTATIONS  SET PRICE=PRICE+0.1*PRICE  WHERE SNO=52;
```

该语句的执行将所有 52 号供应商供应的零件价格上调 10%。

例 28 把 52 号供应者的 "CAM" 零件的供货日期缩短三天。

```
UPDATE QUOTATIONS SET D_TIME=D_TIME-3
WHERE PNO=(SELECT PNO FROM PART WHERE PNAME='CAM')
AND SNO=52;
```

SQL 中进行插入、删除和更新操作都是对单个表进行的，这些操作不能同时在多个表上进行，这样可能会破坏数据完整性。

6.3 视　　图

【提要】本节介绍 SQL 中数据视图的建立和撤销方法，结合示例对视图的各种操作进行说明，最后总结出使用视图的优越性。

6.3.1 视图的建立和撤销

1. 建立视图

建立视图的语句格式为：

CREATE VIEW 视图名[（列名表）]　　AS<SELECT 语句>

CREATE VIEW 语句仅仅定义一个视图，该语句执行后有关视图的定义被存储在数据字典中，只有对视图操作时才根据定义从基表中形成实际数据供用户使用。可以通过基表，也可以通过视图生成新的视图。

其中，SELECT 语句不能含有操作符 UNION 和 ORDER BY 子句，视图的列顺序是由 SELECT 的目标表决定的，列的数据类型与导出表的对应列类型一致。

CREATE VIEW 语句中不说明列名表时，列名由 SELECT 语句确定。

例 29 建立北京地区供应的零件价目表。

```
CREATE VIEW PBJ(S#, PNO, PRICE) AS SELECT Q.SNO,PNO,PRICE
FROM QUOTATIONS AS Q,SUPPLIERS AS S
WHERE ADDR=' BEIJING' AND Q.SNO=S.SNO;
```

在目标表中出现了联接字段 Q.SNO，所以在视图 PBJ 中字段名改为 S#，其余字段名不变，但在列名表中应该顺序写出。

例 30 建立 52 号供应者供应的零件价目表。

```
CREATE VIEW QUOT52 AS SELECT SNO, PNO, PRICE
FROM QUOTATIONS WHERE SNO=52;
```

SELECT 中目标表为*，视图继承基表中的所有字段名，但是如果执行 ALTER TABLE QUOTATIONS 后，新加的字段不包括在已经建立的视图中，除非删除视图后重新定义。

例 31 定义各种零件的平均价格表。

```
CREATE VIEW QUOTAVG(PNO, AVGP) AS SELECT PNO, AVG(PRICE)
FROM QUOTATIONS
GROUP BY PNO;
```

在 SELECT 中使用了内部函数 Avg，对应视图中列名定义为 AVGP。

2. 撤销视图

撤销视图的语句格式为：DROP VIEW 视图名

本语句执行后删除数据字典中对视图的定义，在该视图上定义的视图也一起被删除。视图是一个虚表，在视图上不能建立索引。

6.3.2　视图的操作

视图一旦定义，就如同基表一样可进行各种操作。对基表的任何查询形式对视图同样有效，如多表查询、分组、排序和子查询等，但在有些情况下要受到限制。

如果视图中的列是使用内部函数定义的，该列名不能在查询条件中出现，也不能作为内部函数的参数。用 GROUP BY 定义的视图不能进行多表查询，即不能同其他视图或基表联接。

例 32　通过视图 PBJ 检索单价超过 20 元的零件。

```
SELECT * FROM PBJ  WHERE PRICE>20  ORDER BY PRICE;
```

系统在执行该查询时，首先从数据字典中取出该视图的定义，然后把定义中的 SELECT 语句和对视图的查询语句结合起来，形成一个修正的查询语句再执行。如本例中实际执行的查询语句是：

```
SELECT Q.SNO,PNO,PRICE
FROM QUOTATIONS Q,SUPPLIERS S
WHERE ADDR=' BEIJING' AND PRICE>20 AND Q.SNO=S.SNO
ORDER BY PRICE;
```

例 33　通过视图 QUOTAVG 检索。

```
SELECT * FROM QUOTAVG
WHERE AVGP<10;
```

此语句中用了 AVGP<10 为查询条件，而在 QUOTAVG 定义中 AVGP 是由内部函数 AVG 定义，这一查询不能进行。正确的转换应该得到如下的查询语句：

```
SELECT PNO, AVG(PRICE)
FROM QUOTATIONS
WHERE VAG(PRICE)<10
GROUP BY PNO;
```

也可以对视图进行 INSERT、DELETE 和 UPDATE 操作，但这些操作能否进行要同对视图的定义结合起来。对视图进行这些操作时要受到如下的限制。

（1）如在建立视图时用了联接、分组、DISTINCT 或内部函数，则不能对视图进行插入、删除和更新。

（2）如视图中的列是直接由基表中的列得到的，则该列可以修改，而由表达式经计算表示的列如 PRICE*10%、QUTY-100 等，含有这类列的视图不能执行 UPDATE 和 INSERT 操作，但是可执行 DELETE 操作。

例 34　在视图 QUOT52 中插入一个元组（52，102，8）。

```
INSERT INTO QUOT52(51,102,8);
```

通过视图插入一个元组，实际该元组被加到了基表中。因此，视图中没有出现的列其值为 NULL，如该列在基表中定义为 NOT NULL，则这样的插入是不允许的。执行以上语句，结果在基表 QUOTATIONS 中将增加一个元组（52，102，8，NULL）。

6.3.3　视图的优点

SQL 中提供了视图的概念，使用户操作数据更加灵活、方便，提高了数据库的性能。

视图机制使用户把注意力集中在他所关心的数据，简化了用户的数据结构。同时，一些需要通过若干表联接才能得到的数据，以简单表的形式提供给用户，而将联接操作隐藏起来，简化了用户的查询操作。

视图提供了一定的逻辑数据独立性。如数据库需要扩充新信息因而要增加新字段时，只需扩充基表（Alter Table），而视图不需重新生成。当数据库中增加一个新的基表时，对视图也没有影响。

视图机制同时也提供了自动安全保护功能。用户通过视图只能操作它应该操作的数据，其他数据被隐蔽起来，达到了对机密数据的保密。

6.4 小　　结

SQL 语言是关系型数据库的通用操作语言，熟练掌握 SQL 会使用户具有更强的操作数据的能力，设计出质量更高的系统来。本章介绍了 SQL 语言的一些基本操作命令，主要有数据定义语句（DDL）中表、视图及索引的创建和更改，数据操纵语句（DCL）中记录的选择、插入及更新操作等内容。

上 机 题

上机目的：通过 SQL 语言实现各种查询。

上机步骤：

建立如下的 3 个数据表：科研课题表 KYKT、科研情况表 KYQK 和科研人员表 KYRY，如图 6-21 所示。

科研课题表 KYKT

KTID（课题编号）	KTNAME（课题名称）	KTJF（课题经费）（万元计）
101	CAD	150
102	CAM	30
105	CAPP	50
203	CIMS	300
207	GT	12
215	ERP	130

科研情况表 KYQK

RYID	KTID	SBF（设备费）	GZL（工作量：日）	SYJF（使用经费）
51	101	15	400	80
51	105	5	180	25
52	101	10	400	70
52	203	40	600	200
58	102	30	5	200
67	207	1	90	12
67	215	25	700	130
69	105	4	200	25
69	203	15	600	100

科研人员表 KYRY

RYID（人员编号）	RYNAME（人员姓名）	ZC（职称）	SEX（性别）	ADDR（地址）
51	ZHANGSAN	ENGEENER	FEMALE	BEIJING
52	LISI	PROFESSOR	MALE	TIANJIN
58	WANGWU	DOCTOR	MALE	BEIJING
67	ZHAOLIU	MASTER	MALE	SHANGHAI
69	LIUHONG	ENGEENER	MALE	SHANGHAI
75	YANGDA	PROFESSOR	FEMALE	BEIJING

图 6-21　数据表样式图

（1）按要求写出 SQL 查询语句，能用 Access 2000 数据查询实现的用相应的 SQL 查询设计实现。

① 查询课题经费小于 100 万元的课题编号其名称。

② 查询能同时参加编号为 207 和 215 课题的科研人员编号。

③ 查询科研情况表中所有科研人员的编号。

④ 检索 52 号科研人员的信息。

⑤ 检索 101 号课题的平均工作量。

⑥ 检索工作量在 200～400 日的课题编号、人员编号及工作量，并按工作量排序。

⑦ 在科研人员表中追加一个科研者（53，DAIHONG，DOCTOR，MALE，TIANJIN）。

⑧ 删除 51 号科研人员的所有科研课题。

⑨ 修改 203 号课题的课题经费为 120 万元。

⑩ 把 52 号科研人员的工作量减少 10%。

（2）写出下列查询语句的含义，用 Access 2000 数据查询实现并显示查询结果集：

① SELECT RYID FROM KTQK WHERE KTID IN（SELECT KTID
FROM KYKT WHERE KYJF<200）

② SELECT * FROM KYRY WHERE RYID IN（SELECT RYID
FROM KTQK WHERE KTID IN（SELECT KTID FROM
KYKT KYJF<200）

③ SELECT KTID FROM KYQK GROUP BY KTID HAVING COUNT（*）>1

④ SELECT RYNAME FROM KYRY WHERE EXISTS（SELECT *
FROM KYQK WHERE KYQK.KTID=207 AND KYQK.RYID=KYRY.RYID）

⑤ SELECT KTID FROM KYKT WHERE KTJF〉100 UNION
SELECT KTID FROM KYQK WHERE RYID=67。

思考：

1. 在删除数据操作中，对于存在相互牵制关系的两个表，删除操作的先后顺序有无关系？

2. 嵌套子查询和联接操作在许多情况下可以进行互换，但是双方都不能完全替代对方，为什么？

习 题

一、填空题

1. SQL 的英文全称是【1】，翻译成中文是【2】。

2. SQL 虽然是查询语言，但它集【1】、【2】、【3】于一体，包括了【4】、【5】、【6】和【7】四种功能。

3. SQL 的 DDL 语句包括三个部分：【1】、【2】及【3】。

4. 定义基表的 SQL 语句关键字为【1】，修改基表的关键字为【2】，删除基表的关键字为【3】。

5. 【1】语句允许在基表的一列或者多列上建立索引，最多不超过【2】列。

6. 在查询语句中，"检索所有符合条件的元组"的关键字为【1】，"检索去掉重复值的所有元组"的关键字为【2】，"检索结果为整个元组，并包括所有列"的关键字为【3】。

7. 在条件表达式中，表示"列值为空"的语法为：〈列名〉【1】，表示"列值不为空"的语法为【2】。

8. 在条件表达式中，表示"表达式 1 的值在表达式 2 和表达式 3 的值之间"的语法为：〈表达式 1〉【1】〈表达式 2〉【2】〈表达式 3〉。

9. 在条件表达式中，表示"表达式 1 的值不在表达式 2 和表达式 3 的值之间"的语法为：〈表达式 1〉【1】〈表达式 2〉【2】〈表达式 3〉。

10. 在条件表达式中，表示"表达式的值是目标表列中的一个值"的语法为：〈表达式〉【1】〈目标列表〉；表示"表达式的值不是目标表列中的一个值"的语法为：〈表达式〉【2】〈目标列表〉。

11. 在条件表达式中，表示"列值是包含在字符串中"的语法为：〈列名〉【1】〈'字符串'〉。表示"列值不是包含在字符串中"的语法为：〈列名〉【2】〈'字符串'〉。在字符串中可以使用通配符，【3】表示任意一个字符，【4】表示任意一串字符。

12. 如果某列作为表的关键字，应该定义该列为【1】。

13. 在查询中，如果算术表达式中任一运算分量为空值，则表达式的值为【1】。

14. 【1】语句允许在基表的一列或者多列上建立索引，最多不超过【2】列。

15. 使用【1】语句可删除基表上建立的索引。

16. 在 WHERE 后的表达式中出现另一个查询，将该查询称为【1】，它的结果一般作为要查询的值的集合，即子查询出现在关键字【2】后。

17. 在子查询中除了使用"IN"外，还常常使用存在量词【1】，语法为：【2】，其含义是：【3】。

18. 如在建立视图时用了【1】、【2】、【3】或【4】，则不能对视图进行插入、删除和更新。

二、判断题

1. 在 SQL 中，如果算术表达式中任一运算分量为空值，则表达式的值为空值。【1】

2. 如果在目标表中有内部函数，则目标表中的所有项都应该是内部函数。【1】

3. SQL 语言中没有专门的连接语句，多表查询也是直接通过 SELECT 语句完成的。【1】

4. 在子查询嵌套的情况下，执行时先得到最外层的查询结果，逐层向内求值，最后得到要查询的值。【1】

5. SQL 中进行插入、删除和更新操作都是对单个表进行的，这些操作不能同时在多个表上进行，这样可能会破坏数据完整性。【1】

6. 如果视图中的列是使用内部函数定义的，该列名不能在查询条件中出现，也不能作为内部函数的参数。【1】

7. 用 GROUP BY 定义的视图不能进行多表查询。【1】

8. 在向视图插入操作时，系统不检查插入值是否满足视图定义。【1】

9. 视图可以删除，此时视图的定义从数据字典中删除，由此视图导出的其他视图也将自动删除。【1】

10. 视图从一个或几个基本表导出，若导出此视图的基本表删除了，则此视图也将自动删除。【1】

三、单项选择题

1. 在 SQL 查询 GROUP BY 语句用于_____。

A. 选择行条件　　　B. 对查询进行排序　　C. 列表　　D. 分组

2. 当两个子查询的结果_____时，可以进行并、交、差运算。

A. 结构完全一致　　　　　　　　　　B. 结构完全不一致

C. 结构部分一致　　　　　　　　　　D. 主键一致

3. SQL 中创建基本表应使用语句_____。

A. CREATE SCHEMA　　　　　　　　B. CREATE TABLE

C.　CREATE VIEW　　　　　　　　　D.　CREATE DATABASE

4. 关系代数中的 σ 运算对应 SELECT 语句中的子句_____。

A.　SELECT　　　　　B.　FROM　　　　　C.　WHERE　　　D.　GROUPBY

5. 关系代数中的 Π 运算对应 SELECT 语句中的子句_____。

A.　SELECT　　　　　B.　FROM　　　　　C.　WHERE　　　D.　GROUPBY

6. SELECT 语句中与 HAVING 子句同时使用的是子句_____。

A.　ORDER BY　　　　B.　WHERE　　　　C.　GROUP BY　　D.　无需配合

四、多项选择题

1. SQL 是一种 A 语言，集 B 功能于一体，SQL 查询语言的一种典型类型是：_____

Select $X_1, X_2 \cdots , X_n$

From $A_1, A_2, \cdots , A_m$

Where F

其中 X_i（$i=1,2,\cdots , n$）、A_j($j=1,2,\cdots , m$)、F 分别是 C。

设关系模式 SCG(S#, C#, grade) 中 S# 为学生学号，C# 为课程号，grade 为某学生学某课程的考试成绩。现要查询每门课程的平均成绩，且要求查询的结果按平均成绩升序排列，平均成绩相同时，按课程号降序排列，则用 SQL 查询语言应为 D。若查询的结果仅限于平均分数超过 80 分的，则应 E。

供选择的答案

A：① 高级算法② 人工智能③ 关系数据库④ 函数型

B：① 数据定义、数据操作、数据安全

　　② 数据完整性、数据安全、数据并发控制

　　③ 数据定义、数据操作、数据控制

　　④ 数据查询、数据更新、数据输入输出

C：① 基本表名、目标表名、逻辑表达式

　　② 基本表名、目标表名、数值表达式

　　③ 目标表名、基本表名、逻辑表达式

　　④ 目标表名、基本表名、数值表达式

D：① Select C#, AVG(grade)

　　② Select C#, AVG(grade)

From SCG

Group by grade Group by C#

Order by 2,C#Desc

　　③ Select C#, AVG(grade)

from SCG

group by C#

order by AVG(grade),C# Desc

　　④ Select C#, AVG(grade)

From SCG

Where C#, AVG Desc Group by AVG(grade)

Group by grade Order by 2,C#Desc

① 在 Group 子名的下一行加入 "Having AVG(grade)≥80"

② 在 Group 子名的下一行加入 "Having AVG(*)≥80"

③ 在 Group 子名的下一行加入 "Where AVG(grade) ≥80"

④ 在 Group 子名的下一行加入 "Where AVG(*)≥80"

2. 有关视图，下面说法正确的是＿＿＿＿。

A. 如果视图中的列是使用内部函数定义的，该列名不能在查询条件中出现，也不能作为内部函数的参数

B. 用 GROUP BY 定义的视图不能进行多表查询

C. 在向视图插入操作时，系统不检查插入值是否满足视图定义

D. 视图可以删除，此时视图的定义从数据字典中删除，由此视图导出的其他视图也将自动删除

3. CREATE VIEW 语句中不说明列名表时，列名由 SELECT 语句确定。一般来说，在以下几种情况下应有列名表＿＿＿＿。

A. 列名表应该包含视图中所有的列名

B. 视图中的字段名与导出表不同

C. 目标表中含有多表联接的联接字段名

D. SELECT 的目标表中有内部函数或表达式

4. 有关视图的优点，下面正确的是＿＿＿＿。

A. 简化了用户的数据结构

B. 视图提供了一定的逻辑数据独立性

C. 视图机制提供了自动安全保护功能

D. 简化了用户的查询操作

5. 对视图的操作叙述正确的是＿＿＿＿。

A. 对基表的任何查询形式对视图同样有效，不受任何限制

B. 在向视图插入操作时，系统不检查插入值是否满足视图定义

C. 如在建立视图时用了联接、分组、DISTINCT 或内部函数，则不能对视图进行插入、删除和更新

D. 视图中的列是由表达式经计算表示的，此视图可以执行 UPDATE 和 INSERT，但不能执行 DELETE 操作

五、综合题

1. 分别用关系代数及 SQL 语言完成以下操作（J1 为工程号 jno，P1 为零件号 pno，qty 为供应量）：

（1）求供应工程 J1 零件的单位号码 SNO。

（2）求供应工程 J1 零件 P1 的单位号码 SNO。

（3）求供应工程 J1 零件为红色的单位号码 SNO。

供应商表 S：（sno，sname，status，city）

零件表 P：(pno，pname，color，weight)

供应商供应零件表 SPJ(sno，pno，jno，qty)

2. 对于上题中的 3 个表用 SQL 语言完成以下操作：

（1）给出与 S1 在同一城市的 SNO。

（2）给出至少供应了一种 S2 供应的零件的 SNO。

（3）给出供应全部零件的 SNAME。

（4）给出供应商总数。

（5）给出供应的每种零件的总数量及相应的零件号，结果存入数据库中。

（6）给出由一个以上供应商供应的零件的零件号。

3．有以下 3 个关系，如图 6-22 所示。

Salesperson(销售人员)

Name	Age	Salary
Abel	63	120000
Baker	38	42000
Jones	26	36000
Murphy	42	50000
Zenith	59	118000
Kobad	27	34000

Order（订单）

Number	CustName	SalespersonName	Amount
100	Abernathy Construction	Zenith	560
200	Abernathy Construction	Jones	1800
300	Manchester Lumber	Abel	480
400	Amalgamated Housing	Abel	2500
500	Abernathy Construction	Murphy	6000
600	Tri-city Builders	Abel	700
700	Manchester　Lumber	Jones	150

Customer(顾客)

Name	City	Industry Type
Abernathy Construction	Willow	B
Manchester Lumber	Manchester	F
Tri-city Builders	Memphis	B
Amalgamated Housing	Memphis	B

图 6-22　关系图

（1）显示所有 Saleperson 的 Ages 和 Salary。

（2）显示所有 Saleperson 的 Ages 和 Salary 但是去掉重复的行。

（3）显示所有 30 岁以下的 Saleperson。

（4）显示所有的和 Abernathy Construction 有订单的 Saleperson。

（5）显示所有的和 Abernathy Construction 没有订单的 Saleperson，按工资的升序进行排列。

（6）计算订单的数量。

（7）计算有订单的客户的数量。

（8）计算 Saleperson 的平均年龄。

（9）显示年龄最大的 Saleperson 的年龄。

（10）计算每一个 Saleperson 的订单数。

（11）计算每一个 Saleperson 的订单数，结果只包括订单数量在 500 个以上的。

（12）显示所有的和 Abernathy Construction 有订单的 Saleperson 的年龄和姓名，按年龄的降序进行排列（使用子查询）。

（13）显示所有的和 Abernathy Construction 有订单的 Saleperson 的年龄和姓名，按年龄的降序进行排列（使用连接）。

（14）显示和在 Memphis 中的一个客户有订单的 Saleperson 的年龄（使用子查询）。

（15）显示和在 Memphis 中的一个客户有订单的 Saleperson 的年龄（使用连接）。

（16）显示和在 Memphis 中的所有公司的工业类型和公司所有销售人员的年龄。

（17）显示有两个或两个以上订单的销售人员的姓名。

（18）显示有两个或两个以上订单的销售人员的姓名和年龄。

（19）显示所有和客户有订单的销售人员的姓名。

（20）写出在 Customer 表中添加一条记录的 SQL 语句。

（21）写出在 Salesperson 表中添加一条记录的 SQL 语句，已知年龄和姓名，工资未知。

（22）写出删除客户 Abernathy Construction 的 SQL 语句。

（23）写出删除客户 Abernathy Construction 的所有订单的 SQL 语句。

（24）写出将销售人员 Jones 的工资改成 45000 的 SQL 语句。

（25）写出将所有的销售人员的工资加 10%的 SQL 语句。

（26）假设销售人员 Jones 的名字改成 Parks，写出对应的 SQL 语句。

第7章
窗体设计

【本章提要】

窗体（Form）是用户与 Access 应用程序之间的主要接口，前面的章节已经介绍了建立数据库、数据表及查询的方法，任何形式的窗体都是建立在数据表或查询的基础上。本章介绍窗体的用途和特征、创建窗体的各种方法以及如何修饰窗体。

7.1　认识数据输入的窗体

【提要】本节介绍 Access 数据库的窗体结构和窗体种类。

在 Access 数据库中，窗体提供了非常便捷的方法来编辑数据，有时我们也称窗体为表单。窗体可以一次查阅一条、多条记录以及部分或全部的字段。

窗体可以作为输入和输出的界面，也可以将窗体直接打印出来，作为输出报表。在窗体中，可以有文字、图形和图像，还可以播放声音和视频等。

在窗体中，可以一次看到所有的字段（至少可以看到添满屏幕的字段）。也可以用窗体来为每条记录建立多页的屏幕。窗体可以各种格式化的形式来查阅数据，输入、更改和删除数据，还可以打印用户已经建立的窗体。

窗体中的数据来源可以包含一个或者多个数据表的数据。通过使用称为控件的图形对象，可以在窗体和窗体的数据来源之间创建链接。用于显示和输入数据的最常用的控件是义本框。

7.1.1　窗体的结构

我们已经知道，数据表和查询都有两种视图："数据表"视图和"设计"视图。窗体有 3 种视图："设计"视图、"窗体"视图以及"数据表"视图。

要创建一个窗体，可以在"设计"视图中完成。在"设计"视图中创建窗体后，就可以"设计"视图或"数据表"视图的方式进行查看。

在窗体的"设计"视图中可以看到，窗体由窗体页眉、页面页眉、主体、页面页脚和窗体页脚等部分组成，每一部分又称为一个"节"，如图 7-1 所示。

窗体页眉显示在窗体的最上方，其次是页面页眉、主体、页面页脚和窗体页脚。在"窗体"视图中，只能看到窗体页眉和窗体页脚，不能看到页面页眉和页面页脚，它们只显示在打

图 7-1　窗体中"主体"

印页中。

在"窗体"视图中，可以看到窗体由 3 个部分组成：页眉、主体和页脚。在页眉中显示的信息不随记录的改变而发生变化。页脚显示在窗体的下端，通常显示记录定位框，并在定位框内显示当前记录号。显示的基表或查询中的信息放在窗体中间的主体中。在主体中，可以移动垂直滚动条以查看不同记录信息。

7.1.2 窗体的种类

Access 2000 可以建立如下 4 种基本的窗体。

（1）纵栏表窗体（也叫全屏幕窗体）；

（2）表格式窗体；

（3）数据表窗体；

（4）图表窗体。

图 7-2 所示的是一个纵栏表窗体。窗体可以占有一个或多个屏幕页。这种窗体一般是用来模拟数据的硬拷贝输入，因为其中的字段可以被随意安排。

图 7-3 所示的是一个表格式窗体。在表格式窗体中，用户可以一次看到多条记录。

图 7-2　纵栏表窗体

图 7-3　表格式窗体

图 7-4 所示的是一个数据表窗体。该种窗体常常是用来显示一对多关系的。数据表窗体分为主窗体和子窗体两个部分，其中主窗体用来显示主数据表中的一个记录，而子窗体则用来显示该记录在相关表中的相关记录。

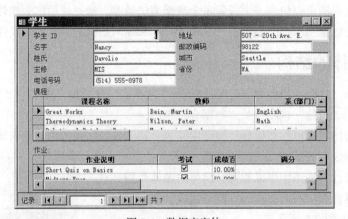

图 7-4　数据表窗体

图 7-5 所示的是一个图表窗体（也叫数据透视窗体）。图表窗体能够将数据显示成形象、直观的商业图表，如柱图、饼图和折线图等。

图 7-5　图表窗体

7.2　窗体的用途

【提要】本节主要介绍窗体的用途。

使用窗体可以显示和编辑数据，也可以在窗体中设置选项，定义数据的安全性，计算要显示的值，显示或隐藏数据等。具体来说，窗体的用途如下。

● 窗体可以接收来自键盘或者外部数据库的数据输入。

● 可以把选择按钮、复选框或弹出式列表框加到窗体中。

● 可以增加直线、框、颜色和统计的图表。

● 可以在窗体中加入计算的字段。

● 在窗体中可以加入各种控制按钮，驱动事先设定的宏（Macro）或调用事先编写的 VBA 程序代码。

● 在窗体中可以引入 OLE 对象，如照片、声音和动画等。

● 在窗体中还可以打印用户所需要的信息。

7.3　建　立　窗　体

【提要】本节介绍使用窗体"设计"视图来创建窗体的操作步骤。

在 Access 数据库中，用户可以使用"窗体向导"来创建窗体，或使用窗体"设计"视图来创建和修改窗体。"窗体向导"能加快窗体的创建过程。使用"窗体向导"时，Access 数据库会提示输入有关信息，并根据用户的输入创建出相应的窗体。即使用户已经具有创建窗体的经验，仍然可以在创建窗体时先使用"窗体向导"来加快布局控件的速度，然后再切换到"设计"视图中作进一步的调整。

用户也可以使用"设计视图"创建窗体。操作步骤如下。

（1）在"数据库"窗口中，选择"窗体"选项卡。

（2）单击"新建"按钮。

（3）在"新建窗体"对话框中，选择"设计视图"选项。

（4）单击需要作为窗体数据来源的表或查询的名称。如果该窗体不包含数据（例如，用做开关面板以打开其他窗体或报表的窗体，或者自定义对话框），则不需要从该列表中选择任何内容。

如果要创建一个使用多表数据的窗体，可以将包含这些表的一个查询作为窗体的数据来源。

（5）单击"确定"按钮。

（6）在"设计"视图中添加和设置各种控件。有必要的话，用户还可以编写 VBA 程序代码（内含模块）。

实际上，用户也可以直接从窗体的对象列表框中双击"使用设计器创建窗体"来直接打开窗体的"设计"视图。

7.4 窗体窗口介绍

【提要】窗体（Form）窗口很像数据工作表窗体。在窗体窗口的顶端有标题栏、菜单和工具栏。在窗体窗口的中央是一次显示一条记录的数据输入窗体窗口。本节主要介绍其中的窗体工具栏、属性菜单及工具箱的内容和用法。

7.4.1 窗体的工具栏

图 7-6 为窗体"视图"窗体中的工具栏，它提供了另一种在数据表视图和其他 Access 数据库对象中切换的方法。工具栏上除了用户熟悉的图标按钮外，还有一些新的按钮。

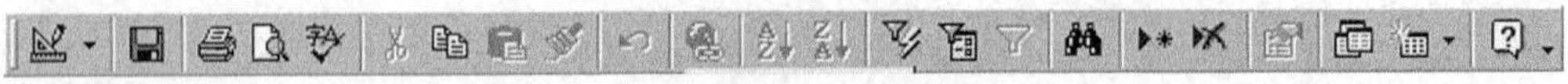

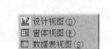

图 7-6　窗体"视图"窗体的工具栏

左边第一个按钮是"视图"按钮，使用该按钮可以在窗体"设计视图"、"窗体视图"和"数据表视图"间切换（见图 7-7）。"打印预览"按钮可以在屏幕上查看所打印出来的窗体的样式。"查找"图标按钮是一个望远镜。用户一旦选择该按钮，就会显示一个"查找"对话框，通过该对话框可以查找特定字段中的特定值。

图 7-7　视图按钮的列表

工具栏的中间还有 3 个按钮，从左到右依次是："按所选内容筛选"按钮、"按窗体筛选"按钮和"应用筛选"按钮。采用这些按钮可以让用户只处理所选择的记录，并且能够对记录进行排序。

在"查找"按钮旁边有"新添记录"和"删除记录"两个按钮。

7.4.2 窗体弹出式菜单

用户可以在"窗体视图"窗体上单击鼠标右键，这时就会弹出一个菜单，如图 7-8 所示。这一部分的有关内容在后面做详细的说明。

图 7-8　窗体的弹出式菜单

7.4.3　"设计视图"窗体中的工具箱

在工具箱中，包含许多用于窗体设计的控件，用户可以引用控件来设计自己的窗体。打开或关闭的方法是在窗体"设计"视图中单击工具栏上的"工具箱"按钮。

除了上述的方法外，用户还可以从"视图"菜单中选取"工具栏"选项，然后选择"自定义"选项，这时会出现"自定义"对话框（见图 7-9），用户可以从中找到"工具箱"这一项，选中此复选框，单击"关闭"按钮，窗体"设计视图"上就会出现"工具箱"窗体，如图 7-10 所示。

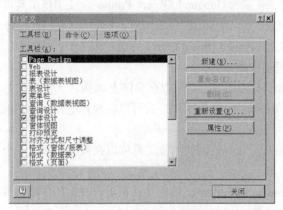

图 7-9　"自定义"对话框

图 7-10　"工具箱"窗体

工具箱是窗体设计的核心。在工具箱中包含有如下几种工具。

● 箭头工具（Pointer）。可以用它来选择菜单中的命令，以及对窗体中的控件对象进行选择、移动、放大缩小和编辑。

● 控件向导工具（Wizard）。该按钮被按下后，创建控件时系统将自动启动控件向导工具，帮助用户快速地设计控件。

● 标签工具（Label）。使用该工具可以产生一个标签控件，用来显示一些固定的文本提示信息。

● ab| 文本工具（Text）。使用该工具可以产生一个文本控件，用来输入或显示文本信息。

● 选项组工具（Option Group）。使用该工具可以产生一个选项组控件，用来建立含有一组开关按钮或单选按钮的控制框。

● 切换按钮工具。该按钮可以用于作为结合到"是/否"字段的独立控件，或作为接收用户自定义对话框中输入数据的非结合控件，或者作为选项组的一部分。

● 单选按钮工具（Option Button）。使用该工具可以建立一个单选按钮，用户可以把它放在选项组中使用。该按钮只能从多个值中选择一个。

● 复选框按钮工具（Check Box）。通过该工具可以建立一个复选按钮，用户可以在选项组中使用。该按钮可以从多个值中选择一个，也可以选择多个，甚至可以不选。

● 组合框工具（Combo Box）。使用该工具可以建立一个组合框，用户可以建立含有列表和文本框的组合框控件，可以从列表中选择值或者直接在框中键入一个值。

- 圖列表框按钮（List Box）。使用该工具可以建立一个列表控件，可以在列表中选择一个值。

- 圖图表工具（Graph）。使用该工具可以向窗体中添加图表对象，把该工具放在窗体上可激活图表向导，以帮助用户设计图表。

- ▢选项卡控件工具。用于创建一个多页的选项卡对话框。可以在选项卡控件上复制或者添加其他控件。

- 圖子窗体工具（Subform/Subreport）。使用该工具可以在当前的窗体中嵌入另一个窗体。

- 圖非限定对象框架工具（Unbound Object Frame）。使用该工具可以在窗体中添加一个来自支持 OLE（对象链接与嵌入）的应用程序的对象，该对象不是来自基表中的数据。

- 圖限定对话框工具（Bound Object Frame）。通过该工具，用户可以在窗体中添加一个 OLE 对象，但该对象来自于基表中的数据。

- ╲画线工具（Line）。使用该工具可以在窗体上画线。

- ▢画矩形工具（Rectangle）。使用该工具可以在窗体上画矩形，该矩形可以被设置为实心或空心。

- 圖页分割工具（Page Break）。使用该工具可以在窗体中加入一个页分割记号，以表示表单的下一页的开始。

- ▢命令按钮（Command Button）。使用该工具可以在窗体中添加各种命令按钮，用来执行各种命令，激活宏和基本函数。

- ✖其他控件按钮。用于在窗体中添加已经注册的 ActiveX 控件。

7.5 窗体属性、控件属性及节的属性

【提要】本节简单介绍窗体属性和控件属性概念。

在 Access 数据库中，属性用于决定数据表、查询、字段、窗体及报表的特性。窗体或报表中的每一个控件也都具有各自的属性。

窗体属性（Form Properties）中所设置的值作用于窗体整个外在表现形式。控件属性（Control Properties）决定控件的结构、外观和行为，包括它所包含的文本或数据的特性。节的属性（Select Properties）用来决定细节的外在表现形式。每个节的头和脚注通常是成对出现，但可以独立使用。设置属性的具体过程如下。

（1）在窗体"设计"视图中打开窗体。

（2）选择以下操作：

① 如果要为窗体设置属性，双击"窗体选定按钮"，打开窗体的属性表；

② 如果要为窗体的节设置属性，双击"节选定按钮"，打开节属性表；

③ 如果要为控件设置属性，选定该控件，然后单击工具栏上的"属性"按钮，或者双击控件，以打开控件属性表。

（3）在属性表中，单击要设置的属性，然后选择以下操作。

如果属性框中显示有箭头，则单击该箭头并从列表中选择一个数值。也可以在属性框中直接键入一个设置值或表达式。

如果属性框旁显示"生成器"按钮▨，单击该按钮以显示一个生成器或显示一个可用以选择生成器的对话框。例如，使用查询生成器可以更改对窗体或报表基础查询的设计。

（4）如果需要更多的空间来输入或编辑属性设置，可以同时按下 Shift +F2 组合键（或按鼠标右键并单击"显示比例"按钮）以打开"显示比例"对话框，如图 7-11 所示。

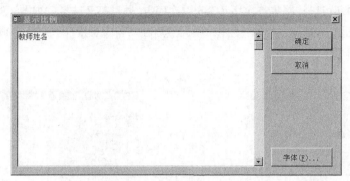

图 7-11　"显示比例"对话框

7.6　将图片或其他 OLE 对象添加到窗体中

【提要】本节简单介绍向窗体中添加 OLE 对象的操作。

用户可以将由其他应用程序创建的对象或对象的一部分添加到 Access 数据库的窗体中。例如，用 Microsoft Paint 创建的图片，用 Microsoft Excel 创建的工作表等。

如何添加图片或对象将取决于窗体上控件对象的类型（结合型控件对象和非结合型控件对象）。结合型控件对象将存储在数据表中，在移动记录指针时，显示在窗体中的对象就会发生更改；而非结合型控件对象将存储在窗体的设计中，移动到新记录时，对象不会发生更改。

用户可以用两种方法将 OLE 对象字段输入到窗体的字段中：一种方法是从剪贴板粘贴；另一种方法是在"插入"菜单中选择"对象"选项。

7.7　定制窗体的外观

【提要】通常，一个设计良好的窗体应该简单明了、布局整齐，既可以使用户感觉界面友好，还可以减少用户在输入数据时可能出现的错误，因此定制窗体的外观是非常必要的。本节介绍了定制窗体外观的一些基本操作，如设置窗体属性和控件属性等内容。

7.7.1　文本

Access 数据库中包含两类字体：衬线字体（Serif Font）和无衬线字体（Sans Serif Font）。各种字体都有各种型号的大小，以点表示。每种字体都可以设置 3 种风格：粗体、斜体和下画线。用户可以根据需要选择或修改文本的字体、尺寸及风格。

7.7.2　设置窗体属性

当第一次打开窗体时，用户所看到的窗体一般处于单一视图方式，可以根据需要修改窗体属性表中的默认视图属性项。处于单一视图方式的窗体在屏幕上一次只能显示一条记录，而处于连续视图的窗体在屏幕上可以显示多条记录。图 7-12 就是窗体属性中的默认视图属性。

用户可以根据自己的实际情况来设定窗体是否只读、是否编辑或是否可录入数据。

在窗体设计中还可以控制焦点次序（Tab 键次序），通过打开选择"视图"菜单中的"Tab 键次序"对话框（见图 7-13），选择"主体"项，然后在"自定义次序"列表中调整字段的排列顺序到合适的位置即可。

图 7-12　窗体属性中的默认视图属性

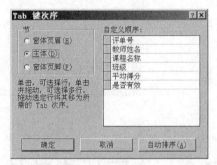

图 7-13　设置"Tab 键次序"对话框

当需要在已经完成的窗体中修改基表或者加入一个新表，就得修改属性表格中的"控件来源"属性项。例如用户需要加入另一个数据表中的某些字段，就应该先生成一个基于当前基表和新表的查询，然后把"数据来源"设置成这个查询的名称。

7.7.3　在窗体中添加当前日期和时间

在窗体中添加当前日期和时间的具体操作如下。

（1）在窗体"设计"视图中打开相应的窗体。

（2）单击"插入"菜单中的"日期和时间"命令。

（3）如果要添加日期，请选中"包含日期"复选框，然后再单击相应的日期格式选项。

（4）如果要添加时间，请选中"包含时间"复选框，然后再单击相应的时间格式选项。

Access 将会在窗体上添加一个文本框并将其"控件来源"属性设置为表达式。如果窗体或报表中含有页眉，Access 则将该文本框添加到页眉所在的节，否则，该文本框将添加到主题节。

7.7.4　设置控件属性

用户可以通过设置控件属性来确定该控件的结构和表现形式，以及控件中文本的属性。

1. 更改控件的类型

更改控件的类型，具体操作如下。

（1）在"设计"视图中打开相应的窗体。

（2）单击要更改的控件，单击鼠标右键。

（3）在下拉式菜单中，选择"更改为"选项。

（4）单击要更改的控件类型。

将控件更改为另一种类型时，Access 将从原来的控件中，将相应的属性设置复制到新的控件中。如果原来控件存在的属性不适合于新的控件，Access 将不会复制此属性。

2. 指定控件的默认值

指定控件的默认值的具体过程如下。

（1）在窗体"设计"视图中，打开相应的窗体。

（2）请确保选定了控件，然后单击工具栏上的"属性"按钮打开控件的属性表。

（3）在"默认值"属性框中，键入相应的默认值，例如"New York"，或键入表达式，例如"=Date()"。如果需要创建表达式，可以单击"生成器"按钮来打开表达式生成器。

3. 设置字段输入控件的"行来源类型"及"行来源"属性

有些数据输入控件（如列表框、组合框或复选框），通过为控件指定行来源类型和行来源，设置默认的选项（或选项列表）作为可供选择的输入值。具体过程如下。

（1）在窗体"设计"视图中，选中要设置行来源类型和行来源的控件。

（2）打开控件的属性窗体，在"数据"选项卡中选定"行来源类型"。"行来源类型"有 3 种，它们分别是"表/查询"、"值列表"和"字段列表"。

（3）在"数据"选项卡中选定"行来源"。"行来源"可以是一个数据表的值，也可以是单输入的几个数值，还可以是一个查询，甚至是一个数据表的属性名列表。

（4）选择"结合型列"属性。当行来源有多个列时，用户要选择列号，确定哪一列数值作为控件的默认选项列。

（5）选定"限于列表"属性（是/否）。如果输入控件输入的数值全部在"行来源"列表中，则该属性设为"是"，否则为"否"。

4. 为控件设置提示行

当用户在窗体中选中某一个控件时，如果能够在窗体底部给出该控件的提示信息，就可以对该控件的作用有更清楚的了解。在窗体的"设计视图"中单击待设置的控件，打开该控件的属性表，然后在"状态栏文本"中添上需要提示的信息。在这个属性中最多可以写 255 个字符。

5. 设置滚动条

在文本框中可以输入或显示文本和数值，但多数情况下用户无法确定文本框中文本的大小，可能是单行也可能是多行。如果用户在文本框中设置一个滚动条，就可以非常方便地看到所有的文本信息。

7.8　使用计算性表达式

【提要】本节介绍窗体设计中计算字段的实现方法和计算性表达式的表达形式。

如果用户需要在窗体中添加由计算或统计得到的值，可以使用计算性表达式。因为表达式的结果不是存储到数据表中，所以每次查阅窗体时，都要计算该表达式。

表达式是由操作符、常量、字段名、控件名以及函数组成。表 7-1 中的表达式为常见的几种形式。

表 7-1 表达式常见形式及其含义

表　达　式	含　义
=[Unit Price]*1.03	Unit Price 乘以 1.03
=[Subtotal]+[Freight]	把 Subtotal 中的值与 Freight 的值相加
=Data()	返回当前系统日期
=Sum（Freight）/（[Order Amount]）　+[Freight]	求比例
=[First Name]&'''&[Last Name]	First Name 加空格加 Last Name，组成全名

如果在控件属性表格中待输入的表达式比表格实际输入区域长得多，就可以在 Zoom 框中输入该表达式。如果需要打开 Zoom 框，可以将光标放在待输入表达式的地方，按 Shift+F2 组合键。

当用户在待输入表达式的地方输入表达式后，Access 数据库经常会插入某些字段。根据所键入的表达式，系统会自动插入以下的字符。

- 括号（[ ]）。放置在窗体、报表、字段或者其他对象的名称周围。
- 数码记号（ # ）。放在日期两边。
- 引号（" "）。放在文本两边。

1. 在窗体中加入页号

当需要打印的窗体有多页时，用户最好在窗体中加上页号。

首先，在窗体中放置一个"文本"控件。设置其中的文本输入框"控件来源"属性为"=Page"。接下来单击工具条的"窗体视图"按钮，就可以看到显示的页号。

2. 打印当前日期

可以把控件的"默认值"属性设置成"=Data()"或"=Now()"。Data 函数返回当前计算机系统时钟的日期值，而 Now 函数返回当前的日期和时钟。

3. 文本组合

如果在某个控件内要显示若干个字段文本，把它们作为一个整体显示，则可以把这些文本用 & 符号组合起来。例如一个雇员的全名可以这样表示：=[First Name]& ""&[Last Name]。

4. 计算数学表达式

可以使用数学表达式对字段或者控件中的值进行加、减、乘和除等运算。

7.9 在窗体中使用宏

【提要】本节简单介绍窗体中事件的机理及宏对象的应用。

通过把宏挂接在窗体或控件上，就可以根据所发生的事件做出相应的一串动作。在窗体中，使用宏可以使数据库的各个对象在窗体中紧密地结合在一起。

1. 窗体中事件的触发

当使用窗体时，Access 可以识别窗体中所发生的一些事情，称为事件（Event）。要使窗体对这些事件有所反应，首先应该在宏设计窗体中设计当事件发生时所应采取的动作，把这些动作放入一个宏中。接下来是指明发生事件的窗体或控件。在窗体或者控件的属性表中，把宏挂接到合适的属性中。比如要设计一个命令按钮，要求点中它后就会打开某个特定的窗体。

2. 同步显示两个窗体

在实际的工作中，我们有时候需要同时在两个窗体中查阅数据。比如在查阅客户（Customers）窗体时，还想查阅订单（Orders）窗体中当前顾客的相关的一些订单。在设计同步窗体时，必须事先确定好两个窗体中哪一个是主控窗体。在本例中，控制窗体为 Customers 窗体。可以将预先设计好的宏挂接到该窗体上。这个宏的功能就是打开 Orders 窗体，并确定显示哪些订单。

7.10 设 置 值

【提要】本节介绍窗体设计中的一些基本操作内容，如控件值的设置、记录的查找、提示信息的显示、利用宏导入/导出数据及菜单设计等。

利用宏来设置控件中的值，可以使数据输入更容易、更准确，常见的使用宏来设置值的情况有以下几种。

使一个窗体中某个控件的值等于另一个窗体中的某个控件的值。该种情形在同步窗体中应用较多。

根据其他控件设置当前控件的值。在进行界面操作时，往往会出现一个控件的特性确定了另一个控件的特性的情况。例如在"课堂教学质量评价系统"的评单输入界面上，选定了"年级"（如 98）之后，则班级控件的行来源中应该只出现 98 级的班级名称。

可以设定窗体中控件的属性，包括是否可见、是否有效、是否锁定等。也可以设置窗体属性，包括是否可见等。

7.10.1 改变当前的控件焦点、页号和记录号

在窗体中用户可以增加这样一个功能，能够很快地定位控件焦点、页号或者记录号。Access 数据库提供了 3 种类型的动作用于这类操作。

（1）Go To Control：移向指定的控件。只要在 Item 参数中放上控件名称即可。

（2）Go To Page：移到指定的页，并把控件焦点放在该页的第一个控件上。

（3）Go To Record：移到指定的记录上。

7.10.2 查找记录

数据库中使用最多的一项功能是记录的查找。能很方便地定位所要查找的记录，对数据库设计来说是很重要的。例如在一个组合框的列表中选择一个公司名以快速查找。

7.10.3 显示提示信息

在实际应用中，还会涉及一些消息框，用来提示用户发生了某些事件。如提示用户输入或者提示某个操作已经完成等，可以用宏或 VBA 代码来实现这一要求。

例如，在"教学质量评价系统"中，如果数据较多，进行数据汇总时，需要等待一会儿，当看到一个"提示信息"对话框（见图 7-14）后表明数据汇总完毕。

图 7-14 "提示信息"对话框

7.10.4 打印窗体

前面我们已经讲过，可以在"文件"菜单中选择"打印"命令来实现打印功能。如果"打印"对话框中的选项可以是不变的，用户就可以利用宏来实现打印过程的自动化。

宏的打印动作可以打印打开的窗体、数据表或者查询。打印动作参数包括了"打印"对话框中的各个选项。

7.10.5 利用宏来引入和导出数据

如果用户需要定期查询其他数据库应用程序中的数据，或者需要定期把汇总数据导出到某种固定形式的文件中，利用宏来实现自动引入或导出数据是一个非常简单适用的方法。

Access 数据库提供了 3 种传输数据的动作。

（1）Transfer Database：用于从另一个 Access、dBase、FoxBase 或 SQL 等数据库中导出或引

入数据。

（2）Transfer Spreadsheet：用于从 Excel 和 Lotus 电子表格文件中引入数据，或者把当前的 Access 数据库中的数据导出到电子表格文件中。

（3）Transfer Text：用于从文本文件中引入数据或者把当前 Access 数据库中的数据导出到文本文件中。

7.10.6　设计菜单

为了使我们设计的数据库更接近一个数据库应用程序，还需要在窗体中添加菜单条。菜单由菜单条和下拉式菜单组成，在窗体中定制一个菜单，一般需要下列三方面内容。

（1）生成一个宏。它是由几个宏组组成，每个宏组定义一个下拉式菜单及其中的命令。

（2）生成菜单条宏。这个宏只包含 AddMenu 动作，用来定义菜单条。

（3）在窗体中挂接菜单条。窗体的属性表格中有一项 OnMenu 属性用来放置菜单条宏的名称。

1. 定义下拉式菜单以及其中的命令

首先生成一个宏，在其中放置若干条命令，由于 Access 数据库把宏名表中的名称当作菜单中的命令名称，选择某条菜单命令时，所运行的是该宏中所对应的一个动作集合。宏窗体中的目录列表中的注释信息在显示菜单时出现在状态条中作为该命令的提示信息。

Access 数据库还提供用来选取菜单命令的快捷键的方法。该方法就是在宏名称的某个字符前加上"&"符号，如&Close。

如果需要把菜单中的命令分成几个部分，则需要在里面加上横线。要实现这一点，只需在宏定义的适当位置插入一个名为-（短线）的特殊宏。使用这种方法，可以对相关的命令进行分组。

2. 创建菜单条

首先创建一个宏，为每个下拉式菜单添加一个 AddMenu 动作。在 AddMenu 动作中有三个参数，菜单名是显示在菜单条中的命令名称，如文件；菜单宏名是用来定义下拉式菜单宏的名称，如文件菜单；状态文本是指选中该命令条时，状态行所要显示的帮助信息。

可以在菜单参数中放置"&"符号，以用来定义快捷键。

3. 在窗体中挂接菜单条

当下拉式菜单和菜单条已经完成后，就可以将已经作好的菜单条挂接到窗体中。具体的操作步骤如下。

（1）打开待挂接菜单条的"设计"窗体。

（2）打开属性窗体。如果没有打开，可以单击工具条中的属性按钮。

（3）选择"编辑"菜单中的"选择窗体"选项。此时属性窗体中显示的是窗体属性。

（4）把 OnMenu 设置成 MyMenu，即把定义好的宏挂接到窗体中。

（5）保存并关闭该窗体。重新打开该窗体时，就可以看到该窗体上端有菜单可供选择。

7.11　创建与使用主/子窗体

【提要】本节介绍窗体设计中主/子窗体的实现方法和操作过程。

创建子窗体有两种方法，一种方法是同时创建主窗体和子窗体，即子窗体添加到已有的主窗体中。另一种方法是将已有的窗体添加到另一个窗体，以创建带有子窗体的主窗体。

7.11.1　同时创建主窗体和子窗体

在进行以下过程之前，请确保已正确设置了数据表的关系。

（1）在数据库窗体中，选择"窗体"选项卡，并单击"新建"按钮。

（2）在"新建窗体"对话框中，双击列表中的"窗体向导"选项。

（3）在向导的第一个对话框（见图 7-15）中，从列表中选择数据表或查询。

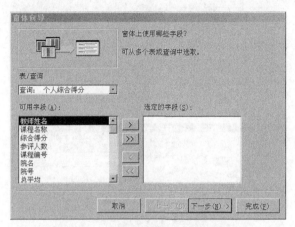

图 7-15　选择"表/查询"及选定字段

（4）双击需要从该数据表或查询中选择的字段。

（5）在图 7-15 中，从列表中选定另一个数据表或查询。如果还要用同一示例，请选定"产品"表（即在"分类"窗体示例中的一对多关系的"多"端）。

（6）双击需要从该数据表或查询中选择的字段。

（7）如果前面已正确设置了关系，单击"下一步"按钮时，会出现一对话框，如图 7-16 所示。

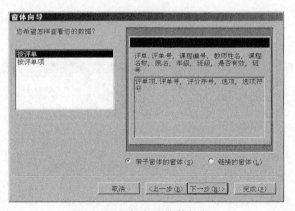

图 7-16　选择主/子窗体的类型

（8）在图 7-16 中，选定"带子窗体的窗体"选项，单击"下一步"按钮。

（9）出现选择子窗体布局对话框（见图 7-17），选择合适布局，单击"下一步"按钮。

（10）在接下来的向导对话框中用户还得选择窗体的样式，选择标准风格后，然后单击"下一步"按钮，出现完成对话框，如图 7-18 所示。

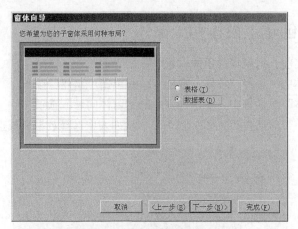

图 7-17　选择子窗体布局对话框

图 7-18　窗体向导完成对话框

（11）单击"完成"按钮后，Access 数据库系统将同时创建两个窗体，一个是主窗体（附带一个子窗体控件），另一个是子窗体，如图 7-19 所示。

图 7-19　设计完成的主/子报表

7.11.2　创建子窗体并将其添加到已有的窗体中

创建子窗体并将其添加到已有的窗体中，其操作步骤如下（进行以下过程之前，请确保已正确设置了表的关系）。

（1）在需要添加子窗体的窗体"设计"视图中，打开相应的窗体。

（2）确保已按下了工具箱中的"控件向导"工具 。

（3）在工具箱中单击"子窗体/子报表"工具 。

（4）在窗体中单击要放置子窗体的位置，选择合适的位置后就出现"子窗体向导"对话框，如图 7-20 所示。

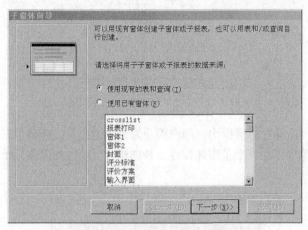

图 7-20 "子窗体向导"对话框

在图 7-20 中，选择"使用现有的表和查询"选项表示使用一个已经存在的表或者查询来建立子窗体，而选择"使用已有窗体"表示直接使用一个已经存在的窗体。

（5）实际上，使用一个已经存在的子窗体作为子窗体的方法非常简单。这里我们选择"使用现有的表和查询"，然后单击"下一步"按钮。

（6）在接下来的向导对话框（见图 7-21）中，选择"查询：个人综合得分"选项并选择其中的所有字段，单击"下一步"按钮。

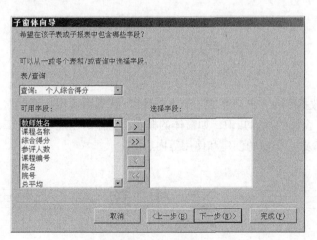

图 7-21 选择字段

（7）在图 7-22 中，选择"从列表中选择"选项并选择"对评单中的每个记录用教师姓名显示个人综合得分"选项。

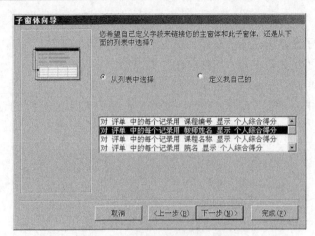

图 7-22　选择主/子窗体连接的字段

（8）在接下来的"向导"对话框中，用户需要为子窗体命名，单击"完成"按钮。Access 数据库将在已有的主窗体中添加一个子窗体控件，并创建一个单独的窗体，子窗体控件用它来显示子窗体。

（9）经过调整修改，得到如图 7-23 所示的设计结果。

图 7-23　设计结果视图

7.12　小　　结

窗体是 Access 数据库中人机交互的一个重要接口，数据的使用与维护大多数都是通过窗体来完成的。本章介绍了窗体的基本知识，如窗体的概念、窗体的创建、控件工具箱的使用、表达式的添加、宏的使用以及主/子窗的创建和使用等内容。

上 机 题

上机目的：掌握四种窗体的设计方法，并能通过窗体正确显示表中的数据学会创建及使用主/子窗体。

上机步骤：

（1）利用在第 4 章"Access 数据库设计"的习题中建立的 3 个数据表，分别建立零件 PART

窗体、报价表 QUATATIONS 窗体和供应商 SUPPLIERS 窗体，要求采用本章所将讲述的创建窗体的不同方法。达到的设计结果如图 7-24～图 7-26 所示。

图 7-24 效果一

图 7-25 效果二

图 7-26 效果三

（2）在学生成绩管理系统中，建立学生个人资料输入窗体和学生成绩输入窗体。

（3）建立学生成绩管理系统的窗体，要求每一个学生都配有照片显示。然后在该窗体中加入学生成绩子窗体。

习　题

一、填空题

1. 窗体（Form）提供了非常便捷的方法来【1】、【2】、【3】和【4】数据，有时我们把窗体称作为【5】。

2. 一般来说，窗体由 3 个部分组成：【1】、【2】和【3】。

3. 在 Access 2000 数据库系统中，用户可以建立四种基本的窗体类型，这四种基本的窗体类型分别是【1】、【2】、【3】和【4】。

4. 数据表窗体常常用来显示【1】关系。它包含【2】和【3】两个部分。

在图 7-27 所示的窗体设计工具栏中，图表按钮 1 表示的是【1】，图表按钮 2 表示的是【2】，图表按钮 3 表示的是【3】，图表按钮 4 表示的是【4】，图表按钮 5 表示的是【5】，图表按钮 6 表示的是【6】。

5.

图 7-27 工具栏图

6. 在 Access 中，【1】用于决定表、查询、字段、窗体及报表的特性。

7. 在窗体设计过程中，经常要使用如下 3 种属性：【1】、【2】和【3】。

8. 在窗体中，对于文本和数值字段，默认的控件类型可以是【1】、【2】或【3】。

9. 在窗体设计过程中，窗体表的数据源在【1】中设置，绑定控件的数据源在【2】中设置。

10. 【1】是数据库中用户和应用程序之间的主要界面，用户对数据库的任何操作都可以通过它来完成。

11. 在窗体上使用的控件可以分为【1】、【2】和计算 3 种类型。

12. 当用户单击命令按钮时，会触发命令按钮的【1】事件。

13. 在窗体设计中，【1】是加入其他应用程序信息最常用的方法。

14. 在 Access 2000 数据库系统中带有一个支持图像的 OLE 对象应用程序，它是由微软公司提供的，英文名为【1】。

15. 对象链接只是在链接对象与【1】之间建立链接关系，而链接对象本身并不保存在宿主文件中。

16. 在 Access 的窗体上，嵌入对象的方式有两种：【1】和【2】。

17. 在窗体中，使用的表达式是由【1】、【2】、【3】、【4】以及【5】组成。

18. 可以在菜单参数中放置【1】符号，以用来定义键盘加速键。

19. 如果在控件属性表格中待输入的表达式比表格实际输入区域长的多，就可以在【1】框中输入该表达式。其快捷键是【2】组合键。

20. 在窗体设计中，如果布局内容较多，一屏范围内安排不下时，可以考虑使用【1】或【2】来处理。

21. 在 Access 程序设计中，要实现一些诸如动态显示等动画效果，一般可以通过设置【1】属性及安排【2】事件代码来实现。

22. 选项卡控件主要用于创建一个【1】的选项卡窗体或选项卡对话框。可以在选项卡控件上复制或添加其他控件。

23. 在创建主/子窗体之前，必须设置【1】之间的关系。

二、判断题

1. 在窗体中可以有文字、图形、图像，还可以播放声音、视频等。【1】

2. 窗体中的数据来源可以包含一个或者多个数据表的数据。【1】

3. 窗体中的每一个控件也都具有各自的属性。【1】

4. 窗体的结合对象存储在数据表中，数据表的当前记录指针移动到新记录时，显示在窗体中的对象就会随着发生更改。【1】

5. 窗体的非结合对象将存储在临时数据表中，临时数据表的当前记录指针移动到新记录时，显示在窗体中的对象就会随着发生更改。【1】

6. 当使用窗体时，可以筛选和指定记录的排序顺序。【1】

7. 在窗体属性中，不能选择多个字段进行排序。【1】

8. 窗体及控件属性的设置只能在窗体设计视图环境下进行，运行状态下不能进行。【1】

9. 对象嵌入后，源对象可以随意修改和删除，并不影响已经嵌入在宿主文件中的对象。【1】

10. 链接对象如果在宿主文件外面，启动支持该对象格式的应用程序对该对象进行删除或修改，会间接地影响宿主文件中链接对象的表现形式。【1】

11. 结合对象框架和非结合对象框架的区别在于对象是否存放在数据库内的某个表中，如果

对象是表中某个字段的一个值，即存放在表中，即为结合对象框架，反之为非结合对象框架。【1】

12. 非结合链接对象与数据库表相链接，它们只是用来改善窗体的显示风格。【1】

13. 可以通过在属性表中修改 Source 对象和 Item 属性来实现链接恢复。【1】

14. 要实现"First Name 加空格加 Last Name 组成全名"使用的表达式为_____。
=[First Name]& " " &[Last Name]。【1】

三、单项选择题

1. 用界面形式操作数据的是_____。

A. 表　　　　　B. 查询　　　　C. 窗体　　　D. 宏

2. 窗体控件的控件来源是表的某个字段时，该控件称为_____。

A. 结合性控件　　　　　　　　B. 非结合性控件

C. 计算控件　　　　　　　　　D. 交叉控件

3. 既可以直接输入文字，又可以从列表中选择输入项的控件是_____。

A. 选项组　　　　　　　　　　B. 文本框

C. 组合框　　　　　　　　　　D. 列表框

4. 可作为窗体记录源的是_____。

A. 表　　　　　　　　　　　　B. 查询

C. Select 语句　　　　　　　　D. 表、查询或 Select 语句

5. 要改变窗体上文本框控件的数据源，应设置的属性为_____。

A. 记录源　　　　　　　　　　B. 控件来源

C. 筛选查阅　　　　　　　　　D. 默认值

6. 如果想显示出具有一对多关系的两个表中的数据，可以使用的窗体形式是_____。

A. 数据表窗体　　　　　　　　B. 纵栏式窗体

C. 表格式窗体　　　　　　　　D. 主/子窗体

7. 为窗体上的控件设置 Tab 键的顺序，应选择属性表中的_____。

A. 格式选项卡　　　　　　　　B. 其他选项卡

C. 事件选项卡　　　　　　　　D. 数据选项卡

8. 要在窗体中创建一个控件来显示图像，并且能够从窗体直接编辑，这样的控件是_____。

A. 结合型对象框　　　　　　　B. 非结合型对象框

C. 组合框　　　　　　　　　　D. 选项卡控件

四、多项选择题

1. 有关窗体正确的是_____。

A. 可以在窗体中加入计算的字段

B. 窗体可以接受来自键盘的输入而不能接受外部数据库的输入

C. 窗体中可以引入 OLE 对象

D. 在窗体属性中，不能选择多个字段进行排序

2. 以下说法正确的是_____。

A. 窗体的结合对象存储在数据表中，数据表的当前记录指针移动到新记录时，显示在窗体中的对象就会随着发生更改

B. 窗体的非结合对象将存储在临时数据表中，临时数据表的当前记录指针移动到新记录时，显示在窗体中的对象就会随着发生更改

C. 用户可以将由其他应用程序创建的对象或对象的一部分添加到 Access 数据库的窗体中

D. 窗体及控件属性的设置只能在窗体设计视图环境下进行，运行状态下不能进行

3. 在窗体中排序记录时，不正确的是_____。

A. 在保存窗体或数据表时 Access 将保存该排序次序

B. 在"窗体"视图或"数据表"视图中指定排序时，可以将所有记录按照升序和降序同时排序

C. 在窗体中，只能按照一个字段排序

D. 可以在高级筛选/排序窗体中，通过指定的排序次序来排序筛选数据

4. Access2000 可以建立如下窗体_____。

A. 纵栏表窗体

B. 表格式窗体

C. 数据表窗体

D. 图表窗体

5. 在窗体中可以使用如下哪些方法筛选记录？_____

A. 按选定内容筛选

B. 按窗体筛选

C. 输入筛选目标

D. 高级筛选/排序

6. 关于对象嵌入与链接正确的是_____。

A. 对象嵌入后，源对象可以随意修改和删除，并不影响已经嵌入在宿主文件中的对象

B. 链接对象如果在宿主文件外面，启动支持该对象格式的应用程序对该对象进行删除或修改，会间接地影响宿主文件中链接对象的表现形式

C. 对象的嵌入方式不可以直接从宿主文件中启动支持该对象的应用对象，修改对象

D. 源对象可以在嵌入后随意修改，并不影响已经嵌入在宿主文件中的对象

7. Access 数据库在窗体中嵌入对象，正确的论述是_____。

A. 结合对象框架和非结合对象框架的区别在于对象是否存放在数据库内的某个表中，如果对象是表中某个字段的一个值，即存放在表中，即为结合对象框架，反之为非结合对象框架

B. 在窗体中嵌入结合对象时，窗体中的对象无论是不是来自支持 OLE 的应用程序，均可直接在 Access 数据库中启动该应用程序对该对象进行修改

C. 支持两种对象嵌入方式："结合"和"非结合"

D. 可以嵌入图片

8. 有关链接，正确的说法是_____。

A. 可以通过在属性表中修改 Source 对象和 Item 属性来实现链接恢复

B. 对象链接只是在链接对象与应用程序之间建立链接关系，而链接对象本身并不保存在宿主文件中

C. 使用对象链接可以节省时间和空间

D. 包括结合对象链接和非结合对象链接

五、简答题

1. 既然有了数据表，为何还要采用窗体来处理数据？

2. 在 Access 2000 中，进行窗体设计时如何利用"表达式生成器"来创建表达式？

3. 在 Access 2000 中，有哪些常用窗体控件？简述结合控件与非结合控件的概念。

4. 如何在窗体上添加一个命令按钮来直接实现窗体的打印？

5. 讲解如何在窗体中得到一个查询或表中的数据？

6. 文本框的用途是什么?什么可以和文本框联接?

7. 控件的属性有什么用途?

8. 事件是什么，对文本框可以发生什么事件?

9. 窗体（控件）事件的响应有哪几种方式？各自有什么特点？

10. 如何将一个宏或 VBA 函数和文本框进行联接？

11. 子窗体控件的用途是什么？

12. 如何将主窗体中的一行和子窗体中的一行进行联接？

13. Combo box 的用途是什么？

14. 解释 Combo box 属性的下述作用：Row　Source，Column Count，Bound 和 Column。

15. 试简述单选框控件（Radio Box）的用法。

第8章
建立和打印报表

【本章提要】

前面两章已经介绍了如何将设计好的窗体打印出来以显示数据。但是如果要打印大量的数据和汇总，使用报表是最有效的方法。因为在报表中，可以控制每个对象的大小和显示方式，并以格式化方式显示相应的内容。本章主要介绍报表的一些基本应用操作，如报表的创建、报表的设计，分组记录及报表的存储和打印等内容。

8.1　认识报表的用途

【提要】本节简单介绍报表内容和报表的优点。

报表是 Access 的数据库的对象之一，主要作用是比较和汇总数据，显示经过格式化且分组的信息，并将它们打印出来。例如全校教师的综合得分排名表和各个院系教师的综合得分排名表等。

使用报表主要有以下几个方面的好处。

● 在一个处理的流程中，报表能用尽可能少的空间来呈现更多的数据。

● 可以成组地组织数据，以便对各组中的数据进行汇总，显示组间的比较等。

● 可以在报表中包含子窗体、子报表及图表。

● 可以采用报表打印出很吸引人的标签、发票、订单和信封等。

● 可以在报表上增加数据的汇总信息，如计数、求平均或者其他的统计计算。

● 可以嵌入图像或图片来显示数据。

8.2　报表的结构组成

【提要】本节介绍报表的结构和组成部分。

了解报表的结构组成情况的最好方法是打开一个已经设计好的报表，仔细观察一下它的结构组成。在 Access 数据库中，选择"报表"选项卡，选择"个人综合得分"报表，单击"设计"按钮，就打开了"个人综合得分"的"设计"窗体，如图 8-1 所示。从图 8-1 中，用户不难看出报表的结构组成有如下几部分。

● 报表页眉：在报表的开始处，用来显示标题、图形或说明性文字，每份报表只有一个报表页眉。

- 页面页眉：用来显示报表中的字段名称或记录的分组名称，报表的每一页只有一个页面页眉。
- 主体：打印数据表或查询中的每条记录。
- 页面页脚：打印在每页的底部用来显示本页的汇总说明，报表的每一页只有一个页面页脚。
- 报表页脚：用来显示整份报表的汇总说明，在所有记录都被处理后，只打印到报表的结束处。

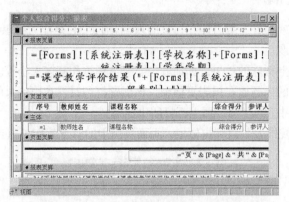

图 8-1　“个人综合得分”报表“设计”窗体

8.3　报表设计区

【**提要**】在上一节中，我们已经对报表的结构组成作了简要的说明，本节进一步介绍报表设计区中的内容。

我们可以将任何类型的文本和字段控件放在报表“设计”窗体中的任何区段内，但是一次处理一条记录。且根据群组字段的值、页的位置或在报表中的位置，会有一些操作被用来使区段产生作用。

在报表的“设计”视图中，区段被表示成许多“带”，报表所包含的每一区段只会表示一次。在打印出来的报表（见图 8-2）中，某些区域可能会重复许多次。通过放入一些控件项，如选项卡和文本框，可以决定在每一区段中信息显示在何处。

中国农业大学（东校区）1998-1999学年第二学期

课堂教学评价结果(基础课)

序号	教师姓名	课程名称	综合得分	参评人次
1	赵一	金融会计	92.22	11
2	王五	管理信息系统A	91.24	10
3	张三	英语	91.04	11
4	李四	计算机仿真	87.86	10
5	李四	工程力学B	84.55	11
		本学期全校参加基础课课堂教学评价平均分及参评人次	89.38	53

中国农业大学（东校区）教务处

图 8-2　打印出来的报表

8.3.1　报表页眉

报表页眉中的任何内容都只能在报表的开始处，即报表的第一页打印一次。在报表页眉中，是以大字体将该份报表的标题放在报表顶端的一个文本控件中。

可以在报表中设置一些控件来突出显示标题文字，还可以设置颜色或阴影等特殊效果。

可以在单独的报表页眉中输入任何内容。一般来说，报表页眉主要用作封面。

8.3.2　页面页眉

页面页眉中的文字或控件一般打印在每页的顶端。通常，它是作为群组/合计报表中的列标题，而且可以包含报表的标题。

可以给每个文本加上特殊的效果，如加颜色、字体种类和字体大小等。

一般来说，把报表的标题放在报表页眉中，该标题打印时仅在第一页的开始位置出现。如果将标题移动到页面页眉中，则在每一页上都打印出标题。

图 8-3 所示的"各院报表"设计窗体中，页面页眉中的对象就作了适当的修饰。

图 8-3　"各院报表"设计窗体

8.3.3　群组页眉

群组页眉用来标识一个特定的值，可以指明显示在主体上的内容是否属于该群组。

用户可以建立有层次的群组页眉及群组页脚，但不可分出太多的层（3～6层之间）。

8.3.4　主体

主体是用来处理每条记录，其中常常包含有计算的字段。

通过更改报表"设计"窗体中主体区段的"可见性"属性（见图 8-4），来告诉系统是否要在报表中显示某一区段。

图 8-4　主体的"可见性"属性

8.3.5　群组页脚

群组页脚是用来概括该群组的主体数据。可以更改报表"设计"窗体中控件属性中的"控件来源"属性，来更改所使用的计算方法。具体方法如下：在该群组页脚处，添加一个"文本框"控件，输入 "文本框"控件的"控制来源"属性需要的表达式，如图 8-5 所示。

如果在报表"设计"视图中并没有显示需要使用的群组页脚，用户可以从"视图"菜单中选择"排序与分组"选项来打开数据"排序与分组"窗体（见图 8-6）设定。

图 8-5　控件属性

图 8-6　数据"排序与分组"窗体

1．页面页脚

其中一般包含有页码或控制项的合计。例如，在"教师评价系统"中，全校教师测评成绩的最后排名报表中是通过：＝"页"＆[Page] ＆ "共"＆[Pages] 表达式来打印页码。

2．报表页脚

该部分一般是在所有的主体和群组页脚被打印完成后才会打印在报表的最后面。通过使用报表页脚，可以显示整个报表的计算汇总或其他的统计数字。

8.4　报表的分类

【提要】目前比较流行的有如下 4 种报表：群组/合计（Group/Total）报表、纵栏式报表、邮件合并报表和邮件标签等。本节对这 4 种报表分别进行说明。

8.4.1　群组/合计报表

群组/合计报表一般是以整齐的列和行来显示数据的数据表。通常依据一个或多个字段值而组织数据，并且在每一群组中，有计算并显示数值、字段的子合计或统计的数据。

报表可以有页码、报表日期甚至直线或方框来分隔数据。报表同窗体一样也可以有颜色和阴影，可以显示图片、图表和备注字段。图 8-7 是一个典型的群组/合计报表。

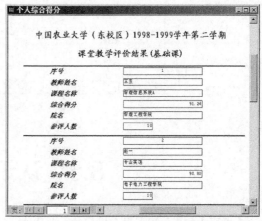

图 8-7　典型的群组/合计报表

8.4.2　纵栏式报表

纵栏式报表（也称为窗体报表）一般是用一页显示一条或多条记录，采用垂直方法显示。它与数据输入窗体很相似，但是报表是用来查阅数据而不是用来输入数据的。

这种报表可以显示一条记录的区域，并同时有显示一对多关系的"多方"的许多记录的区域，甚至包括合计。图 8-8 是一个典型的纵栏式报表。

图 8-8　典型的纵栏式报表

8.4.3　邮件标签

在 Access 数据库中，用户可以非常轻松地使用报表向导来建立邮件用的标签，如图 8-9 所示。

用户可以选择标签报表的"标签纸型号和尺寸"，也可以在报表的"设计视图"中打开并修改已经生成的报表，直到用户满意为止。

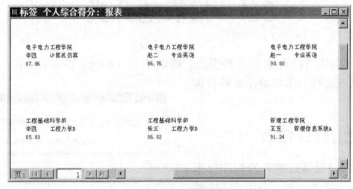

图 8-9　典型的邮件标签报表

8.5　认识报表窗体

【提要】本节介绍了报表操作的一些内容，包括数据库窗体中的报表预览及报表设计窗体中的工具条和工具箱等。

8.5.1 预览窗体中的工具栏

在数据库窗体中,单击"报表"按钮,这时在出现的窗体右端有
3 个按钮。选择一个报表,单击"打印预览"按钮(见图 8-10),就可
以预览该报表的内容。

图 8-10 "打印预览"按钮

这时,出现"打印预览"工具条,如图 8-11 所示。在该工具栏
中,单击显示比例按钮 🔍 或者直接单击预览的报表,可以在全页显示和局部显示之间切换。
单击"关闭"按钮可以关闭预览窗体。

图 8-11 "打印预览"工具条

用户还会注意到,在报表预览窗体的左下角有一个页码框,可以单击页码框左边或右边的按
钮翻动报表的各页,或者直接在页码框中输入页号,翻到指定的页。

8.5.2 报表设计窗体中工具栏和工具箱

在报表"设计"窗体中有两个可以利用的工具——工具栏和工具箱。

在工具栏中有用户在窗体设计中所看到的大部分工具:"视图"按钮、"属性"按钮、"字段列表"
按钮、"打印"按钮、"打印预览"按钮、"自动套用格式"按钮、"代码"按钮、"生成器"按钮和"帮
助"按钮等。此外,还有一个新增按钮——"排序与分组"按钮,通过使用该按钮可以打开"排序与分
组"窗体,在窗体中定义分组的字段或表达式。如图 8-12 即是报表"设计"窗体中的工具栏。

图 8-12 报表设计窗体中的工具条

报表设计窗体中的工具箱(见图 8-13)与窗体"设计"窗体中的工具箱是完全一样的。

图 8-13 设计窗体中的工具箱

8.6 设 计 报 表

【提要】本节介绍从"设计"视图开始进行一个新报表的创建过程,包括报表的格式设置、分
页符与页码的添加、节的使用及在报表上绘制线条、矩形等内容。

8.6.1 用预定义格式来设置报表的格式

在用"向导"或"自动报表"生成报表后,可用预定义格式来设置报表格式,具体步骤如下。

(1)在报表"设计"视图中,打开相应的报表。

(2)选择下列操作:如果要设置整个报表的格式,可以单击相应的报表选定按钮;如果要设
置某个节的格式,可以单击相应的节选定按钮;如果需要设置控件的格式,可以选定相应的控件。

（3）在工具栏上，单击"自动套用格式"按钮 🔄 ，就会出现 "自动套用格式"对话框，如图 8-14 所示。

图 8-14　"自动套用格式"对话框

（4）在列表中单击某种格式，这里选择"正式"。 如果要指定所需的属性（字体、颜色或边框），单击"选项"按钮，出现图 8-15 所示对话框。如果要应用背景图片，请选定整个报表。

8.6.2　添加分页符和页码

1．在报表中添加分页符

在报表中，可以在某一节中使用分页控制符来标识要另起一页的位置。具体步骤如下。

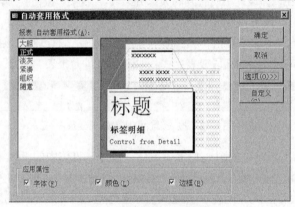

图 8-15　选择后的对话框

（1）在"设计"视图中，打开相应的报表。

（2）单击工具箱中的"分页符"按钮 🗐 。

（3）单击报表中需要设置分页符的位置，将分页符设置在某个控件之上或之下，以免拆分了控件中的数据。

Access 将分页符以短虚线标志放在报表的左边界上。

如果要将报表中的每个记录或记录组都另起一页，可以通过设置组标头、组注脚或主体节的"强制分页"属性来实现。

2．在报表中添加页码

在报表中添加页码，具体的过程如下。

（1）在报表"设计"视图中，打开相应的报表。

（2）单击"插入"菜单中的"页码"命令。

（3）在"页码"对话框中，根据需要选择相应的页码格式、位置和对齐方式。对于对齐方式，有下列可选选项。

① 左：在左页边距添加文本框。

② 中：在左右页边距的正中添加文本框。

③ 右：在右页边距添加文本框。

④ 内：在左、右页边距之间添加文本框，奇数页打印在左侧，偶数页打印在右侧。

⑤ 外：在左、右页边距之间添加文本框，偶数页打印在左侧，奇数页打印在右侧。

（4）如果要在第一页显示页码，请选中"在第一页显示页码"复选框。Access 使用表达式来创建页码。

8.6.3 在报表上使用节

报表中的内容是以节划分的。每一个节都有其特定的目的，而且按照一定的顺序打印在页面及报表上。

在"设计"视图中，节代表着各个不同的带区，每一节只能被指定一次。在打印报表中，某些节可以指定很多次。可以通过设置控件来确定在节中显示内容的位置。

通过对使用共享值的记录进行分组，可以进行一些计算或简化报表使其易于阅读。

1．添加或删除报表页眉、页脚和页面页眉、页脚

选择"视图"菜单上的"报表页眉/页脚"命令或"页面页眉/页脚"命令来操作。

页眉和页脚只能同时添加。如果不需要页眉或页脚，可以将不要的节的"可见性"属性设为"否"，或者删除该节的所有控件，然后将其大小设置为零或将其"高度"属性设为"0"。

如果删除页眉和页脚，Access 将同时删除页眉、页脚中的控件。

2．改变报表或窗体的页眉、页脚或其他节的大小

可以单独改变窗体和报表上各个节的大小。但是，报表只有唯一的宽度，改变一个节的宽度将改变整个报表的宽度。

可以将鼠标放在节的底边（改变高度）或右边（改变宽度）上，上下拖动鼠标改变节的高度，或左右拖动鼠标改变节的宽度。也可以将鼠标放在节的右下角上，然后沿对角线的方向拖动鼠标，同时改变高度和宽度。

3．为窗体或报表中的节或控件创建自定义颜色

如果调色板中没有需要的颜色，用户可以利用节或控件的属性表中的"前景颜色"（对控件中的文本）、"背景颜色"或"边框颜色"等属性框并配合使用"颜色"对话框来进行相应属性的颜色设置。

8.6.4 在报表上绘制线条

在报表上绘制线条的具体步骤如下。

（1）在报表"设计"视图中，打开相应的报表。

（2）单击工具箱中的"线条"工具。

（3）单击报表的任意处可以创建默认类型的线条，或通过单击并拖动的方式可以创建自定类型的线条。

如果要细微调整线条的长度或角度，可单击线条，然后同时按下 Shift 键和方向键中的任意一个。如果要细微调整线条的位置，则同时按下 Ctrl 键和方向键中的一个。

利用"格式"工具栏中的"线条/边框宽度"按钮和"属性"按钮，可以分别更改线条样式（点、点画线等）和边框样式。

8.6.5　在报表上绘制矩形

在报表上绘制矩形的具体步骤如下。

（1）在报表"设计"视图中，打开相应的报表。

（2）单击工具箱中的"矩形"工具。

单击窗体或报表的任意处可以创建默认大小的矩形，或通过拖动方式创建自定大小的矩形。

利用"格式"工具栏中的"线条/边框宽度"按钮和"属性"按钮，可以分别更改线条样式（实线、虚线和点划线）和边框样式。

8.7　制　作　图　表

【提要】本节介绍在报表设计中，使用"图表向导"来制作图表的方法及操作过程。

可以应用"图表向导"将数据以图表形式显示出来。用"图表向导"制作图表的步骤如下。

（1）在新建报表的窗体中，选择"图表向导"，并指定具体的数据来源。这里，可以选择"个人综合得分"作为数据来源，并单击"确定"按钮。

（2）这时出现如图 8-16 所示的向导窗体，选择需要由图表表示的字段数据，这里我们可以选择"教师姓名"和"综合得分"两个字段。然后单击"下一步"按钮。

图 8-16　为图表选择字段

（3）这时会出现如图 8-17 所示的对话框，要求选择图表的类型，这里选择"柱形图"，然后单击"下一步"按钮。

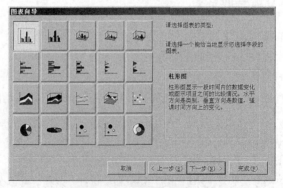

图 8-17　选择图表的类型

（4）接下来需要确定布局图表数据的方式。这里以"教师姓名"为横坐标，以"综合得分"为纵坐标，可以将"教师姓名"按钮拖动到横坐标中，将"综合得分"按钮拖动到纵坐标中（见图 8-18），然后单击"下一步"按钮。

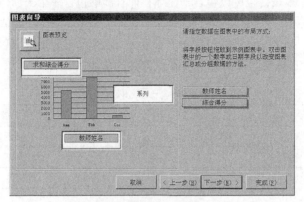

图 8-18　选择图表的布局方式

（5）在执行完上述的操作过程以后，还需要指定图表的标题。然后单击"完成"按钮，系统就会立即显示图表的设计结果，如图 8-19 所示。

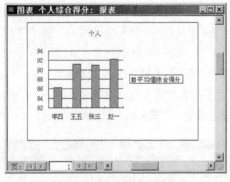

图 8-19　设计完成的图表

当然，如果用户对使用向导生成的图表向导并不很满意，可以在"设计"视图中对其进行修改和完善。

8.8　创建子报表

【提要】本节介绍报表设计中子报表的概念。同时，对子报表的创建过程和主/子报表的链接方法进行说明。

8.8.1　子报表的定义和作用

子报表是插在其他报表中的报表。在合并报表时，两个报表中的一个必须作为主报表，主报表可以是结合的也可以是非结合的，也就是说，报表可以基于数据表、查询或 SQL 语句，也可以不基于其他数据对象。非结合的主报表可作为容纳要合并的无关联子报表的"容器"。

在报表中，如果需要插入包含与主报表数据相关联的信息的子报表，可以将主报表绑定（即设置主报表的"数据来源"属性）在基础表、查询或 SQL 语句上。例如，可以使用主报表来显示明细记录，如一年的销售情况，然后用子报表来显示汇总信息，如每个季度的销售量。

主报表可以包含子报表，也可以包含子窗体，而且能够包含多个子窗体和子报表。

在子报表和子窗体中，还可以包含子报表或子窗体。但是，一个主报表最多只能包含两级子窗体或子报表。例如，某个报表可以包含一个子报表，这个子报表还可以包含子窗体或子报表。表 8-1 说明了在一个主报表中可能有的子窗体和子报表的组合。

表 8-1　　　　　　　　　　　　主报表中可能有的子窗体和子报表

第 1 级	第 2 级
子报表 1	子报表 2
子报表 2	子窗体 1
子窗体 1	子窗体 2

8.8.2　在已有报表中创建子报表

在创建子报表之前，要确保主报表和子报表之间已经建立了正确的联系，这样才能保证在子报表中打印的记录与主报表中打印的记录有正确的对应关系。创建过程如下。

（1）在"设计"视图中，打开希望作为主报表的报表。拖动该主报表的边界，以便给要加入的子报表留出足够的空间。这里我们打开"个人综合得分"报表来作为主报表。

（2）在报表的"设计"视图下，确保工具箱已显示出来，并使"控件向导"按钮保持被按下的状态。然后单击工具箱中的"子窗体/子报表"工具画。

（3）在报表上单击需要放置子报表的插入点，这时会出现一个"子报表向导"对话框，如图 8-20 所示。在该对话框中需要选择子报表的"数据来源"，这里我们选择 "个人综合得分"图表作为子报表。

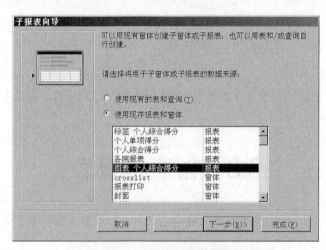

图 8-20　选择子报表的数据来源

（4）按照"子报表向导"对话框的提示进行其余的操作，最后单击"完成"按钮。Access 数据库将自动在主报表中加入子报表控件，同时还将创建可作为子报表单独显示的一个报表。

（5）运行此报表的"预览"视图，其样式如图 8-21 所示。最后，保存并退出报表设计。

图 8-21　设计完成的主/子报表

如果每个子报表都有一个与其主报表相同的字段，那么还可以在主报表内增加并链接多个子报表。

8.8.3　将某个已有报表添加到其他已有报表来创建子报表

在 Access 数据库中，可以将某个已有报表（作为子窗体）添加到其他已有报表（作为主窗体）中。操作如下。

（1）在"设计"视图中，打开希望作为主报表的报表。

（2）确保已经按下了工具箱中的"控件向导"按钮。

（3）按 F11 键切换到数据库窗体。

（4）将报表或数据表从"数据库"窗体拖动到主报表中需要出现子报表的节。这样，Access 数据库就会自动将子报表控件添加到报表中。

8.8.4　链接主报表和子报表

如果通过报表向导或子报表向导创建了所需的子报表，在某种条件下 Access 数据库将自动将主报表与子报表相链接。如果主报表和子报表不满足指定的条件，则可以通过下列方法来进行链接。

首先在"设计"视图中，打开主报表。

如果要显示属性表，选择"设计"视图中的子报表控件，然后单击工具栏上的"属性"按钮，就出现了含有子报表属性的窗体，如图 8-22 所示。

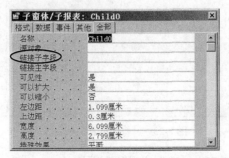

图 8-22　子报表控件的属性

在"链接子字段"属性框中，输入子报表中"链接字段"的名称，并在"链接主字段"属性框中，输入主报表中"链接字段"的名称。

在"链接子字段"属性框中给的不是控件的名称而是数据来源中的链接字段名称。而且"链接字段"并不一定要显示在主报表或子报表上，但它们必须包含在报表的数据来源中。

8.8.5　更改子报表的布局

同报表设计一样，用户还可以更改子报表的布局，操作方法如下。

（1）在"设计"视图中，用鼠标单击子报表控件以外的区域以确保没有选定控件。

（2）双击子报表控件的内部区域，Access 将在"设计"视图中打开主报表。

（3）根据需要更改子报表的设计。

（4）最后保存并关闭子报表。

用户也可以直接在数据库窗体中打开子报表来更改子报表的布局。

8.9　创建多列报表

【提要】本节介绍多列报表的创建方法和操作过程。

Access 数据库提供了创建多列报表的方法。多列报表最常用的是邮件标签报表，前面介绍过采用报表向导建立邮件标签列表，也可以将一个设计好的普通报表设置成多列报表。

设置多列报表的步骤如下。

（1）创建普通报表。在打印时，多列报表的组标头、组注脚和"主体"节将占满整个列的宽度。例如，如果要打印两列三英寸区域内的数据，请将控件放在列的区域内。也就是说，在"设计"视图中，将控件放在这些节的前三英寸区域内。

（2）单击"文件"菜单中的"页面设置"命令，就会出现"页面设置"对话框，如图 8-23 所示。

图 8-23　"页面设置"对话框

（3）在"页面设置"对话框中，选择"列"选项卡。

（4）在"网格设置"标题下的"列数"编辑框中键入每一页所需的列数。这里我们可以图 8-9
所示的"个人综合得分"标签为例，在"网格设置"下
的"列数"中键入 2。原来每行 3 列的标签现在改为 2
列了，如图 8-24 所示。

（5）在"行间距"对话框中，键入"主体"节中每
个记录之间所需的垂直距离。

（6）在"列间距"对话框中，键入各列之间所需的
距离。

（7）在"列大小"标题下的"宽度"编辑框中键入
所需的列宽。在"高度"编辑框中键入所需的高度值。
用户也可以用鼠标拖动节的标尺来直接调整"主体"节
的高度。

（8）在"列布局"标题下单击"先列后行"或"先
行后列"选项。

图 8-24　创建的 2 列报表预览

（9）选择"页"选项卡，在"页"选项卡的"打印方向"标题下单击"纵向"或"横向"
选项。

（10）最后单击"确定"按钮。

在完成上述的操作过程后，用户可以重新打开"标签 个人综合得分"报表（见图 8-24），很
显然标签已经变成每行 2 列了。

8.10　设计复杂的报表

【提要】在报表设计中，正确而灵活地使用"控制属性"、"报表属性"和"节属性"可以设计
出更加精美、更加丰富的各种形式的报表。本节从这几个属性入手，介绍复杂报表设计中的一些
属性的设置方法和操作过程。

8.10.1　报表属性

用户可以单击工具条中的"属性"按钮或从"视图"菜单中选择"属性"命令来显示报表属
性窗体。

图 8-25 就是"个人综合得分"报表的属性窗体。下面简
单介绍一下报表属性中的几个常用属性。

● 记录来源：将报表与某一数据表或查询绑定起来（为
报表设置基表或基查询）。

● 打开：可以在其中添加宏的名称。"打印"或"打印预
览"报表时，就会执行该宏。

● 关闭：也可以在其中添加宏的名称。"打印"或"打印
预览"完毕后，自动执行该宏。

● 网格线 X 坐标（GridX）：指定每英寸所包含点的数量
（水平方向）。

图 8-25　报表属性窗体

- 网格线 Y 坐标（GridY）：指定每英寸所包含点的数量（垂直方向）。
- 打印版式：设置为"是"时，可以从 TrueType 和打印机字体中进行选择，如果设置为"否"，可以使用 TrueType 和屏幕字体。
- 页面页眉：控制页标题是否出现在所有的页上。
- 页面页脚：控制页脚注是否出现在所有的页上。
- 记录锁定：可以设定在生成报表所有页之前，禁止其他用户修改报表所需要的数据。
- 宽度：设置报表的宽度。
- 帮助文件：报表的帮助文件。
- 帮助上下文 ID：可以用来创建用户的帮助文本。

8.10.2 节属性

如果要为报表上的节设置属性，双击"节选定按钮"，打开节属性表，图 8-26 所示的是"个人综合得分"的节属性窗体。下面介绍一下节属性中的几个属性。

图 8-26 节属性窗体

- 强制分页：把这个属性值设置成"是"，可以强迫换页。
- 新行或新页：设定这个属性可以强迫在多列报表的每一列的顶部显示两次标题信息。
- 保持同页：设成"是"，则节区域内的所有行保存在同一页中；设成"否"，则跨页边界编排。
- 可见性：把这个属性设置为"是"，则可以看见区域。
- 可以扩大：设置为"是"，表示可以让节区域扩展，以容纳较多的文本。
- 可以缩小：设置为"是"，表示可以让节区域缩小，以容纳较少的文本。
- 格式化：当打开格式化区域时，先执行该属性所设置的宏。
- 打印：打印或"打印预览"这个节区域时，执行该属性所设置的宏。

8.10.3 使用选项组显示选项

有的复杂报表需要用到选项组操作。

报表中的选项组由一组复选框或选项按钮组成。每个复选框或选项按钮都可以很形象地表示"是/否"。当把一组复选框或选项按钮放在选项组时，可以显示出一组相关数据。选项组的具体设置步骤如下。

（1）在报表的"设计"窗体中，单击工具箱中的选项组按钮。

（2）如果该选项组属于一个字段，则从字段表中拖入该字段，放在报表中。如果该选项组不属于任何一个字段，则会在报表的合适位置放置该选项组框架。

（3）单击工具箱中的选项按钮或复选框按钮，把选项按钮或复选框放入该选项组框架中。根据需要可以放置若干个选项按钮或复选框。

（4）设定完后，定义其中各选项按钮或复选框。打开它们的属性窗体，加入控制名称。

8.10.4 给报表添加分页符

如果需要在报表的每一页中只显示一个事物信息，那么在设计报表时应该添加分页符。

首先打开一个报表的"设计"视图，单击工具箱中的页分割按钮，然后将它放到合适的位置上。由于分页是采用水平方式的，因此要求所有的控制都在分页符的上下，不应该因插入分页符而使控制中的数据分成两半。

如果需要查看设计效果，可以单击"视图"菜单中的"打印预览"命令。

8.11　打印预览报表

【提要】预览报表可显示打印页面的版面，这样可以快速查看报表打印结果的页面布局。本节介绍报表预览打印的方法和操作步骤。

通过"版面预览"可以快速检查报表的页面布局。

在报表"设计"视图中，单击工具栏中"视图"按钮旁边的箭头，然后单击"版面预览"按钮。

如果选择"版面预览"按钮，对于基于参数查询的报表，用户不必输入任何参数，直接单击"确定"按钮即可，因为 Access 数据库将会忽略这些参数。

如果要在页间切换，可以使用"打印预览"窗体底部的定位按钮。如果要在当前页中移动，可以使用滚动条。

通过使用"预览报表"功能检查满意的话，可以单击工具栏上的"保存"按钮保存报表。

第一次打印报表以前，可能需要检查页边距、页方向和其他页面设置的选项。当确定一切布局都符合要求后，可以直接单击工具栏上的"打印"按钮，设置相应对话框以进行打印。

8.12　小　　　结

报表的主要功能就是将数据库中需要的信息提取出来并加以整理和计算，然后以格式化的方式打印出来，提供了文档打印的最佳方法。本章主要介绍了报表的应用，包括报表的创建、报表的基本操作、字段的排序与分组，创建子报表以及报表的输出等。

上 机 题

上机目的：设计简单报表

上机步骤：

在学生成绩管理系统中，建立学生成绩单报表、总分名次报表、全班成绩报表和学生个人成绩报表。

习 题

一、填空题

1. 在一个典型的报表"设计"窗体中，其结构由【1】、【2】、【3】、【4】、【5】、【6】和【7】的 7 个部分组成。

2. 目前比较流行的报表有如下 4 种：【1】、【2】、【3】和【4】。

3. 在 Access 中，作报表设计时分页符以【1】标志在报表的左边界上。

4. 主报表最多可以有【1】级子窗体或子报表。

5. 在 Access 中，"自动创建报表"向导分为：【1】和【2】两种。

6. Access 的窗体对象或报表对象的数据源可以设置为【1】。

7. 报表是以【1】的格式显示用户数据的一种有效的方式。

8. 在报表设计的众多控件属性中能够唯一标识控件的是【1】属性。

9. 在报表和窗体属性窗口中，Access 将所有对象属性分为了 4 个属性组，共 5 个卡片内容，它们是：【1】、【2】、事件、其他和全部。

10. 在报表设计中，可以通过添加【1】控件来强制另起一页输出显示。

11. 在按升序对字段进行排序时，如果字段中同时包含 Null 值和零长度字符串的记录，则首先显示【1】，紧接着显示的是【2】的记录。

12. 要显示格式为"页码/总页数"的页码，应当设置文本框控件的控件来源属性为【1】。

13. 插在其他报表中的报表称为子报表。要实现主/子报表的链接，需设置子报表控件的【1】两个属性。

二、判断题

1. 报表页眉中的任何内容都只能在报表的开始处打印一次。【1】

2. 如果想在每一页上都打印出标题，可以将标题移动到页面页眉中来。【1】

3. 在设计报表时，页眉和页脚只能作为一对同时添加。【1】

4. 主报表可以是结合型的也可以是非结合型的。【1】

5. 一般数据库应用系统最终的目标是输出报表。【1】

三、单项选择题

1. 在 Access 数据库中，专用于打印的是_____。

A.表　　　　　B.查询　　　　C.报表　　　　D.页

2. 要实现报表的分组统计，其操作区域是_____。

A. 报表页眉或报表页脚区域　　　　B. 页面页眉或页面页脚区域

C. 主体区域　　　　　　　　　　　D. 组页眉或组页脚区域

3. 关于报表数据源设置，以下说法正确的是_____。

A. 可以是任意对象　　　　　　　　B. 可以是表对象或查询对象

C. 只能是查询对象　　　　　　　　D. 只能是表对象

4. 如果设置报表上某个文本框的控件来源属性为"=1+1"，则打开报表视图时，该文本框显示信息为_____。

A. 2　　　　　　　　　　　　　　B. 未绑定

C. 1+1　　　　　　　　　　　　　D. #错误

5. 报表设计中，用于绘制表格线的控件是_____。

A. 直线和多边形　　　　　　　　　B. 直线和圆形

C. 直线和矩形　　　　　　　　　　D. 矩形和圆形

6. 初始化文本框中显示内容为"20"，应采用_____。

A. 在其属性窗口"数据"项的控件来源属性位置输入"=20"内容

B. 设计视图状态直接在文本框中输入"20"内容

C. 在其属性窗口"数据"项的控件来源属性位置输入"20"内容

D. 无法实现

四、多项选择题

1. 使用报表可以_____。

A. 成组地组织数据，进行汇总

B. 嵌入图像或图片来显示数据

C. 包含子窗体、子报表及图表

D. 打印出各种标签、发票、订单和信封等

2. 以下说法正确的是_____。

A. 报表页眉中的任何内容都只能在报表的开始处打印一次

B. 如果想在每一页上都打印出标题，可以将标题移动到页面页眉中

C. 在设计报表时，页眉和页脚只能同时添加

D. 主报表可以是结合型的也可以是非结合型的

五、简答题

1. 使用报表的目的和好处表现在什么地方？

2. 如何创建多列报表？

3. 双击链接对象或嵌入对象时，却得到文件不能打开的信息？

4. 当一个字段用来进行分组时将发生什么变化？

5. 除了报表的设计布局外，报表预览的结果还与什么因素有关？

6. 要实现报表的分组分页打印，应如何设置？

第9章
Web 页

【本章提要】

本章讲述有关"数据访问页"（也称为"Web 页"）的一些基本知识以及创建"Web 页"的方法。

9.1　概　　述

【提要】 数据访问页是 Access 2000 数据库中新增加的一个对象类型，通过数据访问页（Data Access Pages）和其他一些基于 Web 的特性，使得 Access 2000 数据库具有基于 Web 的数据应用能力。

Access 2000 数据库允许用户以 HTML 页的格式存储数据，以便使数据库成为 Internet 上的可用资源，这样就能够迅速地从网络上的其他部门收集数据。通过数据访问页（Data Access Pages）和其他一些基于 Web 的特性，使得 Access 2000 数据库具有基于 Web 的数据应用能力。

数据访问页是 Access 2000 数据库中新增加的一个对象类型，它和其他的数据库对象（如窗体、报表、查询和宏等）在性质上是完全相同的。但窗体和报表是用来显示、编辑和汇总数据的，而数据访问页则能够允许用户与 Web 之间进行数据交换，它主要是用来阅读、编辑和汇总保存在 HTML 页上的数据。

可以这样认为，数据访问页是 Access 2000 数据库在 Web 页上创建的窗体和报表，只不过数据访问页是专门用来查看、编辑和汇总在浏览器上的活动数据。数据访问页单独存储在 Access 2000 数据库之外的 HTML 文件中，而不是统一地存放在.mdb 文件中。

通过数据访问页设计器，用户可以创建新的 HTML 文件或者编辑原有的 HTML 文件。数据访问页设计器是以 Internet Explorer（IE 浏览器）作为其设计界面，并包括属性页、工具箱、字段列表和向导等工具。在后面的介绍中，读者会逐步了解到这些工具。

创建数据访问页的方法有多种，最基本的创建方法有两种："数据页向导"和"数据页设计器"。除此之外，用户还可以采用"数据库向导"自动创建数据访问页。

9.2　使用向导创建数据访问页

【提要】 采用"数据页向导"创建数据访问页。

　　同使用向导创建窗体或者报表一样,使用"数据页向导",用户能够非常方便地创建基于某个数据表、某个查询或者某个报表的数据访问页。

　　使用向导创建数据访问页的步骤如下。

　　(1) 在 Access 2000 数据库中,选择"Web 页"选项卡,然后选择"使用向导创建数据访问页"选项,系统将出现 "数据页向导"对话框,如图 9-1 所示。

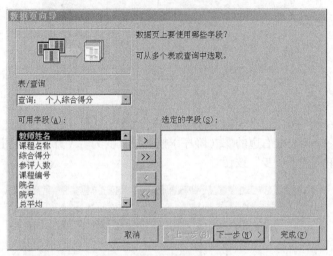

图 9-1　选择表/查询中的字段

　　(2) 选择用于创建数据访问页的数据表或查询字段。如果不作选择就执行下一步操作,系统将提示用户"继续之前必须为该页选择字段",如图 9-2 所示。

　　选择"查询:个人综合得分"并选择合适的字段后,单击"下一步"按钮。

图 9-2　提示信息

　　(3) 这时出现第二个"数据页向导"对话框(见图 9-3),提示用户从选定字段中定义分组级别。如果有必要,用户可以选择作为分组级别的字段,这里选择"院号",然后单击 > 按钮将该字段作为第一分组级别依据。

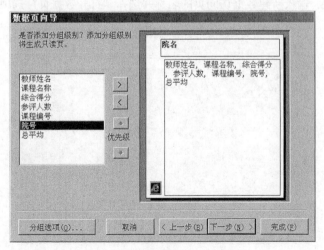

图 9-3　"数据页向导"对话框

（4）我们知道在打开数据访问页时，对数据的访问是动态的，因此这里需要单击"分组选项"按钮来定义相隔多长时间分组一次，如图 9-4 所示。不难看出，缺省的分组间隔是"普通"，单击"确定"按钮返回向导。

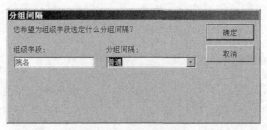

图 9-4　定义分组间隔

（5）单击"下一步"按钮，出现选择排序字段对话框（见图 9-5），这里选择"综合得分"字段排序，并单击第一个列表框右边的 ↓（降序）按钮使其变为 ↑（升序）按钮，其他列表框中可以不作选择。然后单击"下一步"按钮。

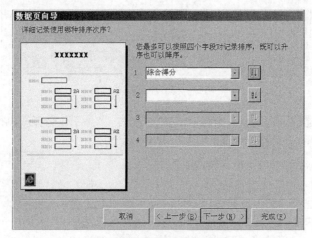

图 9-5　选择排序字段对话框

（6）在图 9-6 中，输入新建数据访问页的名称并选择"打开数据页"选项。

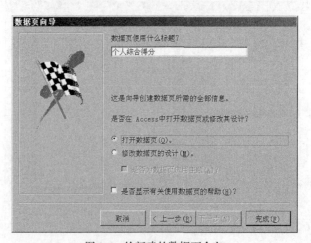

图 9-6　给新建的数据页命名

（7）单击"完成"按钮。由于选择了"打开数据页"选项，因此系统将自动打开新建的"个人综合得分"数据访问页，如图 9-7 所示。

图 9-7   "个人综合得分"数据访问页

9.3 使用设计器创建和修改数据访问页

【提要】本节使用数据访问页"设计"视图来进行数据访问页的创建和修改。

9.3.1 使用设计器创建数据访问页

1．创建过程

使用设计器创建数据访问页的具体步骤如下。

（1）在 Access 2000 数据库中，选择"Web 页"选项卡，然后选择"使用设计器创建数据访问页"选项。

（2）这时出现了一个空的数据访问页"设计"视图，如图 9-8 所示。由于这时还没有任何数据和它绑定，所以标题栏上显示"节：未绑定"。

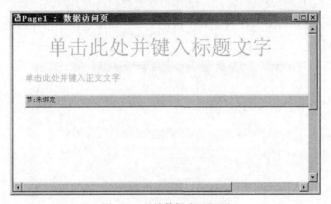

图 9-8   空的数据库访问页

（3）在图 9-8 中，可以根据自己的需要向这个空的数据页"设计"视图中添加一些控件和对象。可以使用 Access 2000 数据库提供的 Web 页工具来实现这些操作。

2. Web 工具箱

在设计数据访问页时，用户一般都会用到数据访问页工具箱（见图 9-9），其中列出的大多数控件与窗体或报表设计中的控件相同，但 Web 页工具箱中增加了一些专门用于网上浏览的控件。

通过 Web 工具箱，用户可以在新建的数据访问页里添加控件，并根据自己的需要来设置控件的属性。下面列出的是几个新增的控件。

图 9-9 Web 页工具箱

- 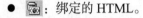：绑定的 HTML。
- ：添加滚动文字。
- ：扩展。
- ：记录漫游。
- ：Office 数据透视表。
- ：Office 图标。
- ：Office 电子表格。
- ：绑定的动态链接。
- ：超级链接。
- ：图像的超级链接。
- ：影片。

为了让用户对工具箱中新增控件有一个更深的认识和了解，下面对其中一些新增控件的使用作一下简单说明。

（1）为网页加上滚动文字

为网页加上滚动文字的操作如下。

① 单击工具箱上的"滚动文字"图标按钮。

② 单击数据访问页上需要加进滚动文字的位置，建立滚动文字控件对象。

③ 在滚动文字控件里输入需要滚动显示的文字。

④ 调整滚动文本框的宽度和高度，以便使滚动文字在滚动时刚好能从屏幕的右边移动到左边。

⑤ 调整滚动文字的颜色及其他属性，使其和整个数据访问页协调一致。

在图 9-10 中，"评单"Web 页中就加入了滚动文字"欢迎您使用本评价系统"，用户不妨自己试试，看看效果如何。

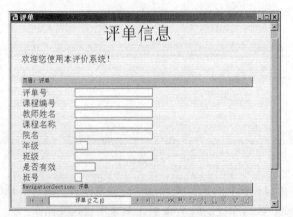
图 9-10 在 Web 页中加入滚动文字

（2）建立超级链接

可以在数据访问页中加入超级链接，这样可以使一个 Web 页窗体中的信息变得更加丰富，访问起来更加方便。具体操作步骤如下。

① 单击工具箱上的超级链接 图标按钮。

② 单击数据访问页上需要加入超级链接的位置，建立超级链接对象。这时出现 "插入超接链接"对话框，如图 9-11 所示。

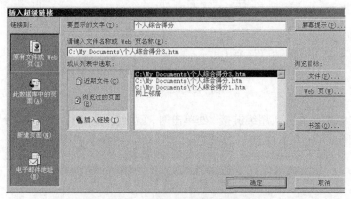

图 9-11　"插入超级链接"对话框

③ 在"要显示的文字"文本框中输入数据访问页运行时要显示的文本信息，默认值为所选的文件名称或 Web 页名称的主文件名。

④ 单击"屏幕提示"按钮，出现"设置超级链接屏幕提示"对话框，如图 9-12 所示。在数据访问页运行时，如果用鼠标指向该超级链接，则屏幕将会显示在这个对话框中输入的信息。

⑤ 定义了所有的必要信息后，单击"确定"按钮。这时数据访问页中就添加了一个"超级链接"。

图 9-12　"设置超级链接屏幕提示"对话框

⑥ 调整"超级链接"的位置和大小，设计结果如图 9-13 所示。

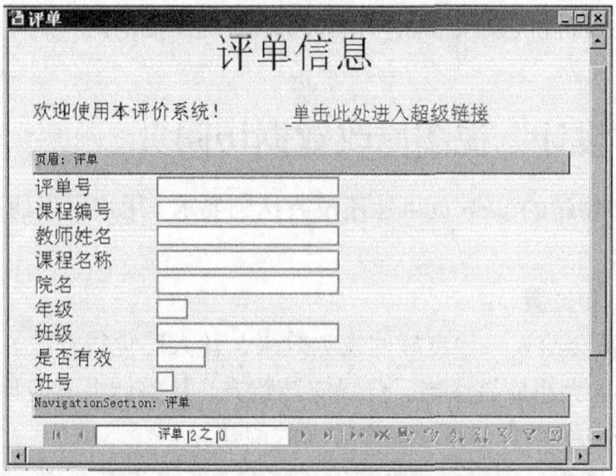

图 9-13　在 Web 页中加入超级链接

运行该数据访问页，结果如图 9-14 所示。

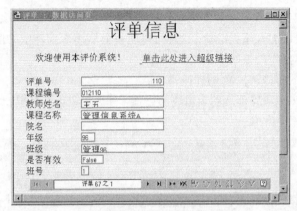

图 9-14　运行结果

当用鼠标在"单击此处进入超级链接"处单击时，就会打开 "个人综合得分"数据访问页（在 Internet Explorer 中），如图 9-15 所示。

图 9-15　通过超级链接打开的 Web 页

至于其他数据访问页控件的使用方法，用户可以通过上述的两个例子举一反三，逐步在实践中掌握它们的使用方法。

9.3.2　使用"设计"视图修改数据访问页

使用"数据页向导"创建的 Web 页可能还没有达到要求，用户可以通过数据访问页的"设计"视图进行修改和完善。

1. 调整控件的大小和位置

一个好的数据访问页会给人一种良好的视觉效果，让人感觉很舒服。要做到这一点，在新建的 Web 页中，各个控件的大小应该适当，位置应该整齐，从整体上看应该整洁美观。因此有必要对新建 Web 页中的各个控件的大小和位置作适当的调整。

在 Web 页的设计视图中，用鼠标单击控件（使控件获得焦点），在控件的周围就会出现八个黑色的小方块，用鼠标拖动任何一个小方块，都可以改变控件的大小。

用鼠标单击控件（使控件获得焦点），用鼠标拖动控件（不要拖动控件上的八个小方块），即可改变控件的位置。

2．加入或修改标题文字

如果在新设计的数据访问页中还没有标题文字，或者需要对已经存在的标题文字进行修改，用户可以采用如下的方法。

（1）在 Web 页的"设计"视图中，用鼠标单击标题文本处，就进入标题编辑状态。

（2）键入新的标题或者修改已存在的标题。

这里，可以给通过向导生成的数据访问页加上标题"个人综合得分"，修改后的数据访问页如图 9-16 所示。

图 9-16　给 Web 页加标题

9.4 小 结

在 Access 2000 中新增加的数据库对象"数据访问页"使得 Access 数据库的应用范围由原来的单机和局域网扩大到了广域网，但同时，数据访问页的设计和使用，也涉及许多 Internet 网络知识。有关数据访问页的其他内容请参阅 Access 2000 帮助文件。

上 机 题

上机目的：在 Web 页上创建窗体和报表

上机步骤：将学生成绩管理系统发布到校园网上。

习 题

一、填空题

1．数据访问页设计器是以【1】作为其设计界面，并包括有【2】、【3】、【4】和【5】等工具。

2．在 Access 2000 系统中，创建数据访问页的方法有多种，最基本的创建数据访问页的方法有【1】、【2】和【3】3 种主要方式。

3. 指出下列各控件的文字表述：![图标]图标按钮表示【1】，![图标]图标按钮表示【2】，![图标]图标按钮表示【3】，![图标]图标按钮表示【4】，![图标]图标按钮表示【5】。

4. 在 Access 2000 中，提供两种动态的 HTML 文件格式：【1】和【2】文件格式。

5. 在 Access 中需要向网上发布数据库中的数据的时候，可以采用的对象是【1】。

二、判断题

1. 数据访问页是存储在 Access 2000 数据库系统的统一文件中（.mdb）。【1】

2. 当数据访问页被打开时，它对数据的访问是动态的。【1】

三、单项选择题

1. 将 Access 数据库中的数据发布在 Internet 网络上可以通过_____实现。

A. 查询　　　　　　B. 窗体　　　　　C. 表　　　　　　D. 数据访问页

2. Access 通过数访问页可以发布的数据_____。

A. 是数据库中保存的数据　　　　　　B. 只能是数据库中保持不变的数据

C. 只能是数据库中变化的数据　　　　D. 只能是静态数据

四、多项选择题

1. 有关数据访问页的说法正确的是_____。

A. 可以看作是 Web 浏览器页面上的 Access 窗体或报表

B. 数据访问页能够像窗体和报表一样允许用户与 Web 之间进行数据交换

C. 数据访问页存储在 Access 2000 数据库系统的统一文件中（.mdb）

D. 当数据访问页被打开时，它对数据的访问是动态的

2. 以下说法正确的是_____。

A. 数据访问页是 Access 2000 数据库中新增加的一个对象类型，和其他数据管理对象如窗体、报表在性质上有所不同

B. 数据访问页单独存储在 Access 2000 数据库之外的 HTML 文件中

C. 创建数据访问页可以用以下两种方法："数据页向导"、"数据页设计器"

D. 数据访问页是专门用来查看、编辑和汇总在浏览器上的活动数据

第10章
宏操作

【本章提要】

使用"宏操作"（以下简称"宏"）可以使用户更加方便而快捷地操纵 Access 数据库系统。在 Access 数据库系统中，通过直接执行宏或者使用包含宏的用户界面，可以完成许多繁杂的人工操作。而在许多其他数据库管理系统中，要想完成同样的操作，就必须采用编程的方法才能实现。而编写宏的时候，不需要记住各种语法，因为每个宏操作的参数都显示在"宏"窗体上，操作比较简单。本章介绍 Access 数据库中理论性较强的两个对象之一的宏，主要内容有宏的基本概念、创建宏、调试和运行宏等。

10.1 宏 的 概 念

【提要】本节简单介绍了宏的概念及宏可以完成的一些操作。

什么是宏？简单地说，宏就是一个或多个操作的集合，其中的每个操作能够自动地实现特定的功能。在 Access 中，可以为宏定义各种类型的动作，如打开和关闭窗体、显示及隐藏工具栏、预览或打印报表等。通过执行宏，Access 能够有次序地自动执行一连串的操作，包括各种数据、键盘或鼠标的操作。

那么用户究竟什么时候需要使用宏呢？一般来说，主要是对于事务性的或重复性的操作，如打开和关闭窗体、显示和隐藏工具栏或运行报表等。

一般来说，使用宏可以实现下列操作。

（1）创建全局赋值键（变量）。

（2）在首次打开数据库时，执行一个或一系列操作。

（3）建立自定义菜单栏。

（4）从工具栏上的按钮执行自己的宏或者程序。

（5）可以使用宏把筛选程序加到各个记录中，从而提高记录查找的速度。

（6）使用宏可以随时打开或者关闭数据库对象。

（7）使用宏可以为窗体或者报表中的控制设置值，同时还可以模拟键盘动作，并把输入提供给对话框。

（8）可以使用宏来显示各种信息，并能够使扬声器发出报警声，以引起用户的注意。

（9）使用宏可以实现数据自动传输。可以自动地在各种数据格式之间引入或导出数据。

（10）可以使用宏移动 Access 环境下的任何一个窗体，并能改变它们的大小。

（11）使用宏可以为窗体定制菜单，并可以让用户设计其中的内容。

（12）使用宏可以启动其他的应用程序，可以是 MS-DOS 应用程序，也可以是 Windows 应用程序。

10.2 宏 的 分 类

【提要】本节介绍宏的3种类型：操作序列、宏组和包括条件操作的宏。

Access 下的宏可以是包含操作序列的一个宏，也可以是某个宏组，宏组由若干个宏构成。另外，还可以使用条件表达式来决定在什么情况下运行宏及在运行宏时是否进行某项操作。根据以上的3种情况，可以将宏分为3类：操作序列、宏组和包括条件操作的宏。

1. 操作序列

例如，图 10-1 所示的宏是由一系列的操作序列组成的。每次运行宏时，Access 都将执行这些操作。如果要运行该宏，只要在合适的地方引用宏的名称就可以了。

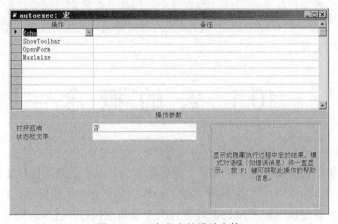

图 10-1 已定义宏的设计窗体

2. 宏组

如果存在着许多宏，那么将相关的宏分到不同的宏组将有助于数据库的管理。例如，图 10-2 所示的宏组就是由 4 个宏组成的。它们分别是"宏 1"、"宏 2"、"宏 3" 和 "宏 4"。

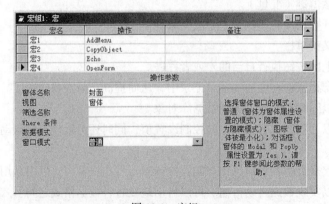

图 10-2 宏组

宏组类似于程序设计中的"主程序",而宏组中"宏名"列中的宏类似于"子程序"。使用宏组既可以增加控制,又可以减少编制宏的工作量。

用户也可以通过引用宏组中的"宏名"(宏组名.宏名),执行宏组中的一部分宏。在执行宏组中的宏时,Access 系统将按顺序执行"宏名"列中的宏所设置的操作以及紧跟在后面的"宏名"列为空的操作。

3. 条件操作宏

在某些情况下,可能希望仅当特定条件为真时才在宏中执行一个或多个操作。这时可以使用宏的条件来控制宏的流程。

例如,当"国家"字段没有值(即这个值是 Null),则下面的宏将下达 StopMacro 的操作;如果窗体上"邮政编码"字段数值的长度或格式与"国家"字段中相应国家不符时,将执行几对 MsgBox 和 CancelEvent 操作之一。

含有条件的宏(见图 10-3),只有在指定的条件满足时,才执行相应的宏。

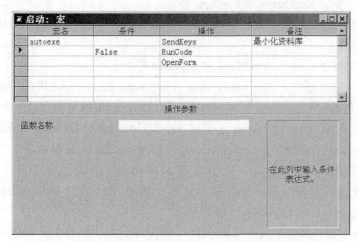

图 10-3 带有"宏名"和"条件"的宏列表

10.3 宏窗体中的工具栏

【提要】本节简单介绍宏窗体中工具条的使用。

当创建、编辑或者测试宏时,需要用到宏窗体中的工具栏。打开宏的设计窗体,就会在窗体的上端出现一行工具栏,如图 10-4 所示。

图 10-4 宏设计的工具栏

工具栏中有一些按钮是前面章节中没有见到过的,下面对这些按钮做一下简单介绍。

● 宏名按钮 ：选中该按钮将显示或隐藏宏窗体中宏名列。可以输入宏的名称。

● 条件按钮 ：选中该按钮将显示或隐藏宏窗体中的条件列。可以设定必要的条件。

● 执行按钮 ！：选中该按钮将运行宏。

● 单步执行按钮 ：选中该按钮可以设置或取消步调试状态。

10.4 宏 动 作

【提要】本节介绍各种类型的宏操作命令。

打开的宏窗体中有一列用于定义宏的动作（Action）。在一个宏中可定义多个动作，并且可以定义执行的顺序。

一般来说，在 Access 数据库中，宏动作按功能可以分为以下几类。

● 打开或关闭数据表、查询、窗体和报表。例如 Close、OpenForm、OpenQuery、OpenTable 和 OpenReport 等命令。

● 打印数据。例如 Print 命令。

● 运行查询。例如 RunQuery 和 RunSQL 命令。

● 测试条件和控制动作流。例如 DoMenuItem、Cancel Event、RunCode、RunMacros、Quit 和 StopMacro 等命令。

● 设置值。例如 Requery、SendKeys 和 SetValue 等命令。

● 查找数据或定位记录。例如 ApplyFilter、FindNext、FindRecord 和 GoToRecord 等命令。

● 建立菜单和运行菜单命令。例如 AddMenu 和 DoMenuItem 等命令。

● 控制显示。例如 Echo、GoToPage、GoToControl、Hourglass、Maximize、Minimize、MoveSize、RepaintObject、Restore、SelctObject、SetWarnings 和 ShowAllRecords 等命令。

● 通知或警告用户。例如 Beep、MsgBox 和 SetWarnings 等命令。

● 重新命名，引入和导出对象，执行复制。例如 Rename、TransferDatabase、Transfer Spreadsheet、TransferText 和 CopyObject 等命令。

当我们把鼠标放到"操作"列中的某一行后，在该单元格中的右边会出现一个下拉按钮，单击这个下拉按钮，就会显示可供选择的动作，如图 10-5 所示。

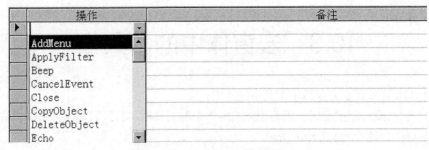

图 10-5　可供选择的宏操作

当用户选择完动作后，在宏窗体的左下方会出现一些动作参数，用户可以设置其中的值。对于各个动作，出现的动作参数可能不一样。在用户设置动作参数的过程中，可以参阅这些提示信息。

用户每选择一个宏操作，操作参数右部就会自动显示该宏操作的提示信息。如图 10-6 所示，椭圆部分的内容即为操作参数提示信息。

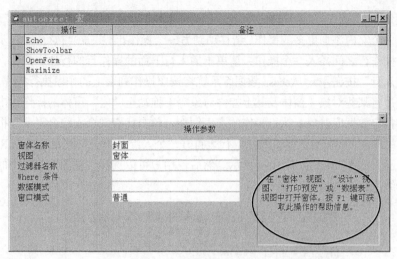

图 10-6　宏操作的提示信息

10.5　创　建　宏

【提要】本节介绍宏的创建方法和操作过程。

创建宏的具体操作过程如下。

（1）在"数据库"窗体中，选择"宏"选项卡。

（2）单击"新建"按钮。系统将出现新建宏的设计窗体，如图 10-7 所示。

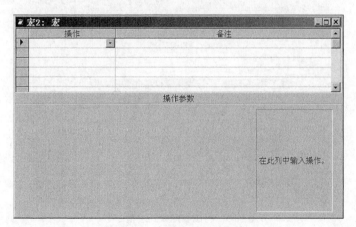

图 10-7　新建宏的设计窗体

（3）单击"操作"字段的第一个单元格，然后再单击该单元格的下拉按钮，来显示出操作列表。

（4）选择要使用的操作。

（5）键入操作的说明（备注）。说明不是必选的，但可以使宏更易于理解和维护。

（6）在窗体的下半部是当前操作的"操作参数"列表。如果需要，请指定操作的参数。如果操作参数的设置是一个数据库名，则可以从"数据库"窗体中将对象拖动到操作的"对象名称"

参数框来设置参数。

如果要在一个宏内添加更多的操作，请移动到另一个操作行，并重复执行第 3 步到第 7 步。如果要在两个操作行之间插入一个操作，请单击插入行下面的操作行的行选定按钮，然后在工具栏上单击"插入行"按钮 ³←。Access 数据库系统将按照操作列表上的顺序执行操作。

也可以通过将某些对象（窗体及其上控件对象等）拖动至"宏"窗体的操作行内的方式来快速创建一个在指定数据库对象上执行操作的宏。例如，单击代表"个人综合得分"报表的图像，把它直接拉到一个空的"操作"单元格中。代表打开"个人综合得分"报表的 OpenReport 操作就会自动的建立了，如图 10-8 和图 10-9 所示。然后，用户可以选择"视图"菜单中的选项和其他操作参数，继续进行宏的编制。

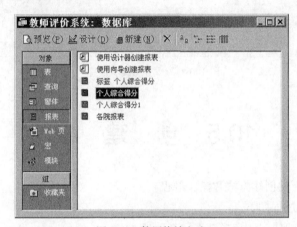

图 10-8　使用拖放方式

图 10-9　将图表拖放到宏指令中

10.6　在宏中设置操作参数的提示

【提要】本节介绍宏的设计过程中，宏的操作参数的设置方法。

在宏中添加了某个操作之后，可以在"宏"窗体的下部设置这个操作的参数。关于设置操作参数的简要说明如下。

- 可以在参数框中键入数值，也可以从列表中选择某个设置。
- 通常，按参数排列顺序来设置操作参数是很好的方法。
- 通过从"数据库"窗体拖动数据库的方式来在宏中添加操作，系统会自动设置适当的参数。
- 如果操作中有调用数据库对象名的参数，则可以将对象从"数据库"窗体中拖动到参数框，从而由系统自动设置操作及其对应的对象类型参数。
- 可以用前面加等号（=）的表达式来设置操作参数，但不可以对表 10-1 中的参数使用表达式。

表 10-1　　　　　　　　　　　　不能设置成表达式的操作参数

参　　　数	操　　　作
Object Type	Close， DeleteObject， GoToRecord， OutputTo， Rename，Save，SelectObject， SendObject， RepaintObject， TransferDatabase
Source Object Type	CopyObject
Database Type	TransferDatabase
Spreadsheet Type	TransferSpreadsheet
Specification Name	TransferText
Toolbar Name	ShowToolbar
Output Format	OutputTo， SendObject
All arguments	RunCommand

10.7　创建宏组

【提要】本节介绍宏组的创建方法和操作过程。

如果要在一个位置上将几个相关的宏构成组，而不希望对其单个追踪，可以将它们组织起来构成一个宏组。具体的创建过程如下。

（1）在"数据库"窗体中，选择"宏"选项卡。

（2）单击"新建"按钮。

（3）单击工具栏中的"宏名"按钮 XYZ。

（4）在"宏名"栏内，键入宏组中的第一个宏的名字。

（5）添加需要宏执行的操作。

（6）如果希望在宏组内包含其他的宏，请重复（4）到（5）。

保存宏组时，指定的名字是宏组的名字。这个名字也是显示在"数据库"窗体中的宏和宏组列表的名字。如果要引用宏组中的宏，请用下面的语法：宏组名.宏名。

10.8　宏的条件表达式

【提要】本节介绍带条件的宏的创建方法及条件表达式的表达形式。

单击"视图"菜单中的"条件"命令，或者单击工具栏上的"条件"按钮，都可以在宏列表中增加"条件"列，如图 10-3 所示。

条件是逻辑表达式。返回值只有两个："真"和"假"。宏将根据条件结果的"真"或"假"而沿着不同的路径执行。

单击"视图"菜单中的"条件"命令，或者单击工具栏上的"条件"按钮☑，都可以在宏列表中增加"条件"列，如图 10-3 所示。

可以将条件输入到"宏"窗体的"条件"列中。如果这个条件结果为真，则 Microsoft Access 将执行此行中的操作。在紧跟此操作的操作的"条件"栏内键入省略号（…），就可以使 Microsoft Access 在条件为真时可以执行这些操作。

在宏的条件表达式中，有可能会引用到窗体的控件值。在宏表达式中要使用如下的语法：

Forms![对象名]![控件名]

10.9 执 行 宏

【提要】本节介绍宏的测试执行及宏的一般使用方法。

在执行宏时，Access 数据库系统将从宏的起始点启动，并执行宏中所有操作直到到达另一个宏（如果宏是在宏组中的话）或者到达宏的结束点。

如果要直接执行宏，请进行下列操作之一。

（1）如果要从宏窗体中执行宏，单击工具栏上的"执行"按钮█。

（2）如果要从数据库窗体中执行宏，选择"宏"选项卡，然后双击相应的宏名。

（3）如果要从窗体"设计"视图或报表"设计"视图中执行宏，将鼠标指向"工具"菜单中的"宏"，再单击"执行宏"。

（4）如果要在 Access 数据库系统的其他地方执行宏，在"工具"菜单上单击"执行宏"，然后单击"宏名"框中相应的宏。

在通常情况下直接执行宏只是进行宏测试。在确保宏的设计无误之后，可以将宏附加到窗体、报表或控件中，以对事件做出响应，或创建一个执行宏的自定义菜单命令。

如果要执行宏组中的宏，请进行下列操作之一。

（1）将宏指定为窗体或报表的事件属性设置，或指定为 RunMacro 操作的 Macro Name 参数。使用 macrogroupname.macroname 来引用宏。

（2）将鼠标指向"工具"菜单中的"宏"，单击"执行宏"命令，然后选定"宏名"列表中的宏。当宏名出现在列表中时，宏名列表中将包含宏组中的所有宏。

（3）在 VBA 程序中执行宏组中的宏的方法是：使用 DoCmd 对象的 RunMacro 方法，并采用前面所示的引用宏的方法。

10.10 调 试 宏

【提要】本节介绍宏的调试方法和操作过程。

在 Access 数据库系统中提供了一个重要的宏调试工具，可以用来单步调试宏中的各个动作。使用单步执行宏的方法，就可以观察宏的流程和每一个操作的结果，并且可以排除导致错误或产生非预期结果的操作。

（1）打开要调试的宏，例如宏"autoexec"，如图 10-10 所示。

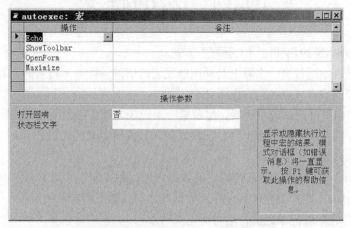

图 10-10　宏"autoexec"的设计窗体

（2）在工具栏上单击"单步"按钮⅀。

（3）在工具栏上单击"执行"按钮 。系统将出现"单步执行宏"对话框，如图 10-11 所示。

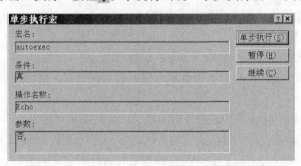

图 10-11　"单步执行宏"对话框

（4）单击"单步"按钮，以执行显示在"单步执行宏"对话框中的操作。

（5）单击"暂停"按钮，可以停止宏的执行并关闭对话框。

（6）单击"继续"按钮，可以关闭"单步执行宏"，并执行宏的未完成部分。

如果宏没有按预期要求运行，或者出现如图 10-12 所示的"操作失败"对话框。

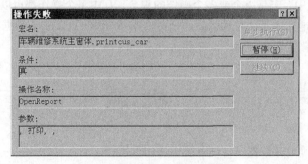

图 10-12　"操作失败"对话框

如果要在宏执行过程中暂停宏的执行，请同时按 Ctrl 键和 Break 键。

10.11　宏的触发

【提要】本节介绍宏的几种使用（触发）方式。

在窗体或者报表中运行宏，实际上是利用触发宏的事件属性来运行宏的。有如下几种方法。

打开和关闭窗体或者报表的宏有以下几个。

● OnOpen：当打开窗体或报表后，显示第一条记录之前，触发所定义的宏。

● OnClose：在关闭窗体或者报表并清除之前，触发所定义的宏。

用于改变数据的宏有下面一些。

● After Update：在修改窗体或控件中的数据之后，触发所定义的宏。

● Before Update：在修改窗体或保存到数据库之前，触发所定义的宏。

● OnDelete：在删除记录之前，运行所定义的宏。

● OnInsert：在向新的记录输入字符时，运行所定义的宏。

用于改变操作的宏有以下几个。

● OnCurrent：在首次打开窗体或从当前记录翻到另一个记录并显示此记录之前运行宏。

● OnActivate：当窗体或报表成为激活窗体时，运行所定义的宏。

● OnExit：在试图离开某一个控件之前，运行所定义的宏。

● OnEnter：在试图移到某一个控件之前，运行所定义的宏。

● OnClick：当用户在一个对象上按下鼠标按钮然后释放时，运行所定义的宏。

用于打印的宏有以下几个。

● OnFormat：在格式化报表区域进行打印之前，运行所定义的宏。

● OnPrint：在打印报表中经过格式化的区域之前，运行所定义的宏。

用于激活菜单的宏有 OnMenu。它可在选择菜单时运行所定义的宏。

触发宏的事件可以在窗体、报表及控件的属性表中找到。

10.12　小　　结

在 Access 数据库中，宏是一个或多个操作的集合，其中每个操作都可以实现特定的功能，灵活地使用宏可以方便地完成某些普通的操作任务。本章介绍了 Access 数据库中宏的一些基本操作，包括宏的概念、创建宏和宏组、调试和运行宏等内容。

上　机　题

上机目的：能正确地在数据库管理系统中使用宏操作

上机步骤：

（1）在学生成绩管理系统中，建立一个如图 10-13 所示的学生成绩管理系统主窗体，其中的各个按钮的功能都要求用宏操作来实现（当然，在此之前您必须已经完成数据表、窗体和报表的设计工作）。

图 10-13　学生成绩管理系统

（2）试设计一个职工工资输出程序，数据组织如下：

表名称：　　人员表　　　　　　　　工资表

（字段属性）

编号	T	5	（主键）	编号	T	5	（主键）

编号　　　　T　5　（主键）　　　　编号　　　　T　5　（主键）

姓名　　　　T　8　　　　　　　　　起始年月　　D　8

性别　　　　T　2　　　　　　　　　职称　　　　T　10

年龄　　　　N　2　　　　　　　　　基本工资　　N　8.2

简历　　　　M　　　　　　　　　　　津贴　　　　N　8.2

（职称字段取值是：高工、工程师、技术员、技师四项之一）

设计要求：

① 设计原始数据表结构，输入合适测试数据（至少 10 条记录）。

② 设计起始画面，如图 10-14 所示。

窗体 1　　　　　　　　　　　　　　　　　　窗体 2

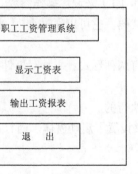　　　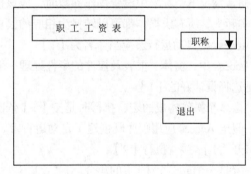

图 10-14　起始画面

单击"显示工资表"，打开窗体 2；

单击"输出工资报表"，打开报表（见说明 3）。

说明：窗体 2 的职称组合框项目（全员，高工，工程师，技术员，技师）；

　　　选择列表选项后，屏幕即刻根据条件更新显示数据。

③ 输出报表格式如下。

编号　姓名　工龄　职称　工资

（以下显示记录数据）

说明：分别按职称类别统计平均工资；

　　　结束位置统计总平均工资和工资总额。

④ 在窗体或报表中，设置必要数据显示格式（如货币类型数据 ￥12,000.00）。

⑤ 根据需要设计必要查询对象。

习 题

一、填空题

1. 在图 10-15 中，图标按钮 1 表示【1】，图标按钮 2 表示【2】，图标按钮 3 表示【3】，图标按钮 4 表示【4】。

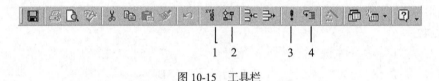

图 10-15 工具栏

2. 如果要引用宏组中的宏，采用的语法是：【1】。

3. 如果我们想要建立一个宏，希望执行该宏后，首先打开一个表，然后打开一个窗体，那么在该宏中应该使用【1】和【2】两个操作。

4. 在宏的表达式中还可能用到控件的名称。在宏表达式中要使用如下的语义来定义表达式：【1】或【2】。

5. 在设置宏的操作参数时，不可以对【1】、【2】、【3】、【4】、【5】、【6】、【7】、【8】等参数使用表达式。

6. 通常情况下，在宏中设置操作参数时，应该按照【1】来设置操作参数。

7. 实际上，所有宏操作都可以转换为相应的模块代码。它可以通过【1】来完成。

8. Access 的自动运行宏应当命名为【1】。

9. Access 中，窗体、报表及控件的事件处理一般有两种形式：一是写事件代码，即 VBA 编程；二是选择设计好的【1】。

10. 由多个操作构成的宏，执行时是按【1】依次执行的。

11. 假定 Access 应用程序既创建了自动运行宏，又设置了启动窗体。当打开该应用程序时，首先会打开【1】，接着执行【2】。

12. 宏是一个或多个【1】的集合。

二、单项选择题

1. 在条件宏设计时，对于连续重复的条件，可以代替的符号是_____。

A. …   B. :   C. ,   D. ?

2. 在宏的表达式中要引用报表 r 上控件 a 的值，可以使用引用式_____。

A. [a]   B. [r]![a]

C. [Reports]! [r]![a]   D. [Report]![a]

3. 宏的调试是配合使用设计器上的_____工具按钮。

A. "宏名"   B. "条件"   C. "运行"   D. "单步"

4. 使用宏组可以_____。

A. 对多个宏进行组织和管理   B. 设计出包含大量操作的宏

C.　减少程序内存消耗　　　　　　　D.　设计出功能复杂的宏

三、多项选择题

1. 使用宏可以实现以下哪些操作? _____

A.　建立自定义菜单栏

B.　实现数据自动传输

C.　创建局部赋值键（变量）

D.　可以随时打开或关闭数据库对象

2. 有关宏的操作正确的是_____。

A.　所有宏操作都可以转换为相应的模块代码

B.　使用宏把筛选程序加到各个记录中，从而提高记录查找的速度

C.　使用宏可以启动其他的应用程序

D.　可以在任何情况下重命名

四、简答题

1. 一般来说，单一宏能够执行哪些操作?

2. 一般来说，在 Access 2000 中宏动作按功能可以分哪几类?

3. 在 Access 2000 中提供有 14 个触发宏的事件，按功能可以分为哪几类?

4. 如果需要执行宏组中的宏，可以采用哪些操作方法?

第 11 章

面向对象程序设计语言——VBA

【本章提要】

在 Access 数据库中,设计的程序代码以 VBA(Visual Basic for Application)语言为基础书写,以函数过程(Function)或子过程(Sub)的形式存放在数据库的模块对象当中。本章介绍 Access 数据库的 VBA 程序流程控制、常用操作和数据库简单编程技术。

11.1 VBA 概述

【提要】本节将简单介绍 VBA 语言的概况,VBA 与 xBase、PAL 和 Visual Basic 等其他语言的不同等内容。

11.1.1 为什么要使用 VBA

一般来说,Access 内置的操作指令及其序列(通常位于宏对象中)可以提供足够的需要。但是,由于下面几种原因,需要使用 VBA 程序代码作为 Access 操作指令的一部分。

(1)建立用户自定义的函数(UDF)代替重复使用的表达式。

(2)编写包含有比 Iif()函数更复杂的决策结构的表达式。

(3)想要执行标准 Access 宏不支持的操作,例如想要进行事务处理。

(4)想要执行 Access 标准 DDE()及 DDESend()不支持的 DDE 操作。

(5)想要同时打开两个或两个以上数据库。

(6)想要提供应用程序源文件复制的功能。

11.1.2 VBA 简介

BASIC 是 Beginners All-Purpose Symbolic Instruction Code 的缩写。它是一种适合初学者学习、使用的高级语言,目前已在世界范围内相当普及。

Visual Basic for Application(VBA)是由 Microsoft 公司在其 Office 套件产品中内嵌的以 BASIC 语法为基础的一种语言。其中增加了大量的关于文档、对象的操作。

11.1.3 VBA 与 xBase、PAL 和 Visual Basic 的比较

曾经用过 dBase Ⅲ、dBase Ⅳ 或其他 xBase 的同系语言(如 Clipper 及 Foxpro)的程序设计师将发现,VBA 使用许多相同的 xBase 关键字,或稍微改变的关键字。Broland 的 PAL 是与 xBase

相关的，所以 PAL 的程序设计师也会发现 VBA 关键字是直接从 PAL 翻译的。用户定义的函数在 VBA、xBase 和 PAL 的结构中几乎都是相同的，而在程序代码结构上也颇相似。一般在编写 Windows 的应用程序代码和 VBA for Access 程序的程序代码时，需要完全不同的程序代码结构。

DOS DBM 的程序使用由上到下的程序设计技巧，来表示一个主程序调用（执行）特定操作的子程序或程序。这个程序的使用者可以从要使用哪个子程序或程序的菜单中做出决定。让程序在使用者决定接下来要选哪一个菜单指令时，保持等待状态的选项是包含在 DO WHILE …ENDDO 循环中的。程序代码要负责所有在程序执行时所发生的操作。在 Windows 及 Access 中的情形，则不同于由上到下的程序设计。Access 本身就是主程序，且 Windows 负责许多在 DOS DBM 语言中所必须编写的函数。这个事实对新的程序设计师来说有很大好处，因为 Windows 及 Access 简化了复杂程序的开发过程。

11.1.4　如何使用 Visual Basic 程序代码

建立一个 Access 数据管理应用系统之前，用户可以事先使用 Visual Basic 来建立处理复杂运算的函数，在程序代码中加入附注，使他人可以明了程序代码的结构与目的。此外，当使用程序几个月后，决定要修改该程序时，附注也可以帮助记忆。

11.2　模块的定义和使用

【提要】本节介绍模块、函数及过程的概念，并对函数及子过程用法进行说明。

11.2.1　模块的概念

模块是 Access 系统中的一个重要对象，它以 VBA（Visual Basic for Applications）为基础编写，以函数过程（Function）或子过程（Sub）为单元的集合方式存储。Access 中，模块分为标准模块和类模块两种类型。

1. 标准模块

标准模块一般用于存放供其他 Access 数据库对象或代码使用的公共过程。在系统中可以通过创建新的模块对象而进入其代码设计环境，如图 11-1 和图 11-2 所示。

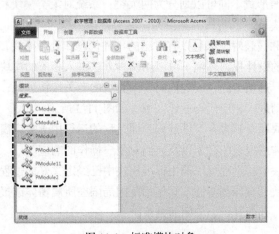

图 11-1　标准模块对象

图 11-2　模块对象 PModule

标准模块通常安排一些公共变量或过程供类模块里的过程调用。在各个标准模块内部，变量和函数方法默认为 Public 属性供外部引用；如果需要，也可以使用 Private 关键字来定义私有变量和私有过程仅供本模块内部使用。

标准模块中的公共变量和公共过程具有全局特性，其作用范围在整个应用程序里，生命周期是伴随着应用程序的运行而开始、关闭而结束。

根据系统规模和设计的需要，可以将这些公共变量和过程组织在多个不同的模块对象内。不同模块对象里允许定义相同的变量名和过程方法名，外部引用时使用"模块对象名.变量"或"模块对象名.过程（或方法）"的形式。比如两个模块对象 PModule1 和 PModule2 中都定义了公共常量 PI 和方法 p()，则引用形式为：

```
PModule1.PI, PModule1.p()
PModule2.PI, PModule21.p()
```

直接引用会产生二义性错误。

2. 类模块

类模块，顾名思义是以类的形式封装的模块，是面向对象编程的基本单位。Access 编程虽然不是完全的面向对象，但也提供一些面向对象的处理技术，比如类模块、事件等。

Access 的类模块按照形式不同可以划分为两大类：系统对象类模块和用户定义类模块。

（1）系统对象类模块

Access 的窗体对象和报表对象都可以有自己的事件代码和处理模块，这些模块属于系统对象类模块。在窗体或报表的设计视图环境下可以用两种方法进入相应的模块代码设计区域：一是鼠标点击工具栏中"创建"选项卡的"宏与代码"工具组的有关按钮进入；二是为窗体或报表创建事件过程时，系统会自动进入相应代码设计区域，如图 11-3 所示。

窗体模块和报表模块通常都含有事件过程，而过程的运行用于响应窗体或报表上的事件。使用事件过程可以控制窗体或报表的行为以及它们对用户操作的响应。

窗体模块和报表模块中的过程可以调用标准模块中已经定义好的过程。

窗体模块和报表模块具有局部特性，其作用范围局限在所属窗体或报表内部，而生命周期则是伴随着窗体或报表的打开而开始、关闭而结束。

图 11-3　系统对象类模块代码区

（2）用户定义类模块

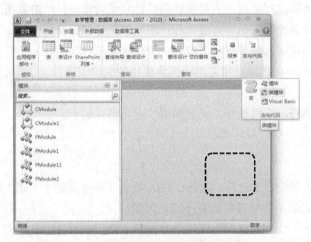

图 11-4　创建用户定义类模块选项

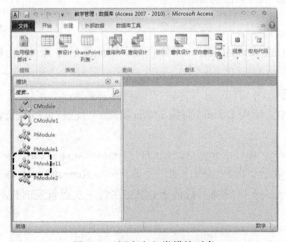

图 11-5　用户定义类模块对象

外部引用用户定义类模块时，一般使用 new 操作符创建该类模块的对象实例，然后通过对象实例使用公共变量、属性和过程方法等模块内容。比如类模块对象 CModule 定义了属性 GetColor 和方法 SetValue()，则引用形式为：

```
Dim obj as Object
Set obj= new CModule              /* 创建类模块对象实例 */
obj. GetColor=RGB(255,0,0)        /* 引用对象属性 */
GetColor.SetValue()               /* 引用对象方法 */
```

（3）将宏转换为模块

在 Access 系统中，根据需要可以将设计好的宏对象转换为模块代码形式。

11.2.2　模块的定义和使用

过程是模块的主要单元组成，由 VBA 代码编写而成。过程分两种类型：Sub 子过程和 Function 函数过程。

1. 在模块中加入过程

模块是装着 VBA 代码的容器。在窗体或报表的设计视图里，单击工具栏的"代码"按钮或者创建窗体或报表的事件过程可以进入类模块的设计和编辑窗口；单击数据库窗体中的"模块"对象标签，然后单击"新建"按钮即可进入标准模块的设计和编辑窗口。

一个模块包含一个声明区域，且可以包含一个或多个子过程（以 sub 开头）或函数过程（以 Function 开头）。模块的声明区域是用来声明模块使用的变量等项目。

（1）Sub 过程

又称为子过程。执行一系列操作，无返回值。定义格式如下。

```
Sub  过程名
[程序代码]
End  Sub
```

可以引用过程名来调用该子过程。此外，VBA 提供了一个关键字 Call，可显式调用一个子过程。在过程名前加上 Call 是一个很好的程序设计习惯。

（2）Function 过程

又称为函数过程。执行一系列操作，有返回值。定义格式如下。

```
Function  过程名  As  （返回值）类型
      [程序代码]
End  Function
```

函数过程不能使用 Call 来调用执行，需要直接引用函数过程名，并由接在函数过程名后的括号所辨别

2. 在模块中执行宏

在模块的过程定义中，使用 Docmd 对象的 RunMacro 方法，可以执行设计好的宏。其调用格式为

```
Docmd.RunMacro MacroName[, RepeatCount][, RepeatExpression]
```

其中，MacroName 表示当前数据库中宏的有效名称；RepeatCount 可选项用于计算宏运行次数的整数值；RepeatExpression 可选项为数值表达式，在每一次运行宏时进行计算，结果为 False(0) 时，停止运行宏。

11.3　VBA 程序设计概念和书写原则

【提要】本节介绍 VBA 编程语言的一些重要概念和书写原则，初步了解面向对象编程的机制。

VBA 是微软 Office 套件的内置编程语言，其语法与 Visual Basic 编程语言互相兼容。在 Access 程序设计中，当某些操作不能用其他 Access 对象实现，或者实现起来很困难时，就可以利用 VBA 语言编写代码，完成这些复杂任务。

11.3.1　集合和对象

Access 采用面向对象程序开发环境，其数据库窗口可以方便地访问和处理表、查询、窗体、报表、页、宏和模块对象。VBA 中可以使用这些对象以及范围更广泛的一些可编程对象，例如 "记录集" 等。

一个对象就是一个实体，如一辆自行车或一个人等。每种对象都具有一些属性以相互区分，如自行车的尺寸、颜色等特征，即属性可以定义对象的一个实例。例如一辆 28# 自行车和一辆 26# 自行车就分别定义了自行车对象的两个不同的实例。

对象的属性按其类别会有所不同，而且同一对象的不同实例属性构成也可能有差异。比如自行车对象的属性与人这个对象的属性显然不同，同属自行车对象的普通自行车和专用自行车的属性构成也不尽相同。

对象除了属性以外还有方法。对象的方法就是对象的可以执行的行为，比如上述自行车的脚蹬和刹车等。一般情况下，对象都具有多个方法。

Access 应用程序由表、查询、窗体、报表、页、宏和模块对象列表构成，形成不同的类。Access 数据库窗体左侧显示的就是数据库的对象类，单击其中的任一对象类，就可以打开相应对象窗口。而且，其中有些对象内部，例如窗体、报表等，还可以包含其它对象-控件。Access 中，控件外观和行为可以设置定义。

集合表达的是某类对象所包含的实例构成。

11.3.2　属性和方法

属性和方法描述了对象的性质和行为。其引用方式为：对象.属性或对象.行为。

Access 中 "对象" 可以是单一对象，也可以是对象的集合。例如，Label1.Caption 属性表示 "标签" 控件对象的标题属性，Reports.Item(0) 表示报表集合中的第一个报表对象。数据库对象的属性均可以在各自的 "设计" 视图中，通过 "属性窗体" 进行浏览和设置。

Access 应用程序的各个对象都有一些方法可供调用。了解并掌握这些方法的使用可以极大地增强程序功能，从而写出优秀的 Access 程序来。

Access 中除数据库的 7 个对象外，还提供一个重要的对象：Docmd 对象。它的主要功能是通过调用包含在内部的方法实现 VBA 编程中对 Access 的操作。例如，利用 Docmd 对象的 OpenReport 方法可打开报表 "教师信息"，语句格式为：

Docmd.OpenReport　　 "教师信息"

Docmd 对象的方法大都需要参数。有些是必给的，有些是可选的，被忽略的参数取缺省值。

例如，上述 OpenReport 方法有 4 个参数，见下面调用格式。

DoCmd.OpenReport*reportname* [, *view*] [, *filtername*] [, *wherecondition*]

其中只有 *reportname*（报表名称）参数是必需的。

Docmd 对象还有许多方法，可以通过帮助文件查询使用。

11.3.3　事件和事件过程

事件是 Access 窗体或报表及其上的控件等对象可以"辨识"的动作，如单击鼠标、窗体或报表打开等。在 Access 数据库系统里，可以通过两种方式来处理窗体、报表或控件的事件响应。一是使用宏对象来设置事件属性，对此前面已有叙述；二是为某个事件编写 VBA 代码过程，完成指定动作，这样的代码过程称为事件过程或事件响应代码。

11.3.4　程序语句书写原则

VBA 程序语句书写的基本原则包括以下几点。

1. 语句书写规定

通常将一个语句写在一行。语句较长，一行写不下时，可以用续行符（ _ ）将语句连续写在下一行。

可以使用冒号（ : ）将几个语句分隔写在一行中。

2. 注释语句

一个好的程序一般都有注释语句。这对程序的维护有很大的好处。

在 VBA 程序中，注释可以通过以下两种方式实现。

使用 Rem 语句，格式为：Rem 注释语句

用单引号"'"，格式为：' 注释语句

注释可以添加到程序模块的任何位置，并且默认以绿色文本显示。还可以利用"编辑"工具栏中的"设置注释块"按钮和"解除注释块"按钮，对大块代码进行注释或解除注释。

3. 采用缩进格式书写程序

采取正确的缩进格式以显示出流程中的结构。也可以利用"编辑"菜单下的"缩进"或"凸出"命令进行设置。

11.4　Visual Basic 的数据类型与数据库对象

【提要】本节以 Visual Basic 内容为依据，介绍 VBA 中使用的数据类型和数据库对象。

当建立 Visual Basic 数据表时，所有用来指定字段数据类型与大小的数据类型（除了 OLE 对象和备注数据类型外）都在 Visual Basic 中有相对应的东西。

传统的 BASIC 同系语言使用叫作类型说明字符的标点符号（例如代表数据类型）以指明数据类型。Visual Basic 类型说明字符对应的字段数据类型和数值的范围，分别显示在表 11-1 的 VB 类型、符号、字段类型、符号、最小值和最大值中。在使用 VB 代码中的字节类型、整数类型、长整数类型、自动编号、单精度类型和双精度数类型等的常量和变量与 Access 的其他对象进行数据交换时，必须符合数据表、查询、窗体和报表中相应的字段属性。

表 11-1　　　　　　　　　　　　Visual Basic 与对应的字段数据类型

VB 类型	符号	字段类型	最小值	最大值
整数类型	%	字节类型/整数类型/是/否类型	–32768	32767
长整数类型	&	长整数类型/自动编号	–2147483648	2147483647
单精度数类型	!	单精度数类型	–3.402823E38～–1.401298E-45	1.401298E-45～3.40 2823E38
双精度数类型	#	双精度数类型/日期类型/时间类型	–1.79769313486232E308～–4.94065645841247E-324	4.94065645841247E-324～1.79 769313486232E308
金额类型	@	货币	–922337203685477.5808	922337203685477.5807
字符串类型	$	文本	0 字符	65500 字符
Variant 类型（可变类型）	无	任何	January1/10000（日期）数字类型和双精度类型相同文本类型和字符串类型相同	Decem31/1999（日期）数字类型和双精度类型相同文本类型和字符串类型相同

如果明显地用 Dim… As Data Type 声明变量的话，就可以不用类型声明字符了，这将在后面说明。如果没有明显地声明或使用符号来定义变量的数据类型，默认为 Variant 类型。

"#" 也用来包围指定为日期的数值，例如 New Years=#1/1/99/#。

所有在数据库中使用的数据库的对象，如数据表、查询、窗体和报表，也有对应的 Access 数据类型。在这方面，Visual Basic 不同于其他语言。表 11-2 中是 Visual Basic 的新数据库对象。

表 11-2　　　　　　　　　　Visual Basic 支持数据库对象的数据类型

对象数据类型	对应的数据库对象
数据库 database	Access 数据库
窗体 forms	窗体，包括子窗体
报表 report	报表，包括子报表
控件 controls	控件、窗体和报表
查询 query	查询定义（对等的 SQL 语句）
数据表 table	数据库数据表
结果表 recordset	可更新的查询（记录集合）结果
快照表 Snapshot	不可更新的查询（记录集合）结果

结果集和 Snapshot 数据类型叫作 recordset 对象，因为这些数据类型的变量包含有数据查询中的记录。

11.5 变　　量

【提要】本节介绍 VBA 中各种类型变量的使用，并对变量的作用域及生命周期的概念进行了说明，最后介绍 VB 数组的使用。

变量是代码执行时，定义为改变特定数据类型内含值的占位符。给变量定义名称同字段命名一样，但变量名不能包含空格或除了下画线字符（＿）外的任何其他的标点符号。

另一个限制是变量不能将 Visual Basic 本身的关键字作为变量名。Visual Basic 中的变量名称通常采用大写与小写字母结合，以使变量名的可读性更好。

11.5.1　隐含型变量

可以借助将一个值指定给变量名来建立变量，如下例所示。

NewVar=12345

上面的语句说明了一个 Variant 类型变量 NewVar，它的值是 12345。

当在变量名称后没有附加类型说明字符来指明隐含变量的数据类型时：默认为 Variant 数据类型。下面语句建立了一个整数数据类型的变量。

NewVar%=12345

当不需要小数部分时，将变量说明为整数或长整数类型，可以使程序代码的操作加快，因为计算单精度和双精度变量的值要花较多的时间。

11.5.2　显式的变量

在给变量赋值前说明变量并指明变量的数据类型，是较好的程序设计习惯。如 C 和 C++和 Pascal 程序语言都需要在使用变量前说明变量。

说明变量最常用的方法是使用 Dim…As 结构，其中，As 指数据类型。这种方法可说明显式的变量。下面是一个例子。

Dim NewVar As Integer

如果没有 As Integer 加入关键字，NewVar 将默认指定为 Variant 数据类型。

可以在模块的说明区域中，加入 Option Explicit 语句来强制要求所有变量必须说明。

再有一点就是变量的名字中的大小写字符的顺序，不论在程序中如何拼写，系统会自动将它变成原始定义的大小写顺序，这样既方便输入程序代码，又提高个变量的可读性。

11.5.3　变量的作用域与生命周期

根据变量的定义不同，它起作用的范围——变量的作用域也有所不同。

当变量出现时，它被称作是可见的，即可以为变量指定数值，改变它的值，并将它用于表达式中。在其他的状况下，变量是不可见的。此时，如果使用该变量就有可能导致表达式结果的错误。

下面列出了 Visual Basic 中变量作用域的 3 个层次。

1．局部（程序级）的范围

这种变量只在说明变量的程序被执行时才是可见的。在程序或函数中用或不用 Dim…As 关键字说明的变量的范围都是局部的。

2. 模块级的范围

这种变量在说明该变量的模块所包含的所有程序及函数中是可见的。在模块的说明区域中，用 Dim…As 关键字说明的变量就是模块范围的。

3. 全局的范围

这种变量在所有模块中的所有程序与函数中都是可见的。在模块的说明区域中，用 Global…As 或 Public …As 关键字说明的变量就是属于全局范围的。

变量还有一个特性叫作持续时间或生命周期。变量的持续时间是从变量定义语句所在的子程序第一次运行到程序代码执行完毕，并将控制权交回调用它的程序为止的时间。每次程序或函数被调用时，以 Dim…As 语句说明的局部变量会被设定为默认值，数值数据类型为 0，字符串变量则为空字符串（""）。这些局部的变量，有一个与过程或函数的生命等长的持续时间。

要在程序或函数的实例间保留局部变量的值，可以用 Static 关键字代替 Dim。静态（static）变量的持续时间是程序执行的时间，但它的范围是由说明它的位置所决定的。

应尽量减少说明为 static 局部变量的数量，因为它始终要占据内存。

当用 dim 说明的局部变量不可见时，它们并不占用内存。在使用大量数组的情形下，局部变量的这一特征是特别有利的。

11.5.4　用户定义的数据类型

用户可以建立自己的包含一个或多个 VBA 标准数据类型的数据类型。用户定义的数据类型中不仅包含 VBA 的标准数据类型，还可以包含前面已经说明的其他用户定义数据类型。

用户定义的数据类型可以在 Type… End Type 关键字间说明，参考示例所示。

```
Type DupRec
    Field1 As Long
    Field2 As String *20
    Field3 As Single
    Field4 As Double
End Type
```

当建立　个变量来保存包含不同数据类型字段的数据表的一条或多条记录的时候，用户定义的数据类型特别有用。

必须在模块的"说明"区域中，说明用户定义的数据类型（在其他程序语言中，叫作记录或结构）。必须明显地以 Dim、Global 或 Static 关键字来将变量定义为用户定义的类型。

要为由用户定义的数据类型的变量字段指定数值，可以指明变量名及字段名，并用句点分隔开两个名称，例如，CurrentRec.Field1=2048。其中，"CurrentRec"是用户定义数据类型变量的名字，"Field1"是分量的名字。

11.5.5　Visual Basic 数组

数组是在有规则的结构中包含一种数据类型的一组数据，也叫作数组元素变量。数组变量由变量名和数组下标构成。在 Visual Basic 中不可以有隐含说明的数组。

通常用 Dim 语句来说明数组，在数组名称后的括号中加入元素的数目，如下所示。

```
Dim NewArray（20）　As String
```

这个语句会建立一个由 21 个元素构成的数组，数组的第一个元素是 0 元素（除非加入 To 来制定，如下例所示），所以建立了 21 个元素。

Dim NewArray（1 To 21） As String

上面的语句建立了一个由 20 个元素构成的数组。

VBA 也支持多维数组。可以在数组下标中加入多个数值，并以逗号分开，由此来建立多维数组，如下所示。

Dim NewArray（9，9，9） As String

VBA 还特别支持动态数组。可以用 Dim 而不指明数组元素数目，然后用 ReDim 关键字来决定数组包含的元素数目来说明数组，以建立动态的数组。

每次这样做的时候，保存在数组中的数值便被重新初始化为它们的默认值，这由数据类型决定。下面范例语句建立了一个动态的数组。

Dim NewArray() As Long

Dim NewArray（9，9，9）

当不知道在数组需要多少元素时，动态数组则显得很有用。而且在不需要动态数组包含的数值时，可以使用 ReDim 将其设为 0 元素，这样可以释放该数组曾经占用的内存。

以 Dim 说明的数组的维数最多只能到 8 维。可以在程序中使用 ReDim 语句，ReDim 语句之前不必有 Dim 语句，它可以建立多达 60 维的局部范围的数组。

数组作用域、生命周期的规则和关键字的使用方法与传统变量的范围、持续时间的规则和关键字的用法相同。

可以在模块的说明区域加入 Global 或 Dim 语句，然后在程序中使用 ReDim 语句，以说明动态数组为全局的和模块级的范围。如果以 Static 取代 Dim 来说明数组的话，数组可在程序的示例间保存有它的值。

不要使用 Option Base 关键字将数组的默认起始元素由 0 改为 1。Option Base 包含在 Visual Basic 中，是为了与 QuickBasic 兼容。

在 Visual Basic 中，Option Base 是为了与其他 BASIC 同系语言兼容。许多用 Visual Basic 对象建立的数组必须由元素 0 开始。如果关心被未用到的数组（0）元素所占据的内存，可使用 Dim NewArray（1 To N） As DataType 进行数组说明。在大多数情形下，可以不管第 0 个元素。

11.6　将数据库对象命名为 VBA 程序代码中的变量

【提要】本节简单介绍 VBA 代码中使用数据库对象时的变量命名方式。

以 Access 建立的数据库对象及其属性可被看成是 Visual Basic 程序代码中的变量及其指定的值，例如含有客户地址数据的文本框。可使用下面的语句：

Forms！Customers！Address="123 Elm St."

关键字 Forms 定义对象的类型。感叹号"！"（程序设计是称之为 bang 符号）分隔开格式名和控件对象名。"！"类似于在处理 DOS 文件时使用的"\"路径分隔符。

如果窗体控件对象名称中含有空格或标点符号，就要用方括号把名称括起来，如下面语句所示。

Forms！Customers！[Contact Name]= "Joe Hill"

可以使用 Set 关键字来建立控件对象的变量。当需要多次引用对象时，这样处理是很方便的。如下所示，输入 txtContact 文本框的情况下，比键入控件对象的全部路径方便。

Dim txtContact As Control

Set txtContact=Forms！Customers！[Contact Name]

TxtContact="Jon Hill"

借助将变量说明为对象类型并使用 Set 语句将对象指派到变量的方法，可以将任何数据库对象指定为变量的名称。当指定给对象一个变量名时，不是建立而是引用内存的对象。

11.7　变量命名的法则

【提要】本节简单介绍 VBA 代码中变量命名的一般法则。

在编写 Visual Basic 程序代码时，可能会采用大量的变量名称和许多不同的数据类型。对于控件对象，可以用 Visual Basic 中的 Set 关键字将每个命名的控件对象指定为一个变量名称。但随着程序代码的增多，要记住所有变量的数据类型，就变成很困难的事情了。

Greg Reldic（Access beta-test forum on CompuServe 的成员之一）曾为 Visual Basic 提出一组变量命名的法则。它所提出的命名法则叫作 Hungarian 符号法。该方法主要用在 C 和 C++语言中。

Hungarian 符号法使用一组代表数据类型的码，用小写的码作为变量名的字首。例如，代表文本框的字首码是 txt，所以上例中的文本框变量名为 txtContact。

用户定义的数据类型的表示符（Identifier）被称为产生的标签。在 Hungarian 字符串中，建立的标签是大写的，如下所示。

Type REC

DwField1 As Long

DwField2 As String

DwField3 As Single

DwField4 As Double

End Typc

REC 类型的变量是以 rec 字首说明的，如下所示。

Dim recRecord As REC

产生的标签应该短一点，但不应该与标准数据类型字首码重复。

使用标准的数据类型字首，可使程序代码易于阅读与理解。

11.8　符　号　常　量

【提要】本节简单介绍 VBA 代码中符号常量的定义和使用方法。

在 Visual Basic 程序代码执行过程中，值保持不变的量称为常量，可以用符号常量来表示。只需在符号常量名前加上关键字 Const。例如，Const SPI=3.1416。

若要在模块的声明区中说明符号常量，例如要建立一个所有模块都可使用的全局常量的话，可以在 Const 前加上 Global 关键字，如下所示。

Global Const SPI=3.1416

这一常量涵盖全局或模块级的范围。

传统上，符号常量的名称全部字母都是大写，以便与变量区分，一般不必为常量指定。

11.9 Access 系统定义的常量

【提要】本节简单介绍 VBA 代码中可以使用 Access 系统定义常量。

Access 包含有几个 Access 启动时就建立的系统定义的常量，如 True、False、Yes、No、On、Off 和 Null。这几个常量中，在 Visual Basic 程序代码中可用 True，False 和 Null。剩下的 4 个是提供除了模块以外的所有数据库对象使用的。

全局的常量 True 和 False 在 Visual Basic 中必须要被显示地说明。在 Visual Basic 中不能指定 True、False 和 Null 为常量名。如果在 Visual Basic 中企图要将 True、False 和 Null 指定为常量名的话，系统会提示如下错误信息：

Expected：identifier。

11.10 Access 固有常量

【提要】本节简单介绍 VBA 代码中有关 Access 固有常量的使用。

Access 为操作、数据库与变量数据类型，分别提供了以 A_、DB_、V_作为开头说明的固有常量。这些名称会出现在说明窗体中的"常量主题"中。不可以将任何这些固有常量名称作为用户所定义的常量。

11.11 Access 常用标准函数

【提要】本节简单介绍 Access 提供的常用算数类、文本类和日期类标准函数。

在 VBA 中，除模块创建中可以定义子过程与函数过程完成特定功能外，又提供了近百个内置的标准函数，可以方便完成许多操作。

标准函数一般用于表达式中，有的能和语句一样使用。其使用形式如下。

函数名（<参数 1><,参数 2>[,参数 3][,参数 4][,参数 5]…）

其中，函数名必不可少，函数的参数放在函数名后的圆括号中，参数可以是常量、变量或表达式，可以有一个或多个，少数函数为无参函数。每个函数被调用时，都会返回一个返回值。

11.11.1 算术函数

算术函数完成数学计算功能。主要包括以下算术函数。

1. 绝对值函数：Abs(<表达式>)

返回数值表达式的绝对值。如 Abs(-5)=5。

2. 向下取整函数：Int(<数值表达式>)

返回数值表达式的向下取整数的结果，参数为负值时返回小于等于参数值的第一个负数。

3. 取整函数：Fix(<数值表达式>)

返回数值表达式的的整数部分，参数为负值时返回大于等于参数值的第一个负数。

注意：Int 和 Fix 函数当参数为正值时，结果相同；当参数为负时结果可能不同。Int 返回小于等于参数值的第一个负数，而 Fix 返回大于等于参数值的第一个负数。

4. 四舍五入函数：Round(<数值表达式> [, <表达式>])

按照指定的小数位数进行四舍五入运算的结果。[<表达式>]是进行四舍五入运算小数点右边应保留的位数。

例如：Round(3.754, 1)=3.8；Round(3.754, 0)=4。

5. 开平方函数：Sqr(<数值表达式>)

计算数值表达式的平方根。例如：Sqr(4)=2。

6. 产生随机数函数：Rnd(<数值表达式>)

产生一个 0～1 的随机数，为单精度类型。

数值表达式参数为随机数种子，决定产生随机数的方式。

实际操作时，先要使用无参数的 Randomize 语句初始化随机数生成器，以产生不同的随机数序列。

```
例如：Int(10*Rnd)          '产生[0, 9]的随机整数
      Int(11*Rnd)          '产生[0, 10]的随机整数
      Int(10*Rnd+1)        '产生[1, 10]的随机整数
      Int(10+20*Rnd)       '产生[10, 29]的随机整数
      Int(10+21*Rnd)       '产生[10, 30]的随机整数
```

11.11.2　字符串函数

1. 字符串检索函数：InStr([Start,]<Str1>，<Str2>[, Compare])

检索子字符串 Str2 在字符串 Str1 中最早出现的位置，返回一整型数。Start 为可选参数，为数值式，设置检索的起始位置。如省略，从第一个字符开始检索。Compare 也为可选参数，指定字符串比较的方法。值可以为 1、2 和 0（缺省）。指定 0（缺省）做二进制比较，指定 1 做不区分大小写的文本比较，指定 2 来做基于数据库中包含信息的比较。如指定了 Compare 参数，则一定要有 Start 参数。

注意，如果 Str1 的串长度为零，或 Str2 表示的串检索不到，则 InStr 返回 0；如果 Str2 的串长度为零，InStr 返回 Start 的值。

```
例如：str1="12345"
      str2="34"
      s=InStr(str1,str2)              '返回 3
      s=InStr(3, "aSsiAB","a",1)      '返回 5。从字符 s 开始，检索出字符 A
```

2. 字符串长度检测函数：Len(<字符串表达式>或<变量名>)

返回字符串所含字符数。注意，定长字符串其长度是定义时的长度，和字符串实际值无关。

3. 字符串截取函数

Left(<字符串表达式>,<N>)：从字符串左边起截取 N 个字符。

Right(<字符串表达式>,<N>)：从字符串右边起截取 N 个字符。

Mid(<字符串表达式>,<N1>,[N2])：从字符串左边第 N1 个字符起截取 N2 个字符。

注意，对于 Left 函数和 Right 函数，如果 N 值为 0，返回零长度字符串；如果大于等于字符串的字符数，则返回整个字符串。对于 Mid 函数，如果 N1 值大于字符串的字符数，返回零长度字符串；如果省略 N2，返回字符串中左边起 N1 个字符开始的所有字符。

例如：str = "教师评价系统"

```
str = Left(str, 4)       '返回"教师评价"
str = Right(str, 2)      '返回"系统"
str = Mid(str, 3, 2)     '返回"评价"
str = Mid(str, 3, )      '返回"评价系统"
```

4. 生成空格字符函数：Space(<数值表达式>)

返回数值表达式的值指定的空格字符数。

例如：`str1 = Space(5)`　　　　　　'返回 5 个空格字符

5. 大小写转换函数

Ucase(<字符串表达式>)：将字符串中小写字母转成大写字母。

Lcase(<字符串表达式>)：将字符串中大写字母转成小写字母。

6. 删除空格函数

LTrim(<字符串表达式>)：删除字符串的开始空格。

RTrim(<字符串表达式>)：删除字符串的尾部空格。

Trim(<字符串表达式>)：删除字符串的开始和尾部空格。

11.11.3　日期/时间函数

日期/时间函数的功能是处理日期和时间。主要包括以下函数。

1. 获取系统日期和时间函数

Date()：返回当前系统日期。

Time()：返回当前系统时间。

Now()：返回当前系统日期和时间。

例如：`dt = Date()` '返回系统日期，如 2012-06-23

　　　`dt = Time()` '返回系统时间，如 10:45:30

　　　`dt = Now()` 　　　　'返回系统日期和时间，如 2012-06-2310:45:30

2. 截取日期分量函数

Year(<表达式>)：返回日期表达式年份的整数。

Month(<表达式>)：返回日期表达式月份的整数。

Day(<表达式>)：返回日期表达式日期的整数。

Weekday(<表达式> [, W])：返回 1～7 的整数，表示星期几。

Weekday 函数中，返回的星期值如表 11-3 所示。

表 11-3　　　　　　　　　　　　　　　　星期常数

常数	值	描述
vbSunday	1	星期日（默认）
vbMonday	2	星期一
vbTuesday	3	星期二
vbWednesday	4	星期三
vbThursday	5	星期四
vbFriday	6	星期五
vbSaturday	7	星期六

例如：D = #2012-6-23#

```
yy= Year(D)        ' 返回 2012
mm = Month(D)      ' 返回 6
dd = Day(D)        ' 返回 23
ww = Weekday(D)    ' 返回 7, 因 2012-6-23 为星期六
```

3. 截取时间分量函数

Hour(<表达式>)：返回时间表达式的小时数(0～23)。

Minute(<表达式>)：返回时间表达式的分钟数(0～59)。

Second(<表达式>)：返回时间表达式的秒数(0～59)。

例如：T= #10:45:30#

```
hh = Hour (T)      ' 返回 10
mm = Minute (T)    ' 返回 45
ss = Second (T)    ' 返回 30
```

4. 日期/时间增加或减少一个时间间隔

DateAdd(<间隔类型>,<间隔值>,<表达式>)：对表达式表示的日期按照间隔类型加上或减去指定的时间间隔值。

注意，间隔类型参数表示时间间隔，为一个字符串，其设定值见表 11-4；间隔值参数表示时间间隔的数目，数值可以为正数（得到未来的日期）或负数（得到过去的日期）。

表 11-4　　　　　　　　　　　　　　"间隔类型"参数设定值

设置	描述
yyyy	年
q	季
m	月
y	一年的日数
d	日
w	一周的日数
ww	周
h	时
n	分钟
S	秒

例如：D = #2012-5-28 10:45:30 #

        d1 = DateAdd("yyyy", 2, D)   ' 返回#2014-5-28 10:45:30#，日期加 2 年

        d2 = DateAdd("q", 1, D)   ' 返回#2012-8-28 10:45:30#，日期加 1 季度

        d3 = DateAdd("m", -2, D)   ' 返回#2012-3-28 10:45:30#，日期减 2 月

        d4 = DateAdd("d", 5, D)   ' 返回#2012-6-2 10:45:30#，日期加 5 日

        d5 = DateAdd("ww", 1, D)   ' 返回#2012-6-4 10:45:30#，日期加 1 周

        d6 = DateAdd("n", -70, D)   ' 返回#2012-5-289:35:30#，日期减 70 分钟

5. 计算两个日期的间隔值函数

DateDiff(<间隔类型>,<日期 1>,<日期 2> [,W1][,W2])：返回日期 1 和日期 2 之间按照间隔类型所指定的时间间隔数目。

注意，间隔类型参数表示时间间隔，为一个字符串，其设定值见表 11-4。参数 W1 为可选项，是一个指定一星期的第一天是星期几的常数，默认为 vbSunday，其参数设定值见表 11-3。参数 W2 也为可选项，是一个指定一年的第一周的常数，默认值为 vbFirstJan1，其参数设定值见表 11-5。

表 11-5   指定一年的第一周的常数

常数	值	描述
vbFirstJan1	1	从包含 1 月 1 日的星期开始（缺省值）
vbFirstFourDays	2	从第一个其大半个星期在新的一年的一周开始
vbFirstFullWeek	3	从第一个无跨年度的星期开始

例如：D1 = #2011-3-28 10:40:40#

        D2 = #2012-5-28 10:45:30#

        n1 = DateDiff("yyyy", D1, D2)   ' 返回 1，间隔 1 年

        n2 = DateDiff("q", D1, D2)   ' 返回 5，间隔 5 季度

        n3 = DateDiff("m", D2, D1)   ' 返回-14，间隔 14 月

6. 返回日期指定时间部分函数

DatePart(<间隔类型>,<日期>[,W1][,W2])：返回日期中按照间隔类型所指定的时间部分值。

注意，间隔类型参数表示时间间隔，为一个字符串，其设定值见表 11-4。参数 W1 为可选项，是一个指定一星期的第一天是星期几的常数，默认为 vbSunday，其参数设定值见表 11-3。参数 W2 也为可选项，是一个指定一年的第一周的常数，默认值为 vbFirstJan1，其参数设定值如表 11-5 所示。

例如：D = #2012-6-23 10:40:30#

        n1 = DatePart("yyyy", D)   ' 返回 2012

        n2 = DatePart("d", D)   ' 返回 23

        n3 = DatePart("ww", D)   ' 返回 06

7. 返回包含指定年月日的日期函数

DateSerial(表达式 1, 表达式 2, 表达式 3)：返回由表达式 1 值为年、表达式 2 值为月、表达式 3 值为日而组成的日期值。

注意，每个参数的取值范围应该是可接受的；即，日的取值范围应在 1～31，而月的取值范围应在 1～12。而且，当任何一个参数的取值超出可接受的范围时，它会适时进位到下一个较大的时间单位。

例如：D = DateSerial(2012, 6, 23)，返回#2012-6-23#。D = DateSerial(2012-1, 6-2, 0)，返回
#2011-3-31#。

11.11.4　类型转换函数

类型转换函数的功能是将数据类型转换成指定数据类型。

1. 字符串转换字符代码函数：Asc(<字符串表达式>)

返回字符串首字符的 ASCII 值。例如：s=Asc("bcd")，返回 98。

2. 字符代码转换字符函数：Chr(<字符代码>)

返回与字符代码相关的字符。例如：s=Chr(66)，返回 B；s=Chr(27)，返回 Esc。

3. 数字转换成字符串函数：Str(<数值表达式>)

将数值表达式值转换成字符串。注意，当一数字转成字符串时，总会在前头保留一空格来表
示正负。表达式值为正，返回的字符串包含一前导空格表示有一正号。

例如：
```
s = Str(123)                    ' 返回"123", 有一前导空格
s = Str(-23)                    ' 返回"-23"
```

4. 字符串转换成数字函数：Val(<字符串表达式>)

将数字字符串转换成数值型数字。注意，数字串转换时可自动将字符串中的空格、制表符和
换行符去掉，当遇到它不能识别为数字的第一个字符时，停止读入字符串。

例如：
```
s = Val("123")          ' 返回 123
s = Val("3  33")        ' 返回 333
s = Val("12a3")         ' 返回 12
```

5. 字符串转换日期函数：DateValue(<字符串表达式>)

将字符串转换为日期值。例如：D=DateValue("June23, 2012")，返回#2012-6-23#。

11.12　运算符和表达式

【提要】本节介绍 VBA 的运算符和各种表达式。

11.12.1　运算符

在 VBA 编程语言中，根据运算不同，可以分成 4 种类型运算符：算术运算符、关系运算符、
逻辑运算符和连接运算符。

1. 算术运算符

用于算术运算，主要有乘幂（＾）、乘法（＊）、除法（/）、整数除法（\）、求模运算（Mod）、
加法（＋）及减法（－）等 7 个运算符。

其中的加法（＋）、减法（－）、乘法（＊）和除法（/）4 种运算符分别完成两个操作数的加法、
减法、乘法和除法运算；整数除法(\)运算符用来对两个数作除法并返回一个整数；求模运算（Mod）
符用来对两个数作除法并且只返回余数，如果操作数是小数，系统会四舍五入变成整数后再运算；
乘幂（＾）运算符完成操作数的乘方运算。

2. 关系运算符

用来表示两个或多个值或表达式之间的大小关系，有相等（＝）、不等（<>）、小于（<）、大

于（>）、小于相等（<=）和大于相等（>=）等 6 个运算符。

运用上述 6 个比较运算符可以对两个操作数进行大小比较。比较运算的结果为逻辑值：True（真）或 False（假），依据比较结果判定。

普通数值的比较，依据其值的大小判别；日期类型的值比较，依据其日期时间先后判别，日期在后的值为大；文本类型值的比较，从两个文本值的第一个字符起依次比较对应的 ASCII 值的大小，直至区分出大小，其中西文字符看其 ASCII 值，而中文字符看其拼音字符的 ASCII 值。

3. 逻辑运算符

用于逻辑运算，包括：与（And）、或（Or）和非（Not）3 个运算符。

运用上述 3 个逻辑运算符可以对两个逻辑量进行逻辑运算。其结果仍为逻辑值，运算法则如表 11-6 所示。

表 11-6　　　　　　　　　　　　　　　逻辑运算表

A	B	A And B	A Or B	Not A
True	True	True	True	False
True	False	False	True	False
False	True	False	True	True
False	False	False	False	True

4. 连接运算符

VBA 的字符串连接运算符具有连接字符串的功能。主要提供下面两个运算符：

"&"运算符用来强制两个表达式作字符串连接，例如连接式："1+1" & "=" & (1+1) 的运算结果为"1+1=2"。

"+"运算符则可用于连接前后表达式均为字符串（而非数值）的数据，否则系统会提示"类型不匹配"错。比如连接式："1+1" & "=" + (1+1)，因(1+1)部分为数值，系统报错。

11.12.2　表达式和优先级

将常量和变量用运算符连接在一起就构成表达式。例如，6*2/3-1 Mod 1+2>2 就是一个表达式。

VBA 中，逻辑量在表达式中参与算术运算时，True 值被当成-1、False 值被当成 0 处理。

当一个表达式由多个运算符连接在一起时，运算进行的先后顺序是由运算符的优先级决定的。优先级高的运算先进行，优先级相同的运算依照从左向右的顺序进行。VBA 中常用运算符的优先级划分如表 11-7 所示。

表 11-7　　　　　　　　　　　　　　　运算符的优先级

优先级	高 ←			低
	算数运算符	连接运算符	比较运算符	逻辑运算符
高 ↑　　　低	指数运算 (^)	字符串连接 (&)	相等 (=)	Not
	负数 (−)	字符串连接 (+)	不等 (<>)	And
	乘法和除法 (*、/)		小于 (<)	Or
	整数除法 (\)		大于 (>)	
	求模运算 (Mod)		小于相等 (<=)	
	加法和减法 (+、−)		大于相等 (>=)	

关于运算符的优先级作如下说明。

（1）优先级：算术运算符>连接运算符>比较运算符>逻辑运算符。

（2）所有比较运算符的优先级相同；也就是说，按从左到右顺序处理。

（3）算术运算符和逻辑运算符必须按表 11-7 所列优先顺序处理。

（4）括号优先级最高。可以用括号改变优先顺序，强令表达式的某些部分优先运行。

11.13　程序控制流程

【提要】本节介绍 VBA 代码中可以使用的程序控制流程语句。

可以只用三种语句来控制任何程序语言的流程：条件性执行（If...Then）、重复语句（Do While...Loop 和相关的结构）和终止语句（End...）。Visual Basic 和其他程序语言中额外的流程控制语句，可使编写程序代码更为直接。

11.13.1　以 GoTo 转移程序控制

结构化的 BASIC 引进了取代 GoTo 和 GoSub 语句用的行号的标号。Visual Basic 的 GoTo 标号语句可使程序代码转移到名称为"标号"的位置，并从那里执行下去，如：

```
GoTo ErrorHandler
…
ErrorHandler:
…
```

11.13.2　条件语句

如果关系表达式的结果是真的话，条件语句会执行介于条件结构开始和结束间的语句。

1．If...Then...End If 语句

结构化 BASIC 的主要条件语句的语法，如下所示。

```
If Condition1%=TRUE Then
```
如果表达式 Condition1%为真，则要执行语句序列：
```
[Else[If Condition2%=TRUE Then]]
```
如果表达式 Condition1%为假，[并且表达式 Condition2%为真]，要执行语句系列：
```
…
End If
```

可以用 ElseIf 语句加入第二个条件，该条件必须是在 Condition1%为假时，且 Condition2%为真时，来控制语句的执行。注意，Else 和 If 间并不要有空格。包含有 ElseIf 语句的 If...EndIf 结构是下面语句序列的简化。

```
If Condition1%=TRUE Then
```
如果表达式为 Condition1%为真，则要执行的语句序列：
```
Else
  If Condition2%=TRUE Then
```
如果表达式 Condition1%为假，
    …[并且表达式 Condition2%为真]，则要执行的语句序列：
```
  EndIf
EndIf
```

语句是否被执行是根据语句前的表达式确定的。表达式中可能包含有额外的 If...EndIf 或其

他流程控制结构。If…EndIf 结构在另一个 If…EndIf 结构中的情况被称为嵌套，如上例。在另一个 If…EndIf 中构成嵌套 If…EndIf 的数目或深度是有限制的。

2. Select Case… End Select 结构

当必须在许多选项中选择时，使用 If…EndIf 控制结构可能会使程序变得极其复杂，因为要使用 If…EndIf 控制结构就必须进行多重嵌套。使用 Select Case… End Select 语句就解决了这个问题。一般语法如下例所示。

```
Select Case VarName
 Case Expression1
（如果 VarName=Expression1 或 Expression1）
……则执行此部分的语句序列
[Case Expression2 To Expression3]
（如果 VarName 的值在 Expression2 或 Expression3 之间）
……则执行此部分的语句序列
[Case Is RelationalExpression]
（如果 VarName=Expression1）则执行此部分的语句序列
[Case Else]
（如果上面的情况不符合）则执行此部分的语句序列
End Select
```

Select Case 判断 VarName，VarName 可以是字符串或者数值变量；然后它会依顺序测试每个 Case 表达式。Case 表达式可以采用下列 4 种格式之一。

（1）单一数值或一行并列的数值，用来与 VarName 的值相比较，成员间以逗号隔开。

（2）由关键字 To 分隔开的两个数值或表达式之间的范围。

前一个值必须比后一个值要小，否则没有符合条件的情况。字符串的比较是从它们的第一个字符的 ASCII 码值开始比较的，直到分出大小为止。

（3）关键字 Is 后面接关系运算符，如<>、<、<=、=、>=或>，后面再接变量或精确的值。

（4）关键字 Case Else 后的表达式是在以前的 Case 条件没有一个满足时执行的。

Case 语句是依序测试的，并执行第一个符合 Case 条件的相关的程序代码，即使再有其他符合条件的分支也不再执行了。如果没有找到符合的条件，且有 Case Else 语句的话，就会执行接在该语句后的程序代码；然后程序从接在 End Select 终止语句的下一行程序代码继续执行下去。

下面的例子 Select Case 使用的变量是数值变量 Sales#。

```
Select Case Sales#
  Case 10000 To 49999.99
      Class%=1
  Case 50000 To 100000
      Class%=2
  Case Is<10000
      Class%=3
```

End Select

注意：因为 Sales#是双精度实数，所以要比较的值也都要被看成是双精度（不是默认的单精度）实数。

下面是一个较复杂的判断一个字符的范例。

```
Select Case Text$
 Case "A" To "Z"
    CharType$="Upper Case"
 Case "a" To "z"
```

```
   CharType$="Lower Case"
Case "0" To "9"
   CharType$="Number"
Case "! ", "?", ", ", ".", ", "
   CharType$="Punctuaton"
Case ""
   CharType$="Null String"
Case<32
   CharType$="Special Character"
Case Else
   CharType$="Unknown Character"
End Select
```

这个范例展示了当 Select Case 处理字符串时，判断字符串第一个字符的 ASCII 值。因此，虽然 Text$是字符串变量，Case<32 依然是正确的测试。

11.13.3　循环

循环语句是可以重复执行一行或几行的代码。许多任务都包含一些简单重复的操作，循环结构是程序设计语言的重要组成部分。VBA 支持下列循环语句：

For… Next

Do…Loop

While…Wend

1. 使用 For… Next 语句

Visual Basic 的 For… Next 语句能够重复执行一程序代码区域特定次数，如下例所示。

```
For Counter%=StartValue% To EndValue%[Step Increment%]
   Statements to be executed
[Conditional Statement
     Exit For
   End of conditional statement]
Next[Counter%]
```

在 For 和 Next 关键字之间的语句被执行（EndValue%-StartValue%+1）/Increment%次。例如，如果 StartValue%=5，EndValue%=10，且 Increment%=1，则语句区域的执行重复 6 次。

在此情况下，不必加入关键字 Step，其默认的增加量是 1。虽然现在是使用整数的数据类型，但也可使用长整数。用实数作为计数与增加量的值也可以，但是不常见。

如果 EndValaue%小于 StarValue%的话，Increment%必须是负的；否则，Visual Basic 会忽略 For…Next 语句。

如果在 For…Next 循环中，以数值变量作为 Increment%，且变量值变成 0 的话，该循环便会重复执行无数次，且不终止。

选择性的 Exit For 语句在循环中使用 If…Then…EndIf 条件语句，用来让用户先中断循环。

当 Counter%的值超过 EndValue%，或 Exit For 语句被执行到的话，执行会进行到 Next 的下一行。

2. 使用 For…Next 循环来为数组元素指定数值

用 For…Next 循环的程序之一是要为数组的元素指定连续的值。如果已经命名 Alphabet$()为 26 个元素的数组，下例将它的元素指定为由 A 到 Z 的大写字母：

```
For Letter%=1 To 26
  Alphabet$（Letter%）=Char$（Letter%+63%）
Next Letter%
```

如果用 Alphabet$（26）而不是 Alphabet$（1 To 26）的话，上例指定数组 27 个元素中的第 6 个。因为字母 A 的 ASCII 码值为 64。Letter%的起始值为 1，所以加 63 到 Letter%中。

3. 了解 Do...While...Loop 和 While...Wend

一个更普遍的循环结构的格式是 Do...While...Loop，该循环使用下面的语法。

```
Do While Condition%=TRUE
要被执行的语句序列
    [条件语句序列
        Exit Do
结束条件语句序列]
Loop
```

这个循环结构只是在 Condition%等 TRUE（-1）时执行中间的语句，并持续到 Condition%不为 TRUE，或执行到选择性 Exit Do 语句。

用以前的 For...Next 数组指定范围也可以由下面结构完成。

```
Letter%=1
Do While Letter%<=27
  Alphabet (Letter%)=Char$(Letter%+63%)
  Letter%=Letter%+a
Loop
```

另一个 Do 循环的例子是 Do...Until...Loop 结构，该结构只要在条件不满足时便会重复循环，如下例所示。

```
Do Until Condition%<>TRUE
    [要执行循环的语句序列
条件语句序列
    Exit Do
结束条件语句序列]
Loop
```

While...Wend 循环与 Do While...Loop 结构一样，但不能在 While...Wend 循环中使用 Exit Do 语句。While...Wend 结构是提供与 Qbasic 兼容的，且在 Visual Basic 中有 Do While...Loop，所以尽量不要使用它。

4. 要确定循环中的语句至少出现一次

当程序遇到 Do While...Loop 结构时，如果 Condition%是 Not TRUE 的话，则 Do While...Loop 结构中的语句永远不会被执行。

也可以使用另一种结构，在此结构中引起循环中断的条件语句是与 Loop 语句相连的。这种格式的语法如下例所示。

```
Do
要执行循环的语句序列
  [条件语句序列
    Exit Do
结束条件语句序列]
Loop While Condition%=TRUE
```

类似的结构可用在 Do Until ...Loop 上，如下例所示。

```
Do
要执行循环的语句序列
  [条件语句序列
    Exit Do
```

结束条件语句序列]

```
Loop Until Conditionj%=TRUE
```

这些结构可确保在条件被测试前，循环值至少被执行一次。

11.14　处理执行时的错误

【提要】本节介绍 VBA 代码中的错误处理方法和相关操作语句。

无论怎样为程序代码作彻底地测试与排错，执行的错误仍可能出现。可用 On Error GoTo 指令来控制当有执行的错误发生时，程序作何反应。

On Error GoTo 指令的一般语法如下。

```
On Error GoTo LabelName
On Error Resume Next
On Error GoTo 0
```

如 On Error GoTo LabelName 转移到 LabelName 标号的程序代码的部分。LabelName 必须是一个标号，不能是程序的名称。然而，接在 LabelName 后的程序代码，可以（且通常是）包含有调用一个错误处理程序的程序（如 ErrorProc），如下例所示。

```
On Error GoTo ErrHandler
…
[RepeatCode: ]
(Code using ErrProc to handle errors)
…
GoTo SkipHandler
ErrHandler:
Call ErrorProc
[GoTo RepeatCode]
SkipHandle:
…（其他程序代码）
```

在此例中，On Error GoTo 指令会使程序流程转移到执行错误处理程序 ErrorProc 的 ErrHandle 标号。一般来说，错误处理的程序代码会在程序的最后。

On Error Rseume Next 不会考虑错误，并继续处理接下来的指令。

在 On Error GoTo 语句执行后，在程序遇到另一个 On Error GoTo 指令前，或在错误处理以该语句的 On Error GoTo 0 格式被关闭前，它依然对所有后续的错误有效。

如果没有用 On Error GoTo 语句捕捉错误，或者用 On Error GoTo 0 关闭了错误陷阱，则在错误运行后会出现一个对话框，显示出相应的出错信息。

Err 函数（无参数）会返回一个整数值来代表上一次错误的错误代码，如果为 0 代表没有错误发生。

可以使用 Error$()函数返回以错误代码表示的错误名，如下所示。

```
ErrorName$=Error$(Err)
Select Case Err
  Case 58 To 76
   Call FileError'procedure for handling file errors
  Case 281 To 297
   Call DDEError'procedure for handling DDE errors
  Case 340 To 344
```

```
    Call ArrayError'procedure for control array errors
End Select
Err=0
```

Err 函数返回的大多数错误代码可以在 Access 帮助文件中"错误代码"标题中找到。

上例中的 Call 指令可以用真正的错误处理程序代码来代替。Err statement 是用来将错误代码设定为特定的整数。在完成错误处理操作后，该语句将错误码设为 0，如上例所示。

Error 语句可以用来模拟出错，以检查错误处理语句的正确性。用户可以选择不在列表中的任何合法整数来指定出错码或建立用户自定义的错误码。用户定义的错误码可以将"用户定义错误"返回 Error$()中。

11.15　VBA 的基本操作

【提要】本节介绍 VBA 的一些实用编程操作技术。

在 VBA 编程过程中会经常用到一些操作，例如打开或关闭某个窗体和报表、给某个量输入一个值、根据需要显示一些提示信息、对控件输入数据进行验证或实现一些"定时"功能（如动画）等，这些功能就可以使用 VBA 的输入框、消息框及计时事件 Timer 等来完成。

11.15.1　打开和关闭窗体和报表对象

1. 打开窗体操作

一个程序中往往包含多个窗体，可以用代码的形式关联这些窗体，从而形成完整的程序结构。命令格式为：

DoCmd.OpenForm *formname*[,*view*][,*filtername*][,*wherecondition*][, *datamode*][, *windowmode*]

有关参数说明如下。

| *formname* | 字符串表达式，代表窗体的有效名称。 |
| *view* | 可选项。窗体打开模式。具体取值如下。 |

常量	值	说明
acNormal	0	默认值。窗体视图打开
acDesign	1	设计视图打开
acPreview	2	预览视图打开
acFormDS	3	

filtername	可选项。字符串表达式，代表过滤的数据库查询的有效名称。
wherecondition	可选项。字符串表达式，不含 WHERE 关键字的有效 SQL WHERE 子句。
datamode	可选项。窗体的数据输入模式。具体取值如下。

常量	值	说明
acFormAdd	0	可以追加，但不能编辑
acFormEdit	1	可以追加和编辑
acFormReadOnly	2	只读
acFormPropertySettings	- 1	默认值

| *windowmode* | 可选项。打开窗体时所采用的窗口模式。具体取值如下。 |

常量	值	说明
acWindowNormal	0	默认值。正常窗口模式
acHidden	1	隐藏窗口模式
acIcon	2	最小化窗口模式
acDialog	3	对话框模式

其中的 *filtername* 与 *wherecondition* 两个参数用于对窗体的数据源数据进行过滤和筛选；*windowmode* 参数则规定窗体的打开形式。

比如以对话框形式打开名为"教师信息登录"的窗体。

Docmd.OpenForm "教师信息登录",,,,acDialog

注意，参数可以省略，取缺省值，但分隔符","不能省略。

2. 打开报表操作

命令格式为：

DoCmd.OpenReport *reportname*[, *view*][, *filtername*][, *wherecondition*]

有关参数说明如下。

reportname	字符串表达式，代表报表的有效名称。
view	可选项。报表打开模式。具体取值如下。

常量	值	说明
acViewNorma	0	默认值。打印模式
acViewDesign	1	设计模式
acViewPreview	2	预览模式

filtername	可选项。字符串表达式，代表过滤的数据库查询的有效名称。
Wherecondition	可选项。字符串表达式，不含 WHERE 关键字的有效 SQL WHERE 子句。

例如，预览名为"教师评价表"报表的语句为：

Docmd.OpenReport "教师评价表", acViewPreview

这里，参数可以省略，取缺省值，但分隔符","不能省略。

3. 关闭操作

命令格式为：

DoCmd.Close [*objecttype*][, *objectname*][, *save*]

有关参数说明如下。

| *objecttype* | 可选项。关闭对象的类型。具体取值如下。 |

常量	值	说明
acDefault	- 1	默认值
acTable	0	表
acQuery	1	查询
acForm	2	窗体
acReport	3	报表
acMacro	4	宏
acModule	5	模块
acDataAccessPage	6	数据访问页

	acServerView	7	视图
	acDiagram	8	图表
	acStoredProcedure	9	存储过程
	acFunction	10	函数

objectname 可选项。字符串表达式，代表有效的对象名称。

save 可选项。对象关闭时的保存性质。具体取值如下。

常量	值	说明
acSavePrompt	0	默认值。提示保存
acSaveYes	1	保存
acSaveNo	2	不保存

该命令可以广泛用于关闭 Access 各种对象。省略所有参数的命令（DoCmd.Close）可以关闭当前窗体。

比如关闭名为"课程信息登录"的窗体。

DoCmd.Close acForm, "课程信息登录"

如果"课程信息登录"窗体就是当前窗体，则可以使用语句：DoCmd.Close。

11.15.2　信息输入和消息输出

1. 输入框

输入框（InputBox）用于在一个对话框中显示提示，等待用户输入正文并按下按钮、返回包含文本框内容的字符串数据信息。它的功能在 VBA 中是以函数的形式调用使用，其使用格式如下。

```
InputBox(prompt[, title] [, default] [, xpos] [, ypos] [, helpfile, context])
```

有关参数说明如下。

Prompt　必需的。提示字符串，最大长度大约是 1024 个字符。如包含多个行，则可在各行之间用回车符 Chr(13)、换行符 Chr(10) 或回车换行符组合 Chr(13)&Chr(10) 来分隔。

Title　可选的。显示对话框标题栏中的字符串表达式。如果省略 *title*，则把应用程序名放入标题栏中。

Default　可选的。显示文本框中的字符串表达式，在没有其他输入时作为缺省值。如果省略 *default*，则文本框为空。

Xpos　可选的。指定对话框的左边与屏幕左边的水平距离。如果省略 *xpos*，则对话框会在水平方向居中。

Ypos　可选的。数值表达式，成对出现，指定对话框的上边与屏幕上边的距离。如果省略 *ypos*，则对话框被放置在屏幕垂直方向距下边大约三分之一的位置。

Helpfile　可选的。字符串表达式，识别帮助文件，用该文件为对话框提供上下文相关的帮助。如果已提供 *helpfile*，则也必须提供 *context*。

Context　可选的。数值表达式，由帮助文件的作者指定给某个帮助主题的帮助上下文编号。如果已提供 *context*，则也必须要提供 *helpfile*。

调用该函数，当中间若干个参数省略时，分隔符逗号"，"不能缺少。

图 11-6 显示的是打开输入（InputBox）对话框的一个例子。

调用语句：strName = InputBox("请输入姓名：", "Msg")

图 11-6　InputBox 对话框

2. 消息框

消息框（MsgBox）用于在对话框中显示消息，等待用户单击按钮，并返回一个整型值告诉用户单击哪一个按钮。其使用格式如下。

MsgBox(*prompt*[, *buttons*] [, *title*] [, *helpfile*][, *context*])

有关参数说明如下。

Prompt　必需的。显示在对话框中的消息，最大长度大约为 1024 个字符。如包含多个行，可以在每一行之间用回车符、换行符或是回车与换行符的组合将各行分隔开来。

Buttons　可选的。指定显示按钮的数目及形式，使用的图标样式，缺省按钮是什么以及消息框的强制回应等。如果省略，则 *buttons* 的缺省值为 0，具体取值如下。

常量	值	说明
vbOKOnly	0	只显示 OK 按钮
VbOKCancel	1	显示 OK 及 Cancel 按钮
VbAbortRetryIgnore	2	显示 Abort、Retry 及 Ignore 按钮
VbYesNoCancel	3	显示 Yes、No 及 Cancel 按钮
VbYesNo	4	显示 Yes 及 No 按钮
VbRetryCancel	5	显示 Retry 及 Cancel 按钮
VbCritical	16	显示 Critical Message 图标
VbQuestion	32	显示 Warning Query 图标
VbExclamation	48	显示 Warning Message 图标
VbInformation	64	显示 Information Message 图标

Buttons 的组合取值可以是上面单项常量（或值）的和。如消息框显示 Yes 和 No 两个按钮及问号图标，其 Buttons 参数取值为：VbYesNo+VbQuestion 或 4+32 或 36。

Title　可选的。在对话框标题栏中显示的字符串表达式。如果省略 *title*，则将应用程序名放在标题栏中。

Helpfile　可选的。字符串表达式，识别用来向对话框提供上下文相关帮助的帮助文件。如果提供了 *helpfile*，则也必须提供 *context*。

Context　可选的。数值表达式，由帮助文件的作者指定给适当的帮助主题的帮助上下文编号。如果提供了 *context*，则也必须提供 *helpfile*。

消息框使用一般有两种形式：子过程调用形式和函数过程调用形式。当以函数形式使用时，消息框会有返回值，其值如下。

常量	值	说明
vbOK	1	OK 按钮
VbCancel	2	Cancel 按钮
VbAbort	3	Abort 按钮
VbRetry	4	Retry 按钮
vbIgnore	5	Ignore 按钮
vbYes	6	Yes 按钮
vbNo	7	No 图标

此外，调用消息框函数，当中间若干个参数省略时，分隔符逗号","也不能缺少。

图 11-7 显示的是打开消息（MsgBox）对话框的一个例子。

图 11-7　MsgBox 消息框

调用语句：MsgBox "数据处理结束!", vbInformation, "消息"。

11.15.3　数据验证

使用窗体和数据访问页进行数据处理时，一般都需要对录入数据进行必要的验证，例如数据类型验证、数据范围验证等。

VBA 提供了一些相关函数来帮助进行验证。主要函数参见表 11-8。

表 11-8　　　　　　　　　　　　　　VBA 常用验证函数

函数名称	返回值	说明
IsNumeric	Boolean 值	指出表达式的运算结果是否为数值。返回 True，为数值
IsDate	Boolean 值	指出一个表达式是否可以转换成日期。返回 True，可转换
IsNull	Boolean 值	指出表达式是否为无效数据 (Null)。返回 True，无效数据
IsEmpty	Boolean 值	指出变量是否已经初始化。返回 True，未初始化
IsArray	Boolean 值	指出变量是否为一个数组。返回 True，为数组
IsError	Boolean 值	指出表达式是否为一个错误值。返回 True，有错误
IsObject	Boolean 值	指出标识符是否表示对象变量。返回 True，为对象

11.15.4　计时事件 Timer 和动画处理

VBA 并没有直接提供类似 VB 中的 Timer 时间控件，而是通过设置窗体的"计时器间隔"（TimerInterval）属性与添加"计时器触发"（Timer）事件来完成类似"定时"功能，并以此为基础，设计实现简单动画功能。其设置位置见图 11-8。

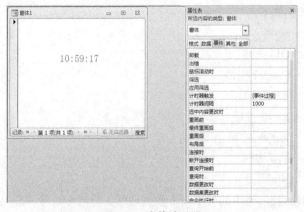

图 11-8　窗体计时器

其处理过程是：Timer 事件每隔 TimerInterval（单位为毫秒）时间间隔就会被激发一次，并运行 Timer 事件过程来响应。这样重复不断，即实现"定时"处理功能。

实际应用时，只需要设置动画窗体的 TimerInterval 属性值，安排好动画事件的工作周期，最后再在窗体的 Form_ Timer 事件模板中定义动画动作相关代码即可。

以下是设计一个窗体，通过窗体上的 showTime 标签控件来输出系统时间。效果图见图 11-8。

```
Private Sub Form_Load()              ' 窗体装载事件
Me.TimerInterval = 1000              ' 计时器间隔设为 1 秒，也可以在属性窗口里设置
End Sub
Private Sub Form_Timer()             ' 计时器触发事件
Me!showTime.Caption = Time()         ' showTime 标签输出系统时间
End Sub
```

11.15.5　鼠标和键盘事件处理

在程序的交互式操作中经常要用到鼠标与键盘等输入设备。

1．鼠标操作

鼠标操作事件主要有 MouseDown（鼠标按下）、MouseMove（鼠标移动）和 MouseUp（鼠标抬起）三个，其事件模板形式为（obj 为控件对象名）

```
obj_MouseDown(Button As Integer, Shift As Integer, X As Single, Y As Single)
obj_MouseMove(Button As Integer, Shift As Integer, X As Single, Y As Single)
obj_MouseUp(Button As Integer, Shift As Integer, X As Single, Y As Single)
```

其中 Button 参数用于判断鼠标操作的是左中右哪个键，可以分别用符号常量 acLeftButton（左键1）、acRightButton（右键2）和 acMiddleButton（中键4）来比较。Shift 参数用于判断鼠标操作的同时，键盘控制键的操作，可以分别用符号常量 acAltMask（Shift 键1）、acAltMask（Ctrl 键2）和 acAltMask（Alt 键4）来比较。X 和 Y 参数用于返回鼠标操作的坐标位置。

2．键盘操作

键盘操作件主要有 KeyDown（键按下）、KeyPress（键按下）和 KeyUp（键抬起）三个，其事件模板形式为（obj 为控件对象名）

```
obj_KcyDown (KeyCode As Integer, Shift As Integer)
obj_KeyPress (KeyAscii As Integer)
obj_KeyUp (KeyCode As Integer, Shift As Integer)
```

其中 KeyCode 参数和 KeyAscii 参数均用于返回键盘操作键的 ASCII 值。这里，KeyDown 和 KeyUp 的 KeyCode 参数常用于识别或区别扩展字符键(F1-F12)、定位键（Home、End、PageUp、PageDown、向上键、向下键、向右键、向左键及 Tab）、键的组合和标准的键盘更改键（Shift、Ctrl 或 Alt）及数字键盘或键盘数字键等字符。KeyPress 的 KeyAscii 参数常用于识别或区别英文大小写、数字及换行（13）和取消（27）等字符。Shift 参数用于判断键盘操作的同时控制键的操作。用法同上。

鼠标操作样例：以下程序段是找出引发窗体 MouseDown 事件的鼠标按钮。

```
Private Sub Form_MouseDown(Button As Integer,  Shift As Integer,  X As Single,  Y As Single)
    If Button = acLeftButton Then              ' 左键按下
    MsgBox "左键按下！"
```

```
    End If
    If Button = acRightButton Then             ' 右键按下
    MsgBox "右键按下！"
    End If
    If Button = acMiddleButton Then            ' 中键按下
    MsgBox "中键按下！"
    End If
    End Sub
```

键盘操作样例：以下程序段判断文本框（tControl）内是否按下键盘的 Shift、Ctrl、Alt 或其组合键。

```
    Private Sub tControl_KeyDown(KeyCode As Integer,    Shift As Integer)
    Dim iShiftDown As Integer
    Dim iAltDown As Integer
    Dim iCtrlDown As Integer
    ' 使用位掩码判断按下哪个控制键
    iShiftDown = (Shift And acShiftMask) > 0
    iAltDown = (Shift And acAltMask) > 0
    iCtrlDown = (Shift And acCtrlMask) > 0
    ' 输出按键信息。
    If iShiftDown   Then   MsgBox "按下 Shift 键！"
    If iAltDown   Then   MsgBox "按下 Alt 键！"
    If iCtrlDown   Then   MsgBox "按下 Ctrl 键！"
    End Sub
```

11.15.6 文件操作

与 VB 编程相同，在 VBA 的程序设计中文件操作也是十分有用和不可缺少的。

由应用程序产生或处理过的数据，往往在应用程序结束以前仍需保留，或者为了存取方便，提高上机效率，需要将由输入设备输入的数据以文件的方式保存在存储介质上（如磁盘，磁带等）。在程序中可直接对文件进行处理，可以保存、访问它所处理的数据，也可以使其他程序共享这些数据。

VBA 可以处理顺序文件、随机文件和二进制文件，同时提供了大量与文件管理有关的语句和函数。

1. 文件概念

在 VBA 程序中，需要输入少量数据，可通过程序中直接赋值来完成，或通过输入函数以获取数据（如使用语句 InputBox），但输入大量的数据时，这些方法易造成数据输入和数据存储不方便，在重复输入相同的数据时，易造成数据不一致。鉴于这种情况，可以将这些大量的数据存储在一个或多个文件中，使用时再从相应的文件中读取。

2. 文件结构

为了有效地对数据进行存储和读取，文件中的数据必须以某种特定的格式存储，这种特定的格式就是文件的结构。

VBA 的文件由记录组成，记录由字段组成，字段又由字符组成。

（1）字符(character)：是构成文件的最基本单位。字符可以是数字、字母、特殊符号或单一字节。其中，一个西文字符用一个字节存放。如果为汉字字符，包括汉字和"全角"字符，则通常用两个字节存放。

（2）字段(field)：也称域。字段由若干个字符组成，用来表示一项数据。例如邮政编码"841400"就是一个字段，它由 6 个字符组成；而姓名"书宜"也是一个字段，它由 2 个汉字组成。

（3）记录(record)：由一组相关的字段组成。例如在通信录中，每个人的姓名、单位、地址、电话号码、邮政编码等构成一个记录。

（4）文件(file)：文件由记录构成，一个文件含有一个以上的记录。例如在通信录文件中有 100 个人的信息，每个人的信息是一个记录，100 个记录构成一个文件。

例如，教师登记可整理一个二维表的形式，如表 11-9 所示。在这个表中，每位教师的信息是一个记录，它由"编号"、"姓名"、"性别"、"年龄"和"职称"等 5 个数据项构成。

表 11-9　　　　　　　　　　　　　　　教师登记表

编号	姓名	性别	年龄	职称
12101	小米	女	55	教授
12102	张兵	女	27	讲师
……	……	……	……	……
12200	李佳怡	男	36	副教授

3. 文件的种类和存取类型

VBA 可以处理 3 种文件：顺序文件、随机文件和二进制文件。

（1）顺序文件：存入一个顺序文件时，依序把文件中的每个字符转换为相应的 ASCII 码存储；读取数据时必须从文件的头部开始，按文件写入的顺序，一次全部读出。不能只读取它中间的一部分数据。用顺序存取方式形成的文件称为顺序文件，顺序存取方式规则最简单。

（2）随机文件：随机存取的文件由一组固定长度的记录组成，每条记录分为若干个字段，每个字段的长度固定，可以有不同的数据类型。一般用自定义数据类型来建立这些记录。用随机存取方式形成的文件称为随机文件。

（3）二进制文件：二进制存取方式可以存储任意希望存储的数据。它与随机文件很类似，但没有数据类型和记录长度的限制。用二进制存取方式形成的文件称为二进制文件。然而 VB 在其发展的过程中，已有了强大的数据库功能，可利用 Data 控件、ADO 数据控件等使应用程序与数据库连接，从而方便地对数据来回读写，完全可以代替文件直接访问的功能。

4. 顺序文件

访问一个顺序文件时，通常是三个步骤：打开文件（若此文件不存在，则要建立一个新的文件）、读取/写入数据、关闭文件。

（1）顺序文件的打开

打开文件：Open <文件名> For <打开方式> As # <文件号> [Len = 缓冲区大小]

其中：

● 文件名：指定打开的文件名（文件名用字符串表示），包括盘符、路径、文件主名及扩展名。例如："D:\MyProm\Test.txt"。

● 打开方式方式：指定文件的打开方式。有三种方式可选。

Input：从文件中读取数据。

Output：向文件中写入数据，即重写一个顺序文件。

Append：向文件末尾添加数据。

对同一文件用一种方式打开后，在关闭之前，不能再以另一种方式打开。

● 文件号：VBA 应用程序每打开一个文件，必须指定一个文件号，且不能重复。文件号的范围是 1～511 之间的整数。打开文件后，指定的文件号就与该文件相关联，程序通过文件号来对文件进行读、写操作，直到关闭文件。关闭文件后，该文件号被释放，可供打开其他文件时使用。

如果在程序中已打开多个文件（此时占用的文件号未必连续），则再打开文件时，为了避免文件号重复，可使用 FreeFile 函数，该函数返回当前程序未被占用的最小的文件号，可通过把函数值赋给一个变量来取得这个文件号。例如，执行下面的代码，

FileNumber = FreeFile

Open "D:\MyProm\Test.txt" For Output As # FileNumber

● 缓冲区大小：可选项。当在文件与程序之间拷贝数据时，选项 len 参数指定缓冲区的字符数，其范围为 1～32767，缺省值为 512 字节。

（2）顺序文件的关闭

关闭文件：Close [#文件号] [, #文件号] … …

该语句的功能是关闭指定的文件，释放缓冲区；若不指定文件号，则关闭所有打开的文件。

（3）顺序文件的写操作

要将程序中的数据写到一个顺序文件，先打开文件以进行顺序输出或添加（注意此时的选用打开方式，选择 Output 则覆盖原来文件，选择 Append 则在原来文件后添加数据），可用下面的命令语句写入数据。

Print # 语句：用于为顺序文件写入数据

语法格式为：Print # 文件号 [, 输出项表]

其中输出项表是要输出的表达式或表达式列表，输出格式同 Print 方法。

例如，下面的代码在 D 盘 MyProm 文件夹下建立 Text.TXT 数据文件，并往文件中输入字符，最后关闭文件。

```
Open "D:\MyProm\Test.txt" For Output As #1    '打开文件以便输出
Print #1,"I am from Beijing!"                 '向文件中写入字符串 " am from Beijing!"
Print #1,                                      '输出一个空行
Print #1,"Zone1";Tab; "Zone2"                  '在两个打印区输出
Print #1,Spc(5); "5 leading spaces"            '先输出 5 个空格，再输出字符串
Print #1,Tab(10); "Hello"                      '在第 10 列上输出字符串
Close #1                                        '关闭文件
```

Write # 语句：将记录写入文件

语法格式为：Write # 文件号[,表达式列表]

该语句适用于向划分了字段的记录格式的文件写入数据。"表达式表"中的每个表达式写入一个字段，一个 Write # 语句一次写入一个记录。表达式表中包含多个表达式时以逗号分隔。缺省表达式时写入一个空行。

用 Write # 语句写入的数据各个字段间自动加逗号分隔符，字符型数据自动加双引号定界符，记录尾自动加回车换行符。

例如，用 Write # 建立由表 11-9 给出的教师登记表（jsdjb.dat）：

代码所示。

```
Dim tno(3) As String, name(3) As String, sex(3) As String, age(3) As Integer, titles(3) As Date
tno(1) = "12101": name(1) = "小米": sex(1) = "女": age(1) = 55: titles (1) ="教授"
tno(2) = "12102": name(2) = "张兵": sex(2) = "女": age(2) = 27: titles (2) ="讲师"
tno(3) = "12200": name(3) = "李佳怡": sex(3) = "男": age(3) = 35: titles (3) ="副教授"
Open "jsdjb.dat" For Output As #2                          '建立文件
Write #1, "编号", "姓名", "性别", "年龄", "职称"              '写入表头
For i = 1 To 3                                             '利用循环语句写入多条记录
     Write #1, tno (i), name (i), sex (i), age (i), titles (i) '写入第 i 个记录
Next
Close #2
```

（4）顺序文件的读操作

对于用 Input 方式打开的顺序文件，可用下面的语句或函数从文件中读取数据。

Line Input 语句：把文件中的一行读到一个字符串变量中

语法格式为：Line Input #文件号，字符串变量

该语句将文件的一整行逐个字符地读到指定变量中，遇到回车符或换行符结束，但变量中不包括回车符或换行符。读完后，文件指针指向下一行的第一个字符，下一个 Line Input 语句将读取当前指针指向的那一行数据。

对于没有划分字段的文本文件，一行指从文件开头或回车换行符到下一个回车换行符之间的部分；对于划分了字段的表，一行即一个记录，包括分隔符和定界符，如空格、逗号、双引号等均作为有效字符读到变量中。

例如，设 TEST.TXT 文本文件已存在 D:\MyProm 下，则执行下面的代码将整个文件内容按行读出组织到一个变量中，以消息框输出。

```
Dim TextLine As String, strMsg As String
Open "D:\MyProm\TEST.TXT" For Input As #3
strMsg=""
Do While Not EOF(4)                  'EOF 为文尾测试函数
    Line Input #4, TextLine          '将读入的一行存到变量 TextLine 中
    strMsg = strMsg + TextLine + chr(13)+chr(10)
Loop
MsgBox strMsg
Close #3
```

Input 函数：从一个打开的顺序文件中返回指定个数的字符

语法格式为：Input（读取的字符个数，[#]文件号）

该函数读取文件中的任何字符，包括回车换行符。调用该函数后，移动文件指针到下一个读取位置。

例如，用 Input 函数把上例中的文件一次读一个字符地显示在文本框中。代码如下。

```
Open "D:\MyProm\TEST.TXT" For Input As #4
Do While Not EOF(6)
TextVar = TextVar + Input(1, #4)     '读入字符存放到变量 TextVar 中
Loop
Close #4
Text1.Text = TextVar
```

Input # 语句：用于从打开的顺文件中读取数据赋值给指定的变量

语法格式为：Input #文件号，变量表

该语句用于读取文件中的数据，以字段为单位，读取后依次赋值给变量表中的变量。变量表中有多个变量时以逗号分隔。

使用该语句时，变量表中的变量个数应和文件中的每条记录划分的字段数相同，类型应匹配，即一次应读出一整条记录。读出的数据不包括字符串字段的定界符和字段之间的分隔符。

为了正确地从打开的文件读取数据到变量中，文件中的数据应该是用 Write # 语句写入（而不是用 Print #语句），这样可保证每个字段被正确的分界读出。

5. 随机文件

随机文件以记录为单位，每个记录包含若干字段，记录和字段都有固定的长度。文件中的第一个记录或字节位于位置 1，第二个记录或字节位于位置 2，依此类推。如果省略记录号，则将上一个 Get 或 Put 语句之后的（或上一个 Seek 函数指出的）下一个记录或字节写入。

记录都有相同的结构和数据类型，在建立和使用随机文件前，必须先声明记录结构和处理数据所需的变量。声明记录结构和数据类型一般用自定义数据类型。例如，为了将表 11-8 中的教师登记数据建立为一个随机数据文件，可定义数据类型如下。

```
Public Type jsdjbdata
  tnoAs string *6
  name As String * 10
  sex As String * 2
  age As Integer
  titles As String * 8
End Type
```

这种数据类型是由用户根据记录数据类型自行定义的，定义了 jsdjdata 数据类型后，就可以声明记录类型的变量。这里 jsdjdata 的使用方法同常用数据类型（如 integer、string 等）。例如：Dim jsdj As jsdjdata,这样就可以用 jsdj 变量存储记录数据。

（1）打开随机文件：Open 语句

语法格式为：Open <文件名> [For Random] As # <文件号> [Len =记录长度]

其中：

● 指定的文件名不存在时建立该文件，存在时打开文件。

● 打开方式指定为 Random 或缺省均为打开随机文件。

● 对随机文件，Len 用于指定记录长度，以便根据指定的长度计算指定记录的位置。缺省值为 128 个字节。当指定长度小于记录实际长度（即声明的记录结构长度）时将产生错误；大于实际长度时，可以写入，但浪费空间。为了确保指定长度与实际长度相等，可用 Len 函数测试记录变量的长度。

（2）关闭随机文件语句：Colse 语句

语法和顺序文件相同。

（3）将变量值写入随机文件语句：Put 语句

语法格式：Put #<文件号>, [记录号], <记录变量>

说明：

参数	描述
文件号	必要。任何有效的文件号
记录号	可选。Variant (Long)。记录号（Random 方式的文件）或字节数（Binary 方式的文件），指明在此处开始写入
记录变量	必要。包含要写入磁盘的数据的变量名

这里，"记录变量"应与记录结构的类型一致。若不知记录数，可用 Lof 函数(它返回打开文件的长度)除以记录长度计算得到：Lof(文件号)/ 记录长度。如果要向文件末尾添加记录，则添加的记录的记录号为：Lof(文件号)/ 记录长度+1。

（4）将变量值读出随机文件语句：Get 语句

语法格式为：Get #<文件号>, [记录号], <记录变量>

说明：

参数	描述
文件号	必要。任何有效的文件号
记录号	可选。Variant (Long)。记录号（Random 方式的文件）或字节数（Binary 方式的文件），以表示在此处开始读出数据
记录变量	必要。一个有效的变量名，将读出的数据放入其中

注意，缺省"记录号"时，读取当前记录。读取连续记录时，可将记录变量声明为记录数组，使用循环读出数据，以提高代码效率。

例：使用 Get 语句来将数据从文件读到变量中。示例中假设 TESTFILE 文件中含有 5 个用户自定义类型的记录。

```
Type myRecord                      '定义用户自定义的数据类型
ID As Integer
Name As String * 20
End Type
Dim myRec As myRecord, Pos         '声明变量
'为随机访问打开样本文件
Open "TESTFILE" For Random As #5   Len = Len(myRec)
'使用 Get 语句来读样本文件
For Pos = 1 To 5                   '定义记录号
Get #5, Pos, myRec                 '读第 Position 个记录
MsgBox myRec.ID& myRec.Name
Next Pos
Close #5                           '关闭文件
```

6. 二进制文件

二进制文件保存的数据是无格式的字节序列，文件中没有记录或字段这样的结构。二进制访问能提供对文件的完全控制，因为文件中的字节可以代表任何东西。

需要注意的是，当把二进制数据写入文件中时，使用变量是 Byte 数据类型的数组的，而不是 String 变量。String 被认为包含的是字符，而二进制型数据可能无法正确地存在 String 变量中。

下面介绍有关二进制操作语句。

（1）打开二进制文件语句：Open 语句

语法格式为：Open <文件名> For Binary As #<文件号>

参数意义同顺序文件。对二进制文件，打开方式用 Binary。

（2）文件的位置

每个打开的二进制文件都有自己的文件指针，文件指针是一个数字值，指向下一次读写操作在文件中的位置。二进制文件中的每一个"位置"对应一个数据字节，因此，有 n 个字节的文件

就有从 1 到 n 的位置。

经过对二进制文件进行读写操作，会自动改变文件指针的位置。也可自由地改变文件指针或是获得指针的值，此时用 Seek 语句或 Seek( )、Loc ( )函数。

其语法格式和功能如下表：

语法格式	功能描述
Seek #<文件号>,<新位置值>	将文件指针设置为设置值所指定的"新位置"
变量名=Seek(<文件号>)	返回当前的文件指针位置（下一个要读写的字节）
变量名=Loc (<文件号>)	返回上一次读写的位置

说明：

一般地，Loc( )返回值总比 Seek( )的返回值小 1，除非用 Seek 语句移动了指针。在随机文件中也可使用 Seek 语句或 Seek( )、Loc( )函数，但文件指针指向记录，而二进制文件中文件指针指向字节。

（3）二进制文件的读和写操作

二进制文件的读写操作与随机文件的读写操作类似。从随机文件中读或写记录用 Get 和 Put 语句,同样从二进制文件中读或写数据用 Get 和 Put 语句。语法格式为：

```
Get | Put #<文件号>,[读取位置 | 写入位置], <变量名>
```

说明：

读取位置指定读取数据的起始位置，读出的数据存入变量名指定的变量中。

写入位置指定写入数据的起始位置，写入的数据即为变量名指定的变量的值，它可以是字符型，也可以是数值型。

打开一个二进制文件时，文件指针指向 1，使用 Get 或 Put 操作语句将改变文件指针的位置。

7. 二进制文件和随机文件的区别

二进制访问中的 Open 与随机存取的 Open 不同，它没有指定 Len。如果在二进制型访问的 Open 语句中包括了记录长度，则被忽略。

往二进制文件写入数据时，在长度可变的字段中保存信息，而随机文件采用在固定大小字段中保存信息，所以保存同样信息时，为了减少文件大小，应采用二进制访问方式。

11.16 简单数据库编程

【提要】本节介绍 VBA 数据库编程的一些基本技术。

VBA 作为 Access 内嵌的一种编程语言，同样表现出较强的数据库应用程序的开发能力。它良好的界面和强大的数据库对象接口技术使得数据库编程过程变得简单多了。

11.16.1 数据库编程技术简介

1. 数据库引擎和接口技术

VBA 是通过 Microsoft Jet 数据库引擎工具来支持对数据库的访问。所谓数据库引擎实际上是一组动态链接库（DLL），当程序运行时被连接到 VBA 程序而实现对数据库的数据访问功能。

VBA 主要提供了三种数据库访问接口：开放数据库互连应用编程接口（Open Database Connectivity API，ODBC API）、数据访问对象（Data Access Objects，DAO）和 ActiveX 数据对象（ActiveX Data Objects，ADO）。

（1）ODBC API

目前 Windows 提供的 32 位 ODBC 驱动程序对每一种客户/服务器 RDBMS、最流行的索引顺序访问方法（ISAM）数据库（Jet、dBase、Foxbase 和 FoxPro）、扩展表（Excel）和划界文本文件都可以操作。在 Access 应用中，直接使用 ODBC API 需要大量 VBA 函数原型声明（Declare）和一些繁琐、低级的编程，因此，实际编程很少直接进行 ODBC API 的访问。

（2）DAO

提供一个访问数据库的对象模型。利用其中定义的一系列数据访问对象，如 Database、QueryDef、RecordSet 等，实现对数据库的各种操作。这是微软早期版本提供的编程模型，用来支持 Microsoft Jet 数据库引擎，并允许开发者通过 ODBC 直接连接到其他数据库一样，连接到 Access 数据。

（3）ADO

是基于组件的数据库编程接口，是一个和编程语言无关的 COM 组件系统。使用它可以方便地连接任何符合 ODBC 标准的数据库。

ADO "扩展" 了 DAO 的对象模型，实现了更高层次上的抽象。这意味着它包含较少的对象和更多的属性、方法（和参数）以及事件。

2000 年后微软致力于广泛的数据源和数据访问技术，提出一种新的数据访问策略：通用数据访问（Universal Data Access，UDA）。用来实现通用数据访问的主要技术是称作 OLE DB（对象链接和嵌入数据库）的低级数据访问组件结构和称为 ActiveX 数据对象 ADO 的对应于 OLE DB 的高级编程接口。逻辑结构如图 11-9 所示。

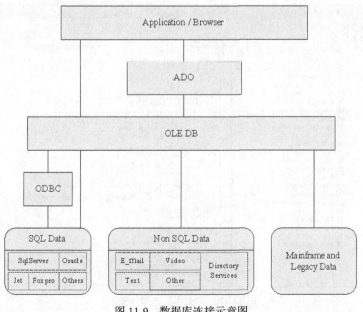

图 11-9　数据库连接示意图

OLE DB 定义了一个 COM 接口集合，它封装了各种数据库管理系统服务。这些接口允许创建实现这些服务的软件组件。OLE DB 组件包括 3 个主要内容。

① 数据提供者（Data Provider）提供数据存储的软件组件。

② 数据消费者（Data Consumer）需要访问数据的系统程序或应用程序。

③ 服务组件（Business Component）完成特定处理和数据传输、可以重用的功能组件。

OLE DB 的设计是以消费者和提供者概念为中心。OLE DB 消费者表示传统的客户方，提供者将数据以表格形式传递给消费者，而消费者可以用任何支持 COM 组件的编程语言去访问各种数据源。

Microsoft Access 2010 同时支持 ADO 和 DAO 的数据访问。

2. VBA 访问的数据库类型

VBA 可以访问 3 种类型的数据库。

① JET 数据库，即 Microsoft Access。

② ISAM 数据库，如：dBase、FoxPro 等。

ISAM（Indexed Sequential Access Method，索引顺序访问方法）是一种索引机制，用于高效访问文件中的数据行。

③ ODBC 数据库，凡是遵循 ODBC 标准的客户/服务器数据库。如：Microsoft SQL Server、Oracle 等。

11.16.2 数据库编程技术分析

1. 数据访问对象

数据访问对象（DAO）是 VBA 提供的一套层次结构的数据访问对象接口。

要使用 DAO 的各个访问对象，首先应该增加对 DAO 库的引用。具体设置位置是单击 VBA 代码窗口 "工具" 菜单的"引用"选项（如图 11-10 所示），在打开的引用对话框窗口中进行（如图 11-11 所示）。

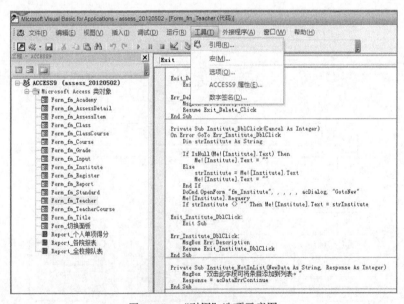

图 11-10　　"引用"选项示意图

图 11-11　引用设置窗口

Access 2010 的 DAO 引用库为 "Microsoft Office 14.0 Access database Engine Object Library"，默认已经引用。

（1）DAO 层次模型结构

DAO 模型的分层结构简图如图 11-12 所示。它包含了一个层次关联对象，其中 DBEngine 对象处于最顶层。层次低一些的对象，如 Workspaces、Database、TabbleDefs、QueryDefs 和 RecordSets 是 DBEngine 下的对象层，其下的各种对象分别对应被访问的数据库的不同部分。

其主要对象有以下几个。

● DBEngine 对象：表示 Microsoft Jet 数据库引擎。它是 DAO 模型的最上层对象。

● Workspace 对象：表示工作区。

● Database 对象：表示操作的数据库对象。

● RecordSet 对象：表示数据操作返回的记录集。

● Field 对象：表示记录集中的字段数据信息。

● QueryDef 对象：表示数据库查询信息。

● Error 对象：表示数据提供程序出错时的扩展信息。

（2）DAO 访问数据库

首先要创建对象变量，然后通过对象方法和属性来进行操作。其一般操作步骤如下。

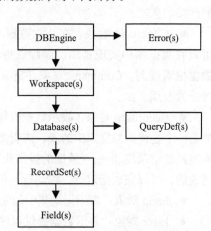

图 11-12　DAO 层次模型结构

```
'定义对象变量
Dim ws As Workspace           '定义工作空间
Dim db As Database            '定义数据库
Dim rs As RecordSet           '定义记录集
'通过 Set 语句设置各个对象变量的值
'注意：如果操作当前数据库，可用 Set db = CurrentDb()来替换下面两行语句！
Set ws = DBEngine.Workspace(0)                '打开默认工作区
Set db = ws.OpenDatabase(<数据库文件名>)       '打开数据库文件
Set rs = db.OpenRecordSet(<表名、查询名或 SQL 语句>)   '打开数据记录集
Do While Not rs.EOF         '利用循环结构遍历整个记录集直至末尾
    ……                     '安排字段数据的各类操作
    rs.MoveNext             '记录指针移至下一条
Loop
rs.close                    '关闭记录集
```

```
        db.close                        '关闭数据库
        Set rs = Nothing                '回收记录集对象变量的内存占有
        Set db = Nothing                '回收数据库对象变量的内存占有

        ......
```

2. ActiveX 数据对象

ActiveX 数据对象（ADO）是基于组件的数据库编程接口，它是一个和编程语言无关的 COM 组件系统，可以对多种数据提供者的数据进行读写操作。

与 DAO 技术运用相同，要想使用 ADO 的各个组件对象，也应该增加对 ADO 库的引用。设置形式参见图 11-10 和图 11-11 的方法。Access 2010 的 ADO 引用库为"Microsoft ActiveX Data Objects 2.1"，默认已经引用。

ADO 对象模型简图如图 11-13 所示，它是提供一系列组件对象供使用。与 DAO 不同，ADO 对象无须派生，大多数对象都可以直接使用 New 关键字创建(Field 和 Error 除外)，没有对象的分级概念。

其主要对象有以下几个。

● Connection 对象：用于建立与数据库的连接。它保存诸如指针类型、连接字符串、查询超时、连接超时和缺省数据库这样的连接信息。

● Command 对象：在建立数据库连接后，Command 对象可以在数据库中实现添加、删除或更新数据操作，也可以进行数据检索查询。Command 对象在定义查询参数或执行存储过程时非常有用。

● Recordset 对象：表示数据操作返回的记录集。这个记录集是一个连接的数据库中的表，或者是 Command 对象的执行结果返回的记录集。所有对数据的操作几乎都是在 Recordset 对象中完成的，可以完成指定行、移动行、添加、更改和删除记录等操作。

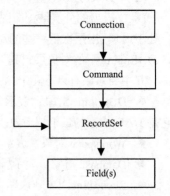

图 11-13　ADO 对象模型简图

● Field 对象：表示记录集中的字段数据信息。

● Error 对象：表示数据提供程序出错时的扩展信息。

ADO 的各组件对象之间都存在一定的联系，参见图 11-14 所示联系。了解并掌握这些对象间的联系形式和联系方法是使用 ADO 技术的基础。

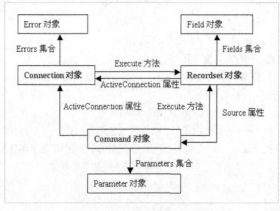

图 11-14　ADO 对象联系图

在实际编程过程中，使用 ADO 存取数据的主要对象操作有如下一些。

（1）连接数据源

利用 Connection 对象的 Open 方法一些。

语法：

```
        Dim cnn As new ADODB.Connection                    '创建 Connection 对象实例
cnn.Open [ConnectionString][, UserID][, PassWord][, OpenOptions] '打开连接
```

其中：

ConnectionString：可选项，包含了连接的数据库信息。

数据提供者信息也可以在连接对象 Open 操作之前的 Provider 属性中设置。如 cnn 连接对象的数据提供者（Access 数据源）可以设置为：

cnn.Provider = "Microsoft.Jet.OLEDB.4.0"

UserID：可选项，包含建立连接的用户名。

PassWord：可选项，包含建立连接的用户密码。

OpenOptions：可选项，假如设置为 adConnectAsync，则连接将异步打开。

（2）打开记录集对象或执行查询

记录集是一个从数据库取回的查询结果集；执行查询则是对数据库目标表直接实施追加、更新和删除记录操作。

记录数据一般有 3 种处理方法：一是使用记录集的 Open 方法，二是用 Connection 对象的 Execute 方法，三是用 Command 对象的 Execute 方法。其中第一种只涉及记录集操作，第二、三种则会涉及记录集及执行查询操作。

① RecordSet 对象的 Open 方法

语法：

```
        Dim rs As new ADODB.RecordSet        '创建 RecordSet 对象实例
rs.Open [Source][, ActiveConnection][, CursorType][, LockType][, Options] '打开记录集
```

其中：

Source：可选项，指明了所打开的记录源信息。可以是合法的 SQL 语句、表名、存储过程调用或保存记录集的文件名。

ActiveConnection：可选项，合法的已打开的 Connection 对象变量名，或者是包含 ConnectionString 参数的字符串。

CursorType：可选项，确定打开记录集对象使用的游标类型。具体取值如下。

常量	值	说明
adOpenForwardOnly	0	默认值。除在记录中只能向前滚动外，与静态游标相同。
adOpenKeyset	1	键集游标。尽管不能访问其他用户删除的记录，但除无法查看其他用户添加的记录外，它和动态游标相似。
adOpenDynamic	2	动态游标。其他用户所做的添加、更改或删除均可见，而且允许 Recordset 中的所有移动类型
adOpenStatic	3	静态游标。可用于查找数据。其他用户的操作不可见
adOpenUnspecified	-1	不指定游标类型

LockType：可选项，确定打开记录集对象使用的锁定类型。具体取值如下。

常量	值	说明
adLockReadOnly	1	指示只读记录。无法改变数据，速度"最快"的锁定类型。
adLockPessimistic	2	指示逐个记录保守式锁定。又称悲观锁定。
adLockOptimistic	3	使用开放式锁定，仅在调用 Update 方法时锁定。又称乐观锁定。
adLockBatchOptimistic	4	指示开放式批更新。需要批更新模式。又称批量乐观锁定。
adLockUnspecified	-1	未指定锁定类型。

Options：可选项。Long 值，指示提供者计算 *Source* 参数的方式。取值如下。

常量	值	说明
adCmdText	1	按命令或存储过程调用的文本定义计算 CommandText
adCmdTable	2	按表名计算 CommandText
adCmdStoredProc	4	按存储过程名计算 CommandText
adCmdUnknown	8	默认值。指示 CommandText 属性中命令的类型未知
adCmdFile	256	按持久存储的 Recordset 的文件名计算 CommandText。
adCmdTableDirect	512	按表名计算 CommandText，该表的列被全部返回。
adCmdUnspecified	-1	不指定命令类型的参数。

② Connection 对象的 Execute 方法

语法：

```
Dim cnn As new ADODB.Connection          '创建 Connection 对象实例
……                                       '打开连接等
Dim rs As new ADODB.RecordSet            '创建 RecordSet 对象实例
'对于返回记录集的命令字符串
Set rs= cnn.Execute(CommandText[,RecordsAffected][,Options])
'对于不返回记录集的命令字符串，执行查询
cnn.Execute CommandText[, RecordsAffected][, Options]
```

参数说明：

CommandText：一个字符串，返回要执行的 SQL 命令、表名、存储过程或指定文本。

RecordsAffected：可选项，Long 类型的值，返回操作影响的记录数。

Options：可选项，Long 类型值，指明如何处理 CommandText 参数。

③ Command 对象的 Execute 方法

语法：

```
Dim cnn As new ADODB.Connection          '创建 Connection 对象实例
Dim cmm As new ADODB.Command             '创建 Command 对象实例
……                                       '打开连接等
Dim rs As new ADODB.RecordSet            '创建 RecordSet 对象实例
'对于返回记录集的命令字符串
Set rs = cmm.Execute( [RecordsAffected][, Parameters][, Options] )
'对于不返回记录集的命令字符串，执行查询
cmm.Execute [RecordsAffected][, Parameters][, Options]
```

参数说明：

RecordsAffected：可选项，Long 类型的值，返回操作影响的记录数。

Parameters：可选项，用 SQL 语句传递的参数值的 Variant 数组。

Options：可选项，Long 类型值，指示提供者计算 CommandText 属性的方式。

（3）使用记录集

得到记录集后，可以在此基础上进行记录指针定位、记录的检索、追加、更新和删除等操作。

① 定位记录

ADO 提供了多种定位和移动记录指针的方法。主要有 Move 和 MoveXXXX 两部分方法。

语法 1：

```
rs.Move NumRecords[, Start]                    ' rs 为 RecordSet 对象实例
```

其中：

NumRecords：带符号的 Long 表达式，指定当前记录位置移动的记录数。

Start：可选。String 值或 Variant，用于计算书签。还可以使用 BookmarkEnum 值。

语法 2：

```
rs.{MoveFirst | MoveLast | MoveNext | MovePrevious} ' rs 为 RecordSet 对象实例
```

其中：

MoveFirst 方法将当前记录位置移动到 Recordset 中的第一个记录。

MoveLast 方法将当前记录位置移动到 Recordset 中的最后一个记录。

MoveNext 方法将当前记录位置向后移动一个记录（向 Recordset 底部移动）。

MovePrevious 方法将当前记录位置向前移动一个记录（向 Recordset 顶部移动）。

② 检索记录

记录集内信息的快速查询检索主要提供了两种方法：Find 方法和 Seek 方法。

语法 1：

```
rs.Find Criteria[, SkipRows][, SearchDirection][, Start]' rs 为 RecordSet 对象实例
```

其中：

Criteria：为 String 值，包含指定用于搜索的列名、比较操作符和值的语句。Criteria 中只能指订单列名称，不支持多列搜索。比较操作符可以是>、<、=、>=、<=、<>或 like（模式匹配）。Criteria 中的值可以是字符串、浮点数或者日期。字符串值用单引号或 "#" 标记（数字号）分隔（如 "state = 'WA'" 或 "state = #WA#"）；日期值用 "#" 标记分隔。

SkipRows：可选。Long 值，其默认值为零，它指定当前行或 Start 书签的行偏移量以开始搜索。在默认情况下，搜索将从当前行开始。

SearchDirection：可选。SearchDirectionEnum 值，指定搜索应从当前行开始，还是从搜索方向的下一个有效行开始。如果该值为 adSearchForward（值 1），不成功的搜索将在 Recordset 的结尾处停止。如果该值为 adSearchBackward（值-1），不成功的搜索将在 Recordset 的开始处停止。

Start：可选。Variant 书签，用于标记搜索的开始位置。

如语句 "rs.Find "姓名 LIKE '陈*'"" 就是查找记录集 rs 中姓 "陈" 的记录信息，检索成功记录指针会定位到的第一条陈姓记录。

语法 2：

```
rs.Seek KeyValues, SeekOption' rs 为 RecordSet 对象实例
```

其中：

KeyValues：为 Variant 值的数组。索引由一个或多个列组成，并且该数组包含与每个对应列作比较的值。

SeekOption：为 SeekEnum 值，指定在索引的列与相应 KeyValues 之间进行的比较类型。具体可取以下常量：

常量	值	说明
AdSeekFirstEQ	1	查找等于 KeyValues 的第一个关键字
AdSeekLastEQ	2	查找等于 KeyValues 的最后一个关键字
AdSeekAfterEQ	4	查找等于 KeyValues 的关键字，或仅在已匹配过的位置之后查找
AdSeekAfter	8	仅在已经有过与 KeyValues 匹配的位置之后进行查找
AdSeekBeforeEQ	16	查找等于 KeyValues 的关键字，或仅在已匹配过的位置之前查找
AdSeekBefore	32	仅在已经有过与 KeyValues 匹配的位置之前进行查找

Find 和 Seek 两种检索方法相比，Seek 方法的检索效率更高，但使用条件也更严。一是必须通过 adCmdTableDirect 方式打开的记录集；二是必须提供支持 Recordset 对象上的索引，即 Seek 方法要结合 Index 属性使用。

③　添加新记录

添加新的记录使用 AddNew 方法。

语法：

```
rs.AddNew [FieldList][, Values]' rs 为 RecordSet 对象实例
```

参数说明：

FieldList：可选项，为一个字段名，或者是一个字段数组。

Values：可选项，为给要加信息的字段赋的值。如果 FiledList 为一个字段名，那么 Values 应为一个单个的数值；假如 FiledList 为一个字段数组，那么 Values 必须也为一个个数和类型与 FieldList 相同的数组。

注意，AddNew 方法添加新记录后，必须用 UpDate 方法将所添加的记录数据存储在数据库中。

④　更新记录

更新记录与记录重新赋值相同，只要用 SQL 语句将要修改的记录字段数据找出来重新赋值就可以了。

注意，更新记录后，必须用 UpDate 方法将所更新的记录数据存储在数据库中。

⑤　删除记录

删除记录使用 Delete 方法。这与 DAO 对象的方法相同，但是在 ADO 中它的能力增强了，可以删掉一组记录。

语法：

```
rs.Delete [AffectRecords] ' rs 为 RecordSet 对象实例
```

参数说明：

AffectRecords 记录删除的效果。具体可取以下常量：

常量	值	说明
adAffectCurrent	1	只删除当前的记录
adAffectGroup	2	删除符合 Filter 属性设置的一组记录

Recordset 对象字段值的引用有多种形式，既可以直接用字段名引用，也可以用字段编号去引

用。用字段编号去引用时，索引号从 0 开始。

比如 Recordset 对象 rs 的第 4 个字段名为 "年龄"，则引用该字段可使用下列多种方法：

✓ *rs("年龄")*

✓ *rs(3)*

✓ *rs.Fields("年龄")*

✓ *rs.Fields(3)*

✓ *rs.Fields.Item("年龄")*

✓ *rs.Fields.Item(3)*

（4）关闭连接或记录集

数据操作完毕，应该关闭并释放分配给 ADO 对象（一般为 Connection 对象和 Recordset 对象）的资源。使用的方法为 Close 方法。

语法：

```
'关闭对象
Object.Close  ' Object 为 ADO 对象
'回收资源
Set Object=Nothing  ' Object 为 ADO 对象
```

最后介绍一下 ADO 访问数据库一般过程和步骤。

ADO 访问数据库一般过程和步骤如下。

● 定义和创建 ADO 对象实例变量。

● 设置连接参数并打开连接 – Connection。

● 设置命令参数并执行命令（分返回或不返回记录集两种情况）– Command。

● 设置查询参数并打开记录集 – Recordset。

● 操作记录集（检索、追加、更新、删除）。

● 关闭、回收有关对象。

方法 1：在 Connection 对象上直接打开 RecordSet

```
……
        '创建对象引用
        Dim cn As new ADODB.Connection '创建一连接对象
        Dim rs As new ADODB. RecordSet '创建一记录集对象

'注意：如果操作当前数据库，可用 Set cn=CurrentProject.Connection 替换下面这行语句！
cn.Open <连接串等参数>                 '打开一个连接

rs.Open cn,<其他参数>                  '打开一个记录集
        Do While Not rs.EOF            '利用循环结构遍历整个记录集直至末尾
        ……                            '安排字段数据的各类操作
        rs.MoveNext                    '记录指针移至下一条
        Loop
        rs.close                       '关闭记录集
        cn.close                       '关闭连接
        Set rs = Nothing               '回收记录集对象变量的内存占有
        Set cn = Nothing               '回收连接对象变量的内存占有
        ……
```

方法2：在 Command 对象上打开 RecordSet

```
......
        '创建对象引用
        Dim cm As new ADODB.Command      '创建一命令对象
        Dim rs As new ADODB.RecordSet    '创建一记录集对象

        '设置命令对象的活动连接、类型及查询等属性
        With cm
            .ActiveConnection = <连接串>    '设置连接参数
            .CommandType = <命令类型参数>     '创建命令类型
            .CommandText = <查询命令串>      '设置命令内容
        End With
        rs.Open cm,<其他参数>             '打开一个记录集
        Do While Not rs.EOF             '利用循环结构遍历整个记录集直至末尾
            ......                       '安排字段数据的各类操作
            rs.MoveNext                  '记录指针移至下一条
        Loop
        rs.close                        '关闭记录集
        Set rs = Nothing                '回收记录集对象变量的内存占有
        ......
```

需要指出的是，缺省状态下 Access 2010 数据库会自动增加对 DAO 库和 ADO 库的引用。即同时支持 DAO 和 ADO 的数据库操作。然而，两者之间存在一些同名对象（如 RecordSet, Field），容易造成歧义，实际使用经常在 DAO 对象引用前加"DAO"、ADO 对象引用前加"ADODB"，以显示区别。

比如下面两个记录集 rs1 和 rs2 的定义：

```
Dim rs1 As DAO.RecordSet            '显式定义一个 DAO 类型库的 RecoedSet 对象变量
Dim rs2 As new ADODB.RecordSet      '显式定义一个 ADO 类型库的 RecoedSet 对象变量
```

11.16.3　Docmd.RunSQL 方法运用

1. Docmd 对象的 RunSQL 方法概述

直接设计 SQL 命令可以简化对数据的访问操控制作，特别是有些记录集对象难以实现或不能实现的功能，如创建表、更新表结构、删除表等，都可以用 SQL 命令来完成。

Access 提供了 Docmd 对象的 RunSQL 方法，可以在 VBA 代码中直接调用 SQL 命令对数据源进行操作，具体有以下一些。

- 数据定义：表的创建、修改结构、删除表、生成表。
- 数据操作：数据追加、数据更新、数据删除、数据查询。
- 表间关系建立：实体完整性、参照完整性。
- 索引建立和删除。

2. Docmd 对象的 RunSQL 方法使用

语法：Docmd.RunSQL(*SQLStatement*[, *UseTransaction*])

参数说明：

"*SQLStatement*"：为字符串表达式，表示各种操作查询或数据定义查询的有效 SQL 语句。可以使用 INSERT INTO、DELETE、SELECT...INTO、UPDATE、CREATE TABLE、ALTER TABLE、DROP TABLE、CREATE INDEX 或 DROP INDEX 等 SQL 语句。

"*UseTransaction*"：为可选项，使用 True 可以在事务处理中包含该查询，使用 False 则不使用事务处理。默认值为 True。

下面举例说明主要 SQL 命令的使用。

例程：编程创建具有以下结构的 Teacher 表。

Teacher 表结构：

字段名	字段类型 大小		主键	非空
sno（编号）	文本		5	是
sname（姓名）	文本		12	是
ssex（性别）	文本		1	是
sage（年龄）	数字			
sdate（入职时间）	日期		8	
spt（党员否）	是否			
smem（简历）	备注			
sphoto（照片）	OLE			

代码实现如下。

```
Dim strSQL As String                              '定义变量
strSQL = "create table Teacher ("
strSQL = strSQL + " sno CHAR(5)     PRIMARY KEY,"  '定义 sno 字段，主键
strSQL = strSQL + " sname VARCHAR(12)   NOT NULL," '定义 sname 字段，非空
strSQL = strSQL + " ssex CHAR(1)  NOT NULL,"       '定义 ssex 字段，非空
strSQL = strSQL + " sage SMALLINT,"                '定义 sage 字段
strSQL = strSQL + " sdate DATETIME ,"              '定义 sdate 字段
strSQL = strSQL + " sparty BIT ,"                  '定义 sparty 字段
strSQL = strSQL + " smem MEMO,"                    '定义 smem 字段
strSQL = strSQL + " sphoto IMAGE );"               '定义 sphoto 字段

DoCmd.RunSQL strSQL                                '执行查询
```

例程：编程实现将上边 Teacher 表中教师年龄加 1 的操作。

代码实现如下。

```
    Dim strSQL As  String                          '定义变量
    strSQL = "Update Teacher Set sage = sage+1"    '赋值 SQL 操作字符串

Docmd.RunSQL  strSQL                               '执行查询
```

11.17 小 结

在 Access 数据库中，模块是将 VBA 声明和过程作为一个单元来保存的集合。

Access 有两种类型的模块：标准模块和类模块。其中标准模块用于设计具有全局作用的变量或函数过程；类模块则提供对象特征的变量和事件过程，它又分为系统对象类模块，如窗体模块和报表模块等，以及用户定义类模块。

模块对象以函数过程或子过程为基本组成单元，一般包含顺序结构、条件结构和循环结构 3 种控制流程。

VBA 的文件操作可以完成顺序文件、随机文件和二进制文件的读写操作。

VBA 基于 DAO 和 ADO 接口技术实现简单数据库编程操作。

上 机 题

上机目的：在 Access 2010 数据管理应用系统中学会使用 Visual Basic 程序代码

上机步骤：

（1）请写出一个 VBA 程序，要求判断一个字符是否是字母，是大写还是小写。

（2）如果卖出数量大于 1000 的产品折扣为 50%，卖出数量从 501 到 999 的折扣为 40%，从 100 到 499 的折扣为 30%，从 50 到 99 的折扣为 20%，从 10 到 49 的折扣为 10%，小于 10 的无折扣。请采用 Select Case …End Select 语句编写。

（3）编写一个程序，界面如下图所示。当用户单击"开始"按钮时，程序随机产生两个 1～100 之间的整数 a 和 b，并把"a+b="字样显示在标签 Label1 中，等待用户在文本框 text1 中输入答案。当用户在文本框 text1 中输入了答案并按"回车"键后，程序开始判断答案是否正确，并将判断结果显示在标签 Label2 中，同时将"焦点"放到"开始"按钮上。

（4）设计一程序，用户输入三角形的三条边 A，B，C 的长度，然后程序判断它们能否构成三角形。如果能构成三角形，则计算出面积并输出，然后程序结束；如果不能构成三角形，则提示用户：不能构成三角形并转回重新输入。

计算面积的公式为：面积=$\sqrt{L(L-A)(L-B)(L-C)}$，$L=(A+B+C)/2$

（5）写一个程序输出所有的"水仙花数"。水仙花数是指三位的正整数，其各位数字的立方之和等于该正整数本身。例如：407=4*4*4+0*0*0+7*7*7。

（6）设计一个"计算器"程序，界面如下图所示。

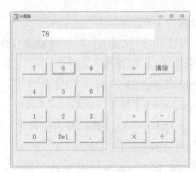

该计算器可以作加、减、乘、除运算。用户先输入第一个操作数，然后点击运算符按钮，再输入第一个操作数，最后按 "=" 按钮并在文本框中显示计算结果。

习　题

一、填空题

1. VBA 的全称是【1】，BASIC 的全称是【2】。

2. 在 Access 数据库系统的 VBA 模块中，可以借助在任何宏操作关键字前加上【1】及【2】来执行宏操作关键字。

3. DOS DBM 的程序使用【1】的程序设计技巧，一个主程序调用（执行）能完成特定操作的子程序或程序。

4. 模块（Module）是装着【1】的容器。

5. 模块（Module）包含了一个声明区域和一个或多个程序（以【1】开头）或函数（以【2】开头）。

6. 说明变量最常用的方法是使用【1】结构。

7. Visual Basic 中变量作用域分为三个层次，这三个层次是【1】、【2】和【2】。

8. 在模块的说明区域中，用【1】关键字说明的变量是模块范围的变量；而用【2】或【3】关键字说明的变量是属于全局范围的变量。

9. 要在程序或函数的实例间保留局部变量的值，可以用【1】关键字代替 Dim。

10. 用户定义的数据类型可以在【1】关键字间说明。

11. Access 包含有几个 Access 启动时就建立的系统定义的常量为【1】、【2】、【3】、【4】、【5】、【6】和【7】。这几个常量中，在 Visual Basic 程序代码中可用【8】、【9】和【10】。

12. 在 Visual Basic 中不能指定【1】、【2】和【3】为常量名。

13. VBA 的逻辑值进行算数运算时，True 值被处理为【1】，TFalse 值被处理为【2】。

14. VBA 的三种流程控制结构是顺序结构、【1】和【2】。

15. 启动窗体时，为了初始化该窗体中的各控件，可选用窗体的【1】事件。

16. 把条件 $1 \leqslant x < 12$ 写成 VB 关系表达式为【1】。

17. 给定一个程序段：

```
a$ = "Beijing"
b$ = "shanghai"
   c$ = "jig"
k=InStr(Left(a$, 5) + Right$(b$, 4), c$)
```

运行该程序段后，变量 k 的值为【1】。

18. 一般来说对象有属性、方法和事件，【1】是指对象具有作某种事的能力。

19. 把 X 是 5 或 7 的倍数写成 VBA 的表达式是【1】。

20. 表达式 Ucase（Mid（"abcdefgh"，3，4））=【1】。

21. k=123%，则 Len（Str（k））=【1】。

22. 表示变量 S 是字母（不分大小写）的 VBA 表达式是【1】。

23. DateAdd（"m"，1，#6/25/2012#）=【1】。

24. IsNumeric（"123asd"）=【1】。

25. 取出一个三位整数 x 的十位上的数字（例如：324 十位上的数字是 2）的 VBA 表达式是【1】。

26. x=5，y=12，那么 iif(x>y，x，y)=【1】。

27. 要使 FOR k=() to -5   STEP -2 语句循环 20 次，k 的初值应是【1】。

28. 一条语句要在下一行继续写，用【1】符号分隔续行。

29. 存在以下程序段：

```
x=Int( Rnd )+3
If  x*x>8  then  y=x*x+1
If  x*x=9  then  y=x*x-2
If  x*x<8  then  y=x*x*x
MsgBox y
```

运行后，消息框的输出结果是【1】。

30. 存在以下程序段：

```
DimI% ,s%
s=0
forI=1 to 5 step -1
  s=s+ I
nextI
MsgBoxs
```

运行后，消息框的输出结果是【1】。

31. 存在以下程序段：

```
dimI% , s%
s=0
forI=5 to 1
  s=s+ I
next I
MsgBoxs
```

运行后，消息框的输出结果是【1】。

32. 存在以下程序段：

```
Dim  I% , n%
n=0
ForI =1 To 20Step 2
I=I+2
n=n+1
Next  I
MsgBoxn
```

运行后，消息框的输出结果是【1】。

33. 存在以下程序段：

```
        Dim m%, n%, a%(4, 4)
    For  m = 1 To  3
        For  n = 1 To  3
            a(m , n) = m + n
        Next  n
        Next  m
        For  n=1  to  3
    a( 4 , n)=0
    for  m=1  to  3
        a( 4 , n)= a( 4 , n)+a(m , n)
    next  m
Next  n
MsgBoxa(3 , 3)
```

运行后，消息框的输出结果是【1】。

34. 如果在 "标准模块" 中，使用 Private 定义一个子过程，那么它的作用范围是【1】。

35. 存在以下程序段：

```
Sub  Hcf (ByVal  m% , ByVal  n% , k% )
Dim  r %
If  m<n  then
            r=m :  m=n :  n=r
end  if
r=m  Mod  n
Do  While  r<>0
    m=n
    n=r
    r=m  Mod  n
Loop
k=n
MsgBox k
    End  Sub
```

主程序为：

```
Dim  I% ,J% , S%
 I=24 : J=16
Hcf  I , J , S
MsgBox S
```

运行后，消息框的输出结果是【1】。

36. 存在以下程序段：

```
    Private  Function  Func( ByVal  a% , ByVal  b% ) as integer
    Static  m  as integer , I as  integer
    I=m+1+I
    m=I+a+b
    Func=m
    End  Function
    Private  Sub  Form_Click()
        Dim  k% , h% , p
        h=1
        k=4
        p=Func( k , h)
    MsgBox p
        p=Func( k , h)
    MsgBox p
    End  Sub
```

运行后，消息框的输出结果是【1】。

37. 存在以下程序段：

```
Public Sub proc(a%())
    Static i%
    Do
        a(i) = a(i) + a(I+1)
        i=i+1
        Loop Whilei<2
End Sub
Private Sub Command1_Click()
    Dim m% , i% , x%(10)
    For i=0 to 4
            X(i)=i+1
    Next i
    For i=0 to 2
        Call Proc(x)
    Next i
    For i=0 to 4
        MsgBoxx(i)
    Next i
End Sub
```

窗体运行后，单击 Command1 按钮，消息框的输出结果是【1】。

38. 存在以下程序段：

```
Public Sub test(ByVal x%, y%)
    y = 2 * x
End Sub
Private Sub Command1_Click()
    Dim m%, n%
    m = 5: n = 6
    test m, 6
    MsgBox n
    test 5, n
    MsgBox n
    End Sub
```

窗体运行后，单击 Command1 按钮，消息框的输出结果是【1】。

39. VBA 提供了多个用于数据验证的函数。其中 IsNumeric 函数用于【1】；【2】函数用于合法日期验证。

40. VBA 语言中，函数 MsgBox 的功能是【1】；【2】函数的功能是输入数据对话框。

41. 窗体的计时操作功能是通过设计窗体的【1】事件过程完成。

42. 窗体的计时器触发事件，其激发时间间隔由【1】属性值设置决定。

43. Access 的 VBA 编程在操作本地数据库时，提供一种 DAO 数据库打开的快捷方式，其形式是【1】；相应地，也提供一种 ADO 的默认连接对象，它是【2】。

44. 教师管理数据库的 "teacher" 数据表保存教师的基本情况信息，包含"编号"、"姓名"、"性别"和"职称"四个字段内容。下面程序的功能是：通过窗体向 teacher 表中添加教师记录。对应"编号"、"姓名"、"性别"和"职称"的 4 个文本框的名称分别为：tNo、tName、tSex 和 tTitles。当点击窗体上的"增加"命令按钮（名称为 Command1）时，首先判断编号是否重复，如果不重复则向"teacher"表中添加教师记录；如果编号重复，则给出提示信息。当点击窗体上的"退出"命令按钮（名称为 Command2）时，关闭当前窗体。

依据要求功能，请将以下程序补充完整。

```
Dim  ADOcn  As  New  ADODB.Connection
Private  SubForm_Load( )
'打开窗口时，连接Access本地数据库
Set  ADOcn = 【1】
End  Sub
Private  Sub  Command1_Click( )
'追加教师记录
Dim  strSQL  As  String
Dim  ADOrs  As  New  ADO.Recordset

Set  ADOrs.ActiveConnection= ADOcn
ADOrs.Open"Select 编号 From teacher Where 编号='" + tNo + "'"
If  Not 【2】 Then
MsgBox"你输入的编号已存在，不能新增加！"
Else
StrSQL = "Insert Into stud (编号,姓名,性别,职称)"
StrSQL = strSQL+"Values('" + tNo + "','" + tName +"','"+tSex+"','" +tTitles+"')"
ADOrs.Execute 【3】
MsgBox"添加成功，请继续！"
End  If
ADOrs.Close
Set  ADOrs = Nothing
End  Sub
Private  Sub  Command2_Click( )
      '单击关闭当前窗口
【4】
End Sub
```

45．存在教师表 Emp，其表结构为：

字段名称	标题	类型	长度	主键
Eno	编号	文本型	10	是
Ename	姓名	文本型	15	
Eage	年龄	数值型	整型	
Esex	性别	文本1		
Edate	就职时间	日期型		
Eparty	党员否	是/否型		

以下程序段实现窗体文本框"tValue"内输入年龄条件，单击删除按钮完成对该年龄职工记录信息的删除操作。

依据注释提示要求功能，请将程序补充完整。

```
Private Sub btnDelete_Click()                ' 单击"删除"按钮
    Dim strSQL  As String                    ' 定义变量

strSQL = "delete from Emp"                   ' 赋值 SQL 基本操作字符串

       ' 判断窗体年龄条件值无效（空值或非数值）处理
    If 【1】 Then
MsgBox "年龄值为空或非有效数值！", vbCritical, "Error"
       ' 窗体输入焦点移回年龄输入的文本框"tValue"控件内
```

【2】
```
        Else
            '构造条件删除查询表达式
strSQL = strSQL& " where Eage=" &【3】
                '消息框提示"确认删除?(Yes/No)"，选择"Yes"实施删除操作
        If 【4】Then
DoCmd.RunSQLstrSQL          '执行删除查询
MsgBox "completed! ", vbInformation, "Msg"
        End If
    End If
End Sub
```

二、判断题

1. VBA 是程序语言，而非宏语言，用 VBA 函数及程序可以建立用户自己的宏操作。【1】

2. 调用程序的惟一方法是从 Access 函数中或从另一个程序中调用，而不能直接从 Access 数据库的对象中执行程序。【1】

3. 不能将 Visual Basic 本身的关键字作为变量名。【1】

4. 在 Visual Basic 中可以有隐含说明的数组。【1】

5. 以 Dim 说明的数组的维数最多只能到 8 维。【1】

6. 借助将变量说明为对象类型，并使用 Set 语句将对象指派到变量的方法，可以将任何数据库对象指定为变量的名称。【1】

7. 不能使用 Call 来执行函数，必须以该函数的名称引用它才行。【1】

8. VBA 的全称是 Visual Basic for Administrator。【1】

9. VBA 中，如果没有显式声明或用符号来定义变量的数据类型，默认为 String。【1】

10. VBA 代码编程时，足够的注释语句有助于理解程序代码和将来的维护工作。【1】

三、单项选择题

1. 表达式 4+5\6*7/8Mod9 的值是_____。

A. 4   B. 5   C. 6   D. 7

2. 存在以下程序段：_____。

A = 1

B = A

Do Until A >= 5

A = A + B

B = B + A

Loop

程序执行完后，变量 A 和 B 的值分别是_____。

A. 1，1   B. 4，6   C. 5，8   D. 8，13

3. 在 VBA 的 do…while 或 do…until 循环结构中，可以实现循环提前结束的语句是_____。

A. End for   B. End do   C. Exit for   D. Exit do

4. 定义了二维数组 A(2 to 4,3)，则该数组的元素个数为_____。

A. 16   B. 15   C. 12   D. 9

5. VBA 中用实际参数 a 和 b 调用有参子过程 f(m,n)的正确形式是_____。

A. f m,n   B. f a,b

C.　Call f(m,n)　　　　　　　　　　D.　Call f a,b

6.　存在程序段：

```
s=0
For i=1 to 10 step 2
s=s+1
i=i*2
Next I
```

当循环结束后，变量 i 的值为①，变量 s 的值为②。

①　A.　10　　　　　B.　11　　　　C.　22　　　　　　D.　16

②　A.　3　　　　　　B.　4　　　　　C.　5　　　　　　D.　6

7.　在有参函数设计时，要想实现某个参数的"双向"传递，就应当说明该形参为"传址"调用形式。其设置选项是_____。

A.　ByVal　　　　　　　　　　B.　ByRef

C.　Optional　　　　　　　　　D.　ParamArray

8.　过程中的形参和实参之间应_____。

A.　仅要求类型上必须一致　　　B.　仅要求位置上必须一致

C.　类型必须一致，位置无关　　D.　类型和位置都必须一致

9.　以下可以将变量 A、B 值互换的是_____。

A.　A=A+B：B=A－B：A=A－B　　B.　A=B：B=A

C.　A=C：C=B：B=A　　　　　　D.　A=(A+B)/2：B=(A - B)/2

10.　当窗体被关闭时，系统自动执行的窗体事件过程是_____。

A.　Click　　B.　Load　　C.　Unload　　D.　LostFocus

11.　程序运行时，要使用户不能修改文本框中的内容，应设置_____。

A.　Enabled=False　　　　　　　B.　MultiLine=False

C.　Locked=True　　　　　　　　D.　PasswordChar="*"

12.　一个窗体上有两个文本框，按放置顺序分别是：Text1，Text2，要想在 Text1 中按"回车"键，"焦点"自动转到 Text2 上，应在_____处编写程序。

A.　Private Sub Text1_KeyPress(KeyAscii As Integer)

B.　Private Sub Text1_LostFocus()

C.　Private Sub Text2_GotFocus()

D.　Private Sub Text1_Click()

13.　用一个对象来表示"一只白色的足球被踢进球门"，那么，白色、足球、踢、进球门分别是_____。

A.　属性、对象、方法、事件　　　B.　属性、对象、事件、方法

C.　对象、属性、方法、事件　　　D.　对象、属性、事件、方法

14.　下面关于对象属性的叙述中，不正确的是_____。

A.　属性是对一个对象特征的描述

B.　属性都有名称、取值类型、值

C.　属性的值必须在设计时确定

D.　有些属性的值可以在程序运行时改变

15. 将逻辑型数据转换成整型数据时，转换规则是_____。

A. 将 True 转换为–1 ，将 False 转换为 0

B. 将 True 转换为 1，将 False 转换为–1

C. 将 True 转换为 0，将 False 转换为–1

D. 将 True 转换为 1，将 False 转换为 0

16. 对不同类型的运算符优先级规定是_____。

A. 字符运算符>算术运算符>关系运算符>逻辑运算符

B. 算术运算符>字符运算符>关系运算符>逻辑运算符

C. 算术运算符>字符运算符>逻辑运算符>关系运算符

D. 字符运算符>关系运算符>逻辑运算符>算术运算符

17. 随机产生[10，50]之间整数的正确表达式是_____。

A. Round(Rnd*51)   B. Int(Rnd*40+10)

C. Round(Rnd*50)   D. 10+Int(Rnd*41)

18. 赋值语句 A=123+Mid$("123456",3,2)执行后，A 的值是_____。

A. "12334"   B. 123   C. 12334   D. 157

19. 函数 InStr(1,"eFCdEfGh","EF",1)执行的结果是_____。

A. 5   B. 6   C. 0   D. 1

20. 下面正确的赋值语句是_____。

A. x=y=1   B. x+y=1   C. x=x+1   D. sin(x)=5

21. MsgBox()过程的正确语法是_____。

A. MsgBox(提示信息[，标题] [，按钮类型])

B. MsgBox(标题 [，按钮类型] [，提示信息])

C. MsgBox(标题 [，提示信息] [，按钮类型])

D. MsgBox(提示信息 [，按钮类型] [，标题])

22. InputBox$()函数返回值的数据类型是_____。

A. 数值型   B. 字符型   C. 变体型   D. 逻辑型

23. 下面关于 fo…next 循环的叙述中，不正确的说法是_____。

A. 省略步长，系统默认为：步长是 1

B. 循环变量必须是数值型

C. 循环体内必须有 Exit For 语句

D. 如果初值大于终值，不能省略 step 步长，否则循环只能执行一次

24. 下面声明数组的语句中，正确的是_____。

A. Dim a[3 , 4] as integer

B. Dim a(1 to 3 , 4) as integer

C. Dim a(m , n) as integer

D. Dim a(3 、4) as integer

25. Dim A(-2to1,2)语句定义的分量个数是_____。

A. 2   B. 4   C. 9   D. 12

26. 下面说明子过程的语句中，合法的是_____。

A. Sub f1(ByVal n%( ))

B.　Sub f1(n%)　As　integer

C.　Function f1(f1%)　As　integer

D.　Function f1(ByVal　n%) As　integer

27.　在子过程或函数中可用来定义变量的语句是_____。

A.　Dim 、Private　　　　　　　B.　Dim 、Static

C.　Dim 、Public　　　　　　　　D.　Dim 、Private、Static、Public

28.　在定义过程时，系统把形式参数类型默认为_____。

A.　值参　　　B.　变参　　　C.　数组　　　D.　无参

29.　调用下面子过程的正确语句是_____。

```
Public Sub test(ByVal x%, y%)
 y = 2 * x
End Sub
```

A.　call　test　5 , 6　　　　　　B.　call　test　m , n

C.　test　5 , 6　　　　　　　　　D.　test（m , n）

30.　VBA 计时事件操作中，需要设置窗体的"计时器间隔（TimerInterval）"属性值。其计量单位是_____。

A.　微秒　　　B.　毫秒　　　C.　秒　　　　D.　分钟

31.　DAO 层次对象模型的顶层对象是_____。

A.　DBEngine　　　B.　Workspace　　　C.　Database　　　D.　RecordSet

32.　ADO 对象模型中可以打开并返回 RecordSet 对象的是_____。

A.　只能是 Connection 对象　　　　　　B.　只能是 Command 对象

C.　可以是 Connection 对象和 Command 对象　　D.　不存在

33.　InputBox 函数的返回值类型是_____。

A.　数值　　　　　　　　　　　B.　字符串

C.　变体　　　　　　　　　　　D.　数值或字符串（视输入的数据而定）

34.　在 MsgBox(prompt,buttons,title,helpfile,context)函数调用中必须提供的参数是_____。

A.　prompt　　　B.　buttons　　　C.　title　　　D.　context

四、多项选择题

1.　下列说法正确的是_____。

A.　不能将 Visual Basic 本身的关键字作为变量名

B.　在 Visual Basic 中可以有隐含说明的数组

C.　在 Visual Basic 中不能指定 true、false、null 为常量名

D.　Visual Basic 中变量作用域分为三个层次，这三个层次是局部范围、模块范围和全局范围

2.　以下说法正确的是 _____。

A.　在 Access 数据库系统的 VBA 模块中，可以借助在任何宏操作关键字前加上 DoCmd 及空格来执行宏操作关键字

B.　要在程序或函数的实例间保留局部变量的值，可以用 Static 关键字代替 Dim

C.　以 Dim 说明的数组的维数最多只能到 8 维

D.　借助将变量说明为对象类型，并使用 Set 语句将对象指派到变量的方法，可以将任何数据库对象指定为变量的名称

五、简答题

1. 在 Access 2000 中，既然已经提供了宏操作，为什么还要使用 VBA？

2. 开发者在编写 VBA 应用程序时，应该遵循哪些原则？

3. 试举例说明如何建立动态数组。

4. 什么是模块，模块分为哪几类？

5. 试简述 VBA 的数据库操作技术。

第12章
复杂数据库设计

【本章提要】
本章将介绍数据库设计方法学的一些基本概念、实用技术和实现方法。

12.1　数据库设计概述

【提要】本节主要讲述数据库设计的内容和要求、数据库设计的基本过程。

数据库设计通常是指数据库应用系统的设计，并不是要设计一个完整的 DBMS（数据库管理系统）。这里我们要讨论的数据库设计是指在现有 Access 2000 关系型数据库管理系统的基础上建立关系数据库及应用系统的整个过程。

要建立一个数据库应用系统，需要根据数据处理的规模，对应用系统的性能要求等选择合适的计算机硬件配置（如计算机的选型，是否上网等）、软件配置（如操作系统、汉字系统等）、选定 DBMS 系统，组织开发人员小组，在熟悉计算机硬件及 DBMS 的基础上，完成整个应用系统的设计工作。

人们通常把以数据库为核心的应用系统称为管理信息系统（Management Information System，MIS）。管理信息系统一般具有对信息的存储、检索和加工等功能。随着数据库技术的发展和广泛使用，各行各业都有大量的信息需要处理，需要建立管理信息系统。

如何建立一个高效适用的数据库应用系统是数据库应用领域研究的一个主要课题。在数据库应用初期，数据库往往是凭借设计者的经验、知识和水平设计的，因此设计出的应用系统性能的好坏差别很大，常常不能满足应用要求。数据库工作者经过大量探索和研究，提出了不少设计数据库的方法，如新奥尔良（New Orleans）法、规范化法和基于 ER 模型的数据库设计方法等。

实践表明，数据库设计是一项软件工程，应该把软件工程的原理、技术和方法应用到数据库设计中。与一般软件工程相比，数据库设计与应用环境联系紧密，应用系统的信息结构复杂，加之数据库系统本身的复杂性，因此数据库设计具有自身的特点，逐渐形成了数据库设计方法学。

12.1.1　数据库设计的内容和要求

一个数据库的设计主要包括两个方面，即结构特性的设计和行为特性的设计，它们分别描述了数据库的静态特性和动态性能。

1. 结构特性的设计

结构特性的设计是指数据结构的设计，设计结果能否得到一个合理的数据模型，这是数据库设计的关键。数据模型是用来反映和显示事物及事物间的联系，对现实世界模拟的精确程度越高，形成的数据模型就越能反映现实世界，在这基础上生成的应用系统就能较好地满足用户对数据处理的要求。

传统的软件设计一般注重处理过程的设计，而忽视对数据语义的分析和抽象。而对数据库应用系统来说，管理的数据量很大，数据间联系复杂，数据要供多用户共享，因此数据模型设计是否合理，将直接影响应用系统的性能和质量。

结构特性的设计涉及实体、属性及相互的联系，域和完整性的约束等。它包括模式和子模式的设计，设计最后要建立数据库。结构特性的设计内容及其间的关系可以用图 12-1 表示。

结构特性的设计应满足如下的几点。

（1）能正确反映现实世界，满足用户要求。

（2）减少和避免数据冗余。

（3）维护数据的完整性。

2. 行为特性的设计

行为特性的设计是指应用程序的设计。在分析用户需要处理哪些数据的基础上，完成对各个功能模块的设计，如完成对数据的查询、修改、插入、删除、统计和报表等。应用程序的设计还包括对事务的设计，以保证在多用户环境下数据的完整性和一致性。行为特性的设计可以用图 12-2 表示。

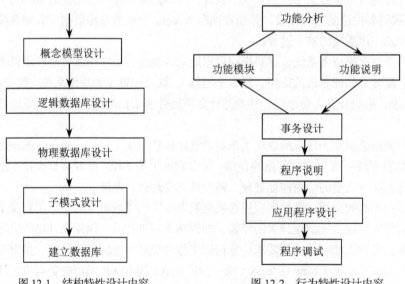

图 12-1 结构特性设计内容   图 12-2 行为特性设计内容

在数据库设计中，结构特性和行为特性的设计可以结合起来进行。

数据库设计是一项复杂的工程，它要求设计人员不但具有数据库的基本知识和数据库设计技术，熟悉 DBMS，而且要有应用领域方面的知识，了解应用环境和用户业务，才能设计出满足应用要求的数据库应用系统。

一个满足应用要求的数据库系统应具有良好的性能。数据库的性能包括数据库的存取效率和存储效率。数据库的存取效率主要表现在对数据访问的请求和存取次数。存取次数是指为查找一个记录所需存取逻辑记录的次数。存储效率是指存储数据的空间利用率，即存储用户数据所占有实际存储空间的大小。存取效率和存储效率经常是一对矛盾体，有时为了提高存取效率，不得不保存大量中间数据，降低存储效率。计算机硬件的进步也主要是提高运算及存取速度和增加内部及外部存储空间。

随着计算机硬件和软件技术的不断发展，数据库使用越来越普及，数据库应用系统是否便于使用、便于维护和便于扩充等方面，越来越成为衡量数据库系统性能的重要指标，因为这些指标直接影响到数据库应用系统是否具有较长的使用寿命。

12.1.2　数据库设计过程

数据库设计与应用环境联系紧密，其设计过程与应用规模、数据复杂程度密切有关。实践表明，数据库设计应分阶段进行。

早期数据库设计，由于应用涉及面小，通常只是处理某一方面的应用，如工资管理和人事档案管理等系统，需求比较简单，数据库结构并不复杂。设计人员在了解用户的信息要求、处理要求和数据量之后，就可以经过分析和综合，建立起数据模型，然后结合 DBMS，将数据的逻辑结构、物理结构和系统性能一起考虑，直接编程，完成应用系统的设计。使用这种手工设计方法，数据库设计的好坏完全取决于设计者的经验和水平，缺乏科学根据，因而很难保证设计的质量。

现在大多数数据库管理系统与早期数据库系统比较，规模越来越大，需要处理的信息量越来越多。设计中存在以下几个问题。

（1）数据间的关系十分复杂，仅凭设计者的经验很难准确地表达不同用户的要求和数据间的关系。

（2）直接把逻辑结构、物理结构和系统性能一起考虑，涉及的因素太多，设计过程复杂，难以控制。

（3）在设计中缺乏文档资料，很难与用户交流，而准确了解用户需求是数据库应用系统是否成功的关键。

大型数据库系统一般设计周期都比较长，有的可能需要二三年的时间。如果在设计后期发现错误，轻则影响系统质量，重则导致整个设计失败。因此在设计过程中需要进行阶段评审，及时发现错误，及时纠正。

因此，数据库的设计应分阶段进行，不同阶段完成不同的设计内容。

数据库的设计过程可以分为如下 6 个阶段：需求分析、概念设计、逻辑设计、物理设计、数据库实施和运行以及数据库的使用和维护。

1．需求分析

需求分析阶段主要是对所要建立数据库的信息要求和处理要求的全面描述。通过调查研究，了解用户业务流程，对需求与用户取得一致认识。

2．概念设计

概念设计阶段要对收集的信息和数据进行分析整理，确定实体、属性及它们之间的联系，将各个用户的局部视图合并成一个总的全局视图，形成独立于计算机的反映用户观点的概念模式。概念模式与具体 DBMS 无关，接近现实世界，结构稳定，用户容易理解，能较准确地反映用户的信息需求。

3．逻辑设计

逻辑设计要在概念模式的基础上导出数据库可处理的逻辑结构（仍然与具体 DBMS 无关），即确定数据库模式和子模式。包括确定数据项、记录及记录间的联系、安全性和一致性约束等。

导出的逻辑结构是否与概念模式一致，从功能和性能上是否能满足用户要求还要进行模式评价。如果达不到用户要求，还要反复修正或重新设计。

4. 物理设计

物理设计的任务是确定数据在介质上的物理存储结构，即数据在介质上如何存放，包括存取方式及存取路径的选择。物理设计的结果将导出数据库的存取模式。

逻辑设计和物理设计的好坏对数据库的性能影响很大。在物理设计完毕后，要进行性能分析和测试。如果有问题，要重新设计逻辑结构。在逻辑结构和物理结构确定后，就可以建立数据库了。

5. 数据库实施和运行

数据库实施阶段包括建立实际数据库结构、装入数据、完成编码和进行测试，然后就可以投入运行了。

6. 数据库的使用和维护

按照软件工程的设计思想，软件生存期指软件从开始分析、设计直到停止使用的整个时间。使用和维护阶段是整个生存期的最长时间段。数据库使用和维护阶段需要不断完善系统性能和改进系统功能，进行数据库的再组织和重构造，以延长数据库使用时间。

以上数据库设计过程可用图 12-3 表示。

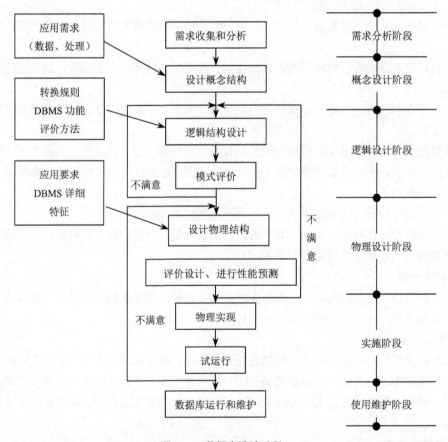

图 12-3　数据库设计过程

为保证设计质量，在数据库设计的不同阶段要产生文档资料或程序产品，进行评审检查，并与用户交流。如果阶段设计不能满足用户要求，则需要回溯、重复设计过程。为了减少反复，降低开发成本，应特别重视需求分析和概念设计阶段的工作。

12.2 需 求 分 析

【提要】 本节主要介绍需求分析的任务、方法和工具。

在第一节讨论数据库设计过程时我们说明了需求分析的重要性，它是数据库各个设计阶段的基础。这一阶段的主要任务如下。

（1）确认用户需求，确定设计范围。

（2）收集和分析需求数据。

（3）撰写需求说明书。

12.2.1 确认用户需求，确定设计范围

为了解用户需求，首先要了解企业的经营方针、管理模式和组织结构，弄清各个部门的职责范围和主要业务活动，然后深入到各个科室对具体业务活动情况进行详细调研，了解用户需要计算机存储和处理哪些数据，并找出现有管理系统存在的问题。

通过对业务现况和信息流程的分析，确定计算机能够处理的范围和内容。明确哪些功能由计算机完成，或者准备让计算机完成，哪些环节由人工完成，以确定新的应用系统应实现的功能。

在进行需求调研时，往往存在这一问题：用户熟悉自己的业务而不了解计算机数据库知识，而设计人员懂得计算机技术但不了解用户的业务和要求。因此在调查过程中，要帮助不熟悉计算机的用户了解计算机及数据库的基本概念，以求得对需求的一致看法。

12.2.2 收集和分析需求数据

需求分析需要获得数据库设计所必需的数据信息。这些信息包括信息需求、处理需求。

"信息"是指在设计范围内所涉及的所有信息的内容、特征和需要存储的数据。"处理"是指用户对信息的加工，包括发生的频度、响应时间和安全保密等。

在调查活动中要注意收集各种资料，如票证、单据、报表 、档案、计划、合同等。了解本部门的职责、主要业务处理流程和数据来源；处理什么数据，如何处理；保存数据，以什么形式保存；哪些数据需要输出，以什么形式输出，输出到哪些部门。

"处理"是指收集到的资料要进行加工、抽取、归并、分析。为了能够充分表达用户要求，人们研究了许多用于需求分析的方法和技术，这些方法有面向数据的方法和面向过程的方法两大类。其中常用的方法是结构化设计分析方法（简称 SA 方法），近年来在信息管理系统开发中得到广泛应用。

SA 方法是面向过程的分析方法，它把分析对象抽象成一个系统，然后"自顶向下，逐层分解"。它以数据流图（Data Flow Diagram，DFD）为主要工具，描述系统组成以及各部分之间的关系。在 DFD 中，有向线段表示数据流，其中箭头表示数据流向；圆圈表示过程处理；方块表示数据来源和去向；双线表示需要存储的信息。每个圆圈都可以进一步细化为下一层数据流图，直到圆圈能表示基本的处理过程为止。

图 12-4 是本书中的例子"教师课堂教学评价软件"的数据流图，描述了在评价过程中涉及的数据流及数据的来源和去向。

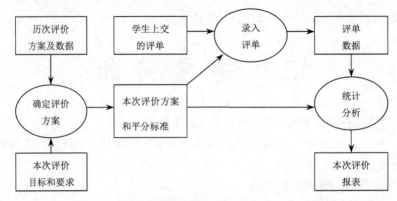

图 12-4   "教师课堂教学质量评价系统"的简化数据流图

数据字典是结构化分析方法的另一个工具，它用来描述数据流图中出现的所有数据。使数据流图中的数据、处理过程和数据存储得到详尽的描述。

数据字典的内容可以分成四大类：数据存储、数据流、数据项和处理过程。

"数据存储"是指在处理过程中需要存取的数据。要说明数据存储由哪些数据项组成，以及数据项的存取频度和存取方式（如对数据项是随机存取还是批处理）等。

"数据流"是处理过程的输入数据流和输出数据流，要说明数据流由哪些数据项组成，数据流的来源、走向及流量，如一个小时、一天或一个月的数据处理量。

"数据项"说明的内容包括数据项的名称、类型、长度和取值范围。

"处理过程"用来描述处理的逻辑功能，要说明输入、输出的数据和处理的逻辑。

如工厂生产计划制定的处理过程大致为：按订货合同中各个产品的需要量及各个产品现有的库存量计算生产数量。

数据字典的建立是一项细致而复杂的工作，一般应采用计算机进行自动管理。需求分析阶段建立的数据字典在以后的设计阶段将得到不断修改和补充，它是建立数据库应用系统的基础。

12.2.3　需求说明书

需求说明书是在需求分析活动后建立的文档资料，它是对开发项目需求分析的全面描述。需求说明书的内容有：需求分析的目标和任务、具体需求说明、系统功能和性能、系统运行环境等。需求说明书还应包括在分析过程中得到的数据流图、数据字典、功能结构图和系统配置图等必要的图表说明。

需求说明书是需求分析阶段成果的具体表现，是用户和开发人员对开发系统的需求取得认同基础上的文字说明。需求说明书要由用户、领导和专家相结合进行评审。它是以后各个设计阶段的主要依据，也是进行数据库评价的依据。

需求分析是一项技术性很强的工作，应该由有经验的专业技术人员完成，如系统分析员和数据库管理员。而需求分析阶段用户的参与和支持也是很重要的，如果没有用户的积极参与，需求分析不会顺利进行。因此，要取得用户的支持，同他们一起完成需求分析的工作。

12.3　概　念　设　计

【提要】早期的数据库设计是在需求分析的基础上直接设计数据库的逻辑结构。由于逻辑结构与具体 DBMS 有关，因而描述客观世界将受到一定的限制，用户也不容易理解，不便于交流。当外界环境改变时，要重新设计数据库的逻辑结构。

概念设计独立于具体的计算机系统，它是以用户能理解的形式表示信息结构，产生一个能反映用户观点的更接近于现实世界的数据模型，即概念模型。由概念模型可以很容易地导出层次、网状或关系数据库模型，简化了逻辑设计中由于考虑多种因素带来的复杂性。在客观环境不便的情况下，概念模型相对稳定。当应用系统需要更换 DBMS 时，只需重新设计逻辑结构，而概念模型可以不变。因此，在需求分析阶段之后，增加了概念设计。

表示概念模型的有力工具是 E-R 模型。下面介绍概念设计的步骤和方法。

12.3.1　设计局部概念模式

基于 E-R 模型的概念设计是用概念模型描述目标系统涉及的实体、属性及实体间的联系。这些实体、属性及联系是对现实世界的人、物、事等的一种抽象，它是在需求分析的基础上进行的。

概念设计通常分两步进行，首先建立局部概念模式，然后综合局部模式成全局概念模式。这是概念设计普遍采用的一种工具。

下面我们以 E-R 模型为工具，讨论数据库的概念设计。首先建立局部概念模式。

局部概念模式的设计是从用户的观点出发，设计符合用户需求的概念结构。

局部概念模式设计的第一步是确定设计的范围。

一个数据库应用系统是面向多个用户的，不同用户对数据库有不同的数据要求，因而对数据库的需求也不同。从用户或用户组的不同数据要求出发，可以将应用系统划分成多个不同的局部应用。每个局部应用分别设计一个局部概念模式。如一个工厂的数据库应用系统有销售、物资、生产、人劳、财务等不同部门的用户，这些用户涉及的数据库及对数据库处理的不同要求各不相同，应分别设计他们的局部概念模式。

局部设计的范围确定的合理，将会使数据和应用界面清晰，简化设计的复杂性。

设计范围确定后，就可以分别设计局部结构。首先把需求分析阶段得到的与局部应用有关的数据流图汇集起来，同时把涉及的数据元素从数据字典中抽取出来，进行分类、聚集、抽象、定义实体、联系和确定与之有关的属性。

如何确定实体呢？一般是按自然习惯来划分的。如学校的教师、学生和课程等，这些都是自然存在的实体。但有些实体要根据信息处理需求定义。如单价通常是商品的一个属性，但商店为了促销，不同季节规定了商品的不同价格，则单价就成为一个独立的实体，如图 12-5 所示。可见，实体与属性间不存在形式上可以截然划分的界线。但如果确定为属性，则不能再用其他属性加以描述，也不能与其他实体或属性发生关系。

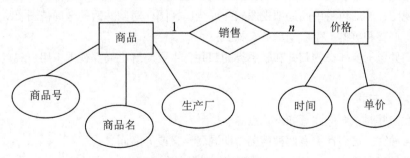

图 12-5　确定单价实体

如果同类实体中的不同实体还有一些特殊特性，应考虑是否用子类和超类表示。

实体确定后，组成实体的属性就基本确定了，要给这些属性指定一个表示符，以建立同其他实体间的联系。

实体间的联系也是根据需求分析结果确定的。在实体确定之后，一一考虑某个实体是否同其他实体有联系，是 $1:1$、$1:n$ 还是 $m:n$ 联系。有的联系需要用属性说明，也要随之确定。

在确定实体间的联系时可能会出现冗余联系。冗余联系应该在局部设计中消除。如在实体用户、合同和产品间存在着联系，如图 12-6 所示，其中产品与用户间的供应联系就是冗余联系。如果要了解产品有哪些用户，可以从另两个联系中导出。

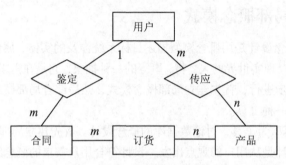

图 12-6　用户-合同-产品间的联系

确定了实体及它们的联系后，基本的 E-R 模型框架就形成了。剩下的工作是进行属性分配，把属性分配给实体和联系的过程中属性就基本确定了。这一步主要是考虑在需求分析中收集的数据元素是否还有一些没有确定，要分析数据流图，将它们合理分配给实体类或联系。对不宜归属于实体或联系类的属性，可增加新的实体表示。如职工的奖惩情况，有的职工有，有的职工没有，有的职工可能发生多次，则奖惩情况应作为一个实体。有关奖惩的时间和内容等属性都应归入这一实体。

有的属性在多个实体中都要用到，应将它分配给其中的一个实体，以避免数据冗余、影响数据的完整性和一致性。

12.3.2　设计全局概念模式

局部 E-R 模式反映的是用户的数据观点，称局部视图。全局概念模式设计就是要汇集局部 E-R 模式，从全局数据观点出发，进行局部视图的综合和归并，消除不一致和冗余，形成一个完整的，能支持各个局部概念模式的数据库的概念结构。

对大型应用系统，视图的归并可以分步完成。先归并联系较紧密的两个或多个局部视图，形成中间局部视图，然后再将中间局部视图归并成全局视图。对归并后的全局视图要从全局概念结构考虑，进行调整和重构，生成全局 E-R 模式。

视图的归并包括实体类的归并和联系类的归并，主要应解决局部视图中用户观点的不一致性和消除冗余。

1．实体类的归并

在实体类归并时主要应注意如下几点。

（1）命名冲突。命名冲突有两种情况，即同名异义或异名同义。

同名异义是指命名相同，但由于局部模式中抽象的层次不同，因而含义也不同。如学生实体，在有的局部模式中指所有的在校学生，有的指本科生、有的指研究生。为了消除冲突，可将学生改为本科生和研究生，或在学生实体中增加一属性来区分。

异名同义大多同人们的习惯有关，一般可通过协商解决，也可以用行政手段解决。

（2）标识符冲突。同一实体类的标识符应取得一致。如职工实体，在人事部门用职工号标识，在图书馆用图书证号标识，而在医院用医疗证号标识。又如产品代码，有的用五位标识，有的用七位。类似这种情况，在归并时要统一表示。

（3）属性冲突。属性冲突包括属性名、类型、长度、取值范围、度量单位等的冲突。如产品的价格，在工厂的不同部门，有的叫现行价，有的叫销售价。又如产品数量，有的用整数表示，有的用实数表示。而度量单位有个、万个和公斤等。这些冲突，解决的方法应该从全局出发，以能满足所有用户的需要为原则，必要时可进行相应的转换。

（4）结构冲突。同一实体在不同 E-R 图中所含的属性不一致，应该将不同属性归并到一起形成一个综合实体类。结构冲突还包括实体类与属性的冲突，即有的属性在其他 E-R 中是独立的实体类。如职工实体中的属性配偶姓名，有的局部 E-R 图中被作为一个实体，用职务、职称，单位、住址和电话号码等属性描述。这种情况应统一作为独立实体处理。

2. 联系类的归并

联系类归并同实体类归并一样也要消除各种冲突，此外还应消除归并后的冗余联系及冗余属性。

联系类的归并是通过对语义的分析来归并和调整来自不同局部模式的联系结构。联系类型的归并中，一种情况是实体间的联系在不同局部视图中联系名相同，但联系类型不同。如有的系规定学生只能参加一个社团活动，而有的系可以让学生参加多个社团活动，则在社团与学生间分别存在 $1:n$ 和 $m:n$ 的联系表示，为了满足不同应用要求，在归并时实体间可以用 $m:n$ 的联系表示，而 $1:n$ 的联系作为约束条件处理，使全局视图中二者的联系接近一致。

另一种情况是联系的实体类不同。如管理工程项目中，在供应部门，材料与供应商间有供应联系；在施工部门，材料与工程项目有供需联系；而在管理部门，则在材料、供应商与工程项目间有供应联系。它们间的联系都是多对多的联系，可直接归并在一起，统一用材料、供应商和工程项目三者之间的多对多联系表示。

在归并中要注意消除冗余联系和冗余数据。图 12-6 是一个冗余联系的例子，而图 12-7 所示是一个冗余数据的例子。在图 12-7 中，数量 3 可由数量 1 和数量 2 获得，因此，数量 3 是冗余数据，应在全局 E-R 图中去掉。

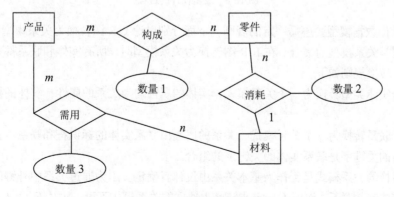

图 12-7　冗余数据的例子

12.4 逻辑设计

【提要】数据库的逻辑设计是把在概念设计阶段得到的概念模型转换为具体的 DBMS 所支持的数据模型的过程。

不同的 DBMS 它们的能力和限制不同，应按概念模型结构及用户对数据的处理需求选择合适的 DBMS。

逻辑设计过程可分为以下几步。

（1）将 E-R 图转换为一般的数据模型。现有的 DBMS 支持网状、层次和关系模型，要按不同的转换规则转换为某一种数据模型。

（2）模型评价。检验转换后的模型是否满足用户对数据的处理要求，主要包括功能和性能要求两个方面。

（3）模型优化。根据模型评价的结果调整和修正数据模型，以提高系统性能。修改后的模型要重新进行评价，直到认为满意为止。

数据库逻辑设计的过程大致如图 12-8 所示。

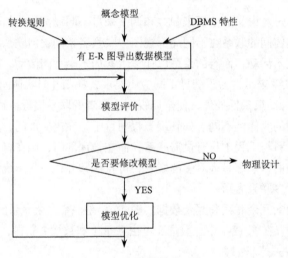

图 12-8　逻辑设计的过程

由 E-R 导出数据模型要遵循一定的规则，下面分别讨论 E-R 图转换为关系模型的规则。

关系模型是关系模型的集合。在 E-R 图转换为关系模型时，所有实体和联系都要转换为相应的关系模型。转换规则如下。

（1）每个实体类型转换为一个关系模式，实体的属性均为关系的属性，实体的标识符就是关系的关键字。

（2）每个联系转换为一个关系模式，关系的属性由联系实体的标识符和联系本身所具有的属性构成。关系的关键字是联系实体的关键字的组合。

由联系转换的关系模式是否作为基本关系由设计者确定。因为通过关系中外键的概念就可以建立起两个实体间的联系，因而不一定非转换为独立的关系模式不可。如对于 $1:1$，$1:n$ 的二元联系，其关系模式可与联系实体合并为一个关系模式。在图 12-9 中，仓库与零件是 $1:n$ 联系。

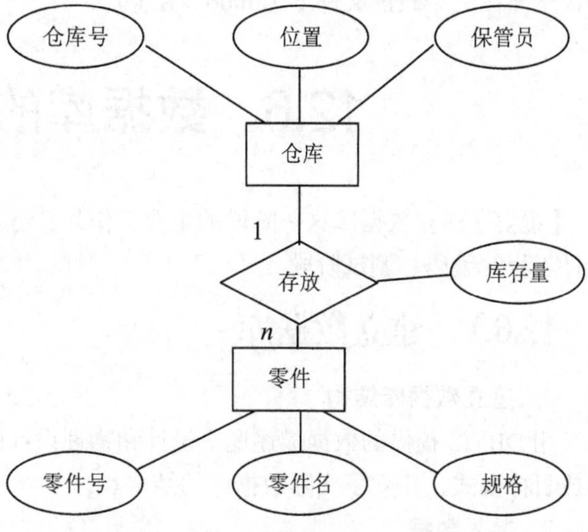

"存放"联系在转换时可将联系对应的关系模式与零件实体对应的模式合并，合并后的关系模式如下：

零件（<u>零件号</u>、零件名、规格、库存量、仓库号）

其中仓库号是外键。

对于 $m:n$ 的二元联系或多元联系，都转换为一个单独的关系模式。

用转换规则，图 12-7 所示的 E-R 图可转换为如下的关系模式：

职工（<u>职工号</u>、职工姓名、职工年龄）

产品（<u>产品号</u>、产品名、规格型号、产品负责人）

材料（<u>材料号</u>、材料名、规格型号）

供应者（<u>供应者号</u>、供应者名、产品负责人）

生产（<u>职工号</u>、<u>产品号</u>、工作天数）

供应（供应者号、产品号、材料号、数量）

图 12-9　转换实体间联系的例子

在得到关系模式后，要运用规范化的理论对其作进一步的处理，以消除各种存储异常。首先要确定关系模式的数据依赖集。在一个关系模式中非关键字属性对关键字属性的函数依赖比较明显，容易确定。但在属性间特别是不同实体的属性间是否还存在某种数据依赖，要结合分析阶段得到的文档资料仔细分析。

在获得数据依赖后，逐一分析关系模式，检查是否存在部分函数依赖，传递函数依赖、多值依赖等，以确定关系模式处于第几范式。

关系模式是否要进行分解，要根据数据处理要求决定。例如，在关系模式中存在着部分或传递函数依赖，需要进行分解。但若在数据处理中，关系的所有属性需要一起处理，则从处理效率出发，可以不进行模式分解。规范化理论是逻辑数据库设计的指南和工具。

12.5 物 理 设 计

【提要】数据库物理设计的任务是如何有效地把数据库逻辑结构在物理存储器上加以实现。

所谓"有效"主要有两个含义：一个是要使设计出的物理数据库占有较少的存储空间，另一个是对数据库的操作具有尽可能高的处理速度。这二者有时是矛盾的，数据库物理设计的目标就是要在限定软硬件及应用环境下建立具有较高性能的物理数据库。

数据库的物理设计与具体 DBMS 有关，物理设计的内容大致包括：确定记录存取格式、选择文件的存储结构、决定存取路径和分配存储空间。

Access 2000 关系型数据库管理系统是可视化的面向对象的关系型数据库系统，它的许多物理设计要素均被封装起来，用户只要按照 Access 2000 数据库管理系统的要求提供工具设计逻辑模式，物理模式的设计以及逻辑模式与物理模式之间的映像关系可完全由系统自动完成，数据库的结构、记录、索引、关联，乃至视图和应用模块（窗体、报表、宏、代码）均由系统进行统一维护，全部在一个磁盘文件下（.mdb）存储。

12.6　数据库的建立和维护

【提要】建立数据库这一阶段的主要工作是：建立数据库结构、装入数据和试运行。它相应于软件工程的编码、调试阶段。

12.6.1　建立数据库

1. 建立数据库结构

用 DBMS 提供的数据描述逻辑设计和物理设计的结果，得到模式和子模式，经编译和运行后形成目标模式，建立了实际数据库的结构。

2. 装入数据

装入数据称为数据库加载。装入前，有大量的数据准备工作要做。由于数据来自各种资料、文件、原始凭证、报表等，所以首先要将它们进行整理、分类，不符合数据格式要求的还要完成相应的转换。由于数据量很大，这一工作是十分耗费时间和人力的。整理出的数据一定要保证其准确性及数据的一致性，否则将会影响系统的调试。

数据装入一般由编写的装入程序或 DBMS 提供的试用程序完成。数据装入要和调试运行结合起来进行。先装入少量数据，待调试后系统基本稳定了，再装入大批数据。因为在调试中很可能发现有的结构及数据间的关系不符合应用要求，尽管在前面设计的各个阶段进行了评审，但由于对计算机知识及业务的了解有一个过程，这种情况还是难免的。

3. 试运行

数据装入后，要运行实际应用程序，执行各种操作，对系统的功能和性能进行测试，检查是否满足设计目标。

测试阶段是对系统功能及性能的全面检查，包括系统需要完成的各种功能，系统的响应时间、数据占有空间，系统的安全性，完整性控制等。如果基本满足要求，就可以让用户熟悉系统，进行测试运行。之后，装入大批数据，投入实际运行。

12.6.2　数据库的重组织和重构造

数据库投入运行后，基本设计工作就结束了，进入了数据库的运行和维护阶段。要使一个数据库系统应用得好，生命周期长，需要不断地对系统进行调整、修改和扩充新的功能。数据库的重组织和重构造，是数据库运行和维护阶段要做的主要工作之一。

1. 数据库重组织

数据库重组织指不改变数据库原有的逻辑结构和物理结构，只改变数据的存储位置，把数据重组织存放。

数据库是随时间变化的，经常需要对数据记录进行插入、修改和删除操作。多次插入、修改、删除后，会使数据库系统的性能下降。当插入新的数据时，系统将尽量使新插入的记录与基表中的其他记录存放在同一页中，但当一页放满时，插入的记录将会存放在其他页的自由空间内或新页内。多次插入后，同一基表中的记录将分散在多个页中，使查询的 I/O 次数增加，降低了存储效率。

　　当删除记录时，由于系统一般采取的策略是不马上将记录从物理上抹掉，而是作一个删除标志。多次删除后，存储空间造成浪费，使系统性能下降。因此，在数据库运行阶段，DBA 要监测系统性能，定期地进行数据库的重组织。

　　数据库重组织时要占用系统资源，花费一定的时间，重组工作不可能频繁进行。数据库什么时候进行重组，要根据 DBMS 的特性和实际应用决定。

　　DBMS 一般都提供了使用程序，用来对数据库重组织。Access 2000 关系型数据库管理系统可完成数据库的重组织，即数据库实用工具中的"压缩数据库"如图 12-10 所示。

　　数据库重组织的过程为先卸载，再加载。即把指定基表中的内容转储到一个顺序文件中，再将已有顺序文件中的内容装入特定的基表中。利用这两个过程，可以把一个 Access 2000 数据库（.mdb）中的所有基表分别转储，然后重新装入。由于基表中的所有元组一次装入，重新装入后，Access 数据库中存储的数据将按不同基表集中存放，改善了系统的性能。一般经过压缩，数据库所占的存储空间会缩小很多，性能有一定的提高。

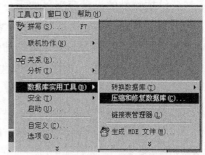

图 12-10　压缩和修复数据库

2. 数据库重构造

　　改变数据库的逻辑结构或物理结构称为数据库重构造。由于应用环境的改变，用户需求的改变，需要对原有系统进行修正，扩充新的功能，因而需要部分地改变原有数据库的逻辑结构或物理结构，以满足新的需要。如信息定义发生了变化，增加了新的数据类型及对原有的数据提出了新的要求等，这些都需要进行数据库的重构造。

　　重构造需要改写数据库的模式和存储模式。关系数据库系统需要通过重定义或修改表的结构，或定义视图完成重构造。对部分结构的修改会影响与之有关的数据和应用程序，有的数据需要转换或重新装入。应用程序如果其完成的功能不变，则可不必修改，而通过定义视图以适应修改后的模式。对非关系型的数据库系统，改写后的模型要重新编译，形成新的目标模式，原有数据都要重新装入。

　　数据库的重构造对应用系统的使用寿命是很重要的，因而重构造是必要的。但数据库的重构造是有限的，只能对数据库的结构局部修改和调整。当修改和扩充的内容太多时，应考虑是否需要开发新的应用系统。

　　Access 2000 关系型数据库管理系统提供"表分析器向导"，可以很方便地进行数据库的重构造，重新构造后，系统可以自动生成基于重构之后的表的查询，以代替原先的表。表分析器向导的使用方法将在后面详细介绍。

　　数据库运行期间的工作还有数据库的安全性完整性控制；系统的转储和恢复；性能监督、统计分析等。

12.7　小　　结

　　数据库设计通常是指数据库应用系统的设计，并不是要设计一个完整的 DBMS 系统。这里我们要讨论的数据库设计是指在现有 Access 2000 关系型数据库管理系统的基础上建立关系数据库及应用系统的整个过程。本章介绍了数据库设计方法学的一些基本概念、实用技术和实现方法。

习　　题

一、填空题

1. 一个数据库的设计主要包括两个方面，即【1】设计和【2】设计，它们分别描述了数据库的【3】特性和【4】性能。

2. 结构特性的设计应满足如下三点要求：第一是【1】；第二是【2】；第三是【3】。

3. 数据字典的内容可以分成四大类，分别是【1】、【2】、【3】和【4】。

4. 数据项说明的内容包括数据项的【1】、【2】、【3】、【4】。

5. 1976 年 P.S.Chen 提出 E-R 模型，这种模型的中文名称是【1】，英文全称是【2】。

6. E-R 模型中有三个基本的成分，它们分别是【1】、【2】和【3】。

7. 概念设计通常分两步进行，首先建立【1】模式，然后综合【1】模式成为【2】模式。

8. 人们研究了许多用于需求分析的方法和技术，主要有【1】、【2】和面向对象三大类，其中常用的方法是【3】（简称【4】）。

9. 需求说明书是在需求分析活动后建立的文档资料，它是对开发项目需求分析的全面描述。需求说明书的内容有：【1】、【2】、【3】、【4】、【5】和【6】，包括在分析过程中得到的【7】、【8】、【9】和【10】等必要的图表说明。

10. 在实体类归并时，主要应注意四点，分别是：【1】、【2】、【3】和【4】。

11. Access 2000 关系型数据库管理系统可完成数据库的重组织，即使用数据库实用工具中的【1】。

12. Access 2000 关系型数据库管理系统提供【1】，可以很方便地进行数据库的重构造，重新构造后，系统可以自动生成基于重构之后的表的查询，以代替原先的表。

13. 概念设计的结果是得到一个与【1】无关的概念模式。

14. 关系数据库规范化理论是数据库【1】设计的一个有力工具；ER 模型是数据库【2】设计的一个有力工具。

15. 实体集父亲与子女之间有【1】联系。

二、判断题

1. 需求分析阶段是基础，由设计者完成【1】。

2. 数据库的重组织不改变原设计的数据逻辑结构和物理结构【1】。

三、单项选择题

1. 在设计数据库系统的概念结构时，常用的数据抽象方法是＿＿＿＿＿＿。

A. 合并与优化　　B. 分析和处理　　C. 聚集和概括　　D. 分类和层次

2. 如果采用关系数据库来实现应用，在数据库设计的＿＿＿＿＿＿阶段将关系模式进行规范化处理。

A. 需求分析　　B. 概念设计　　C. 逻辑设计　　D. 物理设计

3. 下列关于数据库运行和维护的叙述中，正确的是＿＿＿＿＿＿。

A. 只要数据库正式投入运行，标志着数据库设计工作的结束

B. 数据库的维护工作就是维护数据库系统的正常运行

C. 数据库的维护工作就是发现错误，修改错误

D. 数据库正式投入运行标志着数据库运行和维护工作的开始

4. 如果采用关系数据库来实现应用，在数据库逻辑设计阶段需将_____转换为关系数据模型_____。

A. ER 模型　　　　B. 层次模型　　　　C. 关系模型　　　　D. 网状模型

5. 在数据库设计的需求分析阶段，业务流程表示一般用_____。

A. ER 模型　　　　B. 数据流图　　　　C. 程序结构图　　　D. 程序框图

6. 关系数据库规范化是为了关系数据库中_____问题而引入的。

A. 数据冗余、数据的不一致性、插入和删除异常

B. 提高查询速度

C. 减少数据操作的复杂性

D. 保证数据的安全性和完整性

四、多项选择题

1. 有关需求分析阶段叙述正确的是_____。

A. 确认用户需求，确定设计范围

B. 收集和分析需求数据

C. 由设计者完成

D. 撰写需求说明书

2. 有关数据字典正确的是_____。

A. 用来描述数据流图中出现的所有数据

B. 采用计算机和人工共同维护

C. 在需求分析阶段建立

D. 内容固定不变

3. 衡量一个数据库系统的性能，看是否具有_____。

A. 高效的存储效率

B. 高效的存取效率

C. 便于维护

D. 便于扩充

4. 关于概念设计阶段下面叙述正确的是_____。

A. 有力的工具是 E-R 模型

B. 要考虑具体的 DBMS

C. 当外界环境改变时要重新设计数据库的逻辑结构

D. 对收集的信息和数据进行分析整理

5. 对于数据库的重组织和重构造描述正确的是_____。

A. 数据库的重构造不改变原设计的数据逻辑结构和物理结构

B. 数据库的重组织要占用系统资源

C. 数据库的重构造是必要的和无限的

D. 数据库的重组织和重构造是数据库运行和维护阶段的主要工作之一

五、简答题

1. 数据库设计的内容和要求是什么？

2. 试简述数据库的设计过程。

3. 数据库设计过程的输入和输出有哪些内容？

4. 数据库需求分析的任务是什么？需求分析的方法和工具有哪些？

5. 数据字典的内容和作用是什么？

6. 简述数据库逻辑结构设计的内容和步骤。

7. 什么是数据库的概念结构？试简述设计概念结构的策略。

8. 简述把 E-R 图转换为关系模型的转换规则。

9. 什么是数据库结构的物理设计？试简述其内容和步骤。

10. 什么是数据库的重组织和重构造，为什么要进行数据库的重组织和重构造？

11. 简单介绍在 Access 关系型数据库中使用的设计向导和分析工具。

12. 规范化理论对数据库设计有何指导意义？

六、综合题

1. 设某销售公司的数据库需要进行如下数据处理。

（1）每月做一张月报表，表中包括如下信息：

顾客订单号、订货日期、交货日期、产品号、产品名、产品类别、订购数量、单价、金额、顾客号、顾客姓名、地址。

（2）订购产品要组织货源，需要在终端上查询。

输入：产品号。

输出：产品号、产品名、生产厂、出厂价、交货日期、交货数量。

（3）经理要了解某段时间的业务状况。

输入：交货日期范围。

输出：订货总数量、订货总金额。

（4）经理还要了解某段时间不同类别产品的订货情况。

输入：订货日期范围。

输出：产品类别、订货数量、订货金额。

根据上述数据处理要求，进行数据库的概念设计和逻辑设计。

要求：① 画出 E-R 图。

② 导出数据库的关系模型。

③ 用 SQL 语句实现上面的四项数据处理。

（提示：一张订单可订多种产品，一个产品可由多个厂家供货，一个产品类别有多种产品。）

2. 某工程公司有下属部门：工程部门、供应部门。对于工程部门，每个部门有若干职工，每个职工可参加一个工程项目，一个工程可有若干职工参加，某个职工是某个工程项目的领导，设每个项目只一个领导。对于供应部门，一个供应商可以给多个项目供应多种零件，一个项目可由多个供应商供应零件，零件存放在多个仓库中，一个仓库可放多种零件。

要求：（1）画出 E-R 图。

（2）给出所有的函数依赖。

（3）导出工程公司的关系模型。

（4）自己设计一些处理数据，用 SQL 语句或 Access 2000 实现以验证所设计的关系模型。

附录
课堂教学质量评价系统的实现

　　知识要点：设计一个通用的软件，专门处理和统计课堂教学质量的反馈信息，科学而准确地得出各种形式的统计报表，为学校的教学主管部门进行教师奖励、教师聘用、师资培训、课程调整、学科发展规划等决策提供可靠的依据，是各个教学主管部门的必然选择。

　　上机目的：通过对课堂教学质量评价系统的设计，掌握 Access 关系型数据库系统下建立关系数据库及应用系统的方法，将数据库原理知识及 Access 数据库技术应用到社会实践中。

附 1　需求分析

附 1.1　输入数据分析

　　附表 1 是教师课堂教学评价调查表的一种格式。该表的特点是一张表可以填写对多门课程教学质量的反馈意见。

　　调查表分为基础课程和专业课程两种，它们分别有不同的评价项目。由于评价项目不同，评价项目的个数也不同，因此这两类课程的评价不具备可比性。我们在处理这一问题时，采取的方法是设计一个软件，使用两套数据，分别出两套报表。

　　一张调查表同时可以填写多门课程，但对于数据信息实体，实际上是一门课作为一个反馈意见的信息实体，因此，我们把一张调查表看作是多张表的组合。

　　不同学期评价的项目个数、评价项目的内容和每项的满分值有可能进行调整，A、B、C、D 所代表的分值也有可能进行调整，但各项评价内容的满分值的合计一般为 100 分。

附表1　　　　　　　　　　　　　课堂教学评价表

中国农业大学（东校区）

专业课程课堂教学评价表

亲爱的同学：

为了了解教师的教学情况，改进教学，提高教学质量，请根据你的观察、了解和感受，客观地、实事求是地回答下列问题。问卷将用计算机统一处理，并做到保密，你可以放心作答。谢谢你的合作！

你所在的班级：

序号	评价项目	满分值	教师姓名 教师姓名 评价等级				评价等级				评价等级				评价等级				评价等级			
1	作业适中，批改认真	3	A	B	C	D	A	B	C	D	A	B	C	D	A	B	C	D	A	B	C	D
2	从不擅自停课，一般不调课	5																				
3	教材（或讲义）适用，并指定有参考材料	4																				
4	教学内容充实、信息量大	8																				
5	概念准确、条理清楚	6																				
6	重点突出、难点分析透彻	7																				
7	介绍学科发展趋势及一些新知识、新技术	4																				
8	适时与学生沟通和交流	6																				
9	注意培养学生分析、解决问题的能力	8																				
10	采用讨论等教学方式，注意培养学生学习方法	4																				
11	讲授生动，富有启发性，激发思维	6																				
12	恰当使用电教、CAI等教学手段	6																				
13	情绪饱满，教态良好	6																				
14	对授课内容及相关领域熟悉，常识渊博	4																				
15	关心学生，严格要求	6																				
16	我学会并理解了本课程的基本内容	6																				
17	提高了我的兴趣，激发了求知欲	5																				
18	通过本课程教学，我感到很有收获	6																				

说明：（1）本评价表适用于专业基础课、专业课

（2）教学手段指使用投影、幻灯、录象、视听设备、CAI、多媒体等。

附 1.2　输出数据分析

附表 2　　　　　　　　　　　　全校教师课堂教学情况评价表

学校名称、学年、学期

课堂教学评价结果(课程类别)

序　号	教师姓名	课程名称	综合得分	参评人次
1				
2				
3				
4				

本学期全校参加某类课程课堂教学评价平均分及参评人次

学校名称及主管部门＿＿＿＿＿＿

日期

附表 3　　　　　　　　　　各院系教师课堂教学情况评价表

学校名称、学年、学期

院系名称，课堂教学评价结果(课程类别)				
序　号	教师姓名	课程名称	综合得分	参评人次
1				
2				
3				
4				

本学期全院参加某类课程课堂教学评价平均分及参评人次

本学期全校参加基础课程课堂教学评价平均分为

学校名称及主管部门＿＿＿＿＿＿

日期

附表 4　　　　　　　　　　各院系教师课堂教学情况评价表

学校名称、学年、学期

教师课堂教学评价结果（课程类别）

院系名称：

教师姓名：

课程名称：　　　　　　　　　　　　　　参评人数：

序号	评价项目	满分值	全校平均	您的得分	A占%	B占%	C占%	D占%
1	作业适中、批改认真	6						
2	适时安排辅导、答疑	4						
3	从不擅自停课，一般不调课	6						
4	教材（或讲义）适用，并指定有参考材料	5						

5	教学内容充实、精要	8					
6	概念准确、条理清楚	6					
7	重点突出、难点分析透彻	7					
8	适时与学生沟通和交流	5					
9	注意培养学生分析、解决问题的能力	8					
10	讲授生动，富有启发性，激发思维	6					
11	恰当适用电教、CAI 等教学手段	5					
12	情绪饱满，教态良好	6					
13	知识丰富，治学严谨	6					
14	关心学生，严格要求	5					

续表

序号	评价项目	满分值	全校平均	您的得分	A 占%	B 占%	C 占%	D 占%
15	我学会并理解了本课程的基本内容	6						
16	提高了我的兴趣，激发了求知欲	5						
17	通过本课程教学，我感到很有收获	6						
	综合情况	100						

学校名称及主管部门＿＿＿＿＿＿＿＿
日期

附 1.3 数据流图

经过分析，课堂教学质量评价系统的数据流图如附图 1 所示。

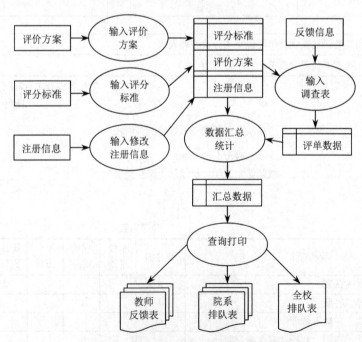

附图 1 "课堂教学质量评价系统"数据流图

附 1.4　数据模型分析

通过运用前面章节所讲述的数据库设计方法，首先要进行数据库逻辑设计，即进行数据模型的分析和设计。

首先，要进行信息实体分析，绘制实体联系图（E-R 模型图）。经过仔细分析，将课堂教学质量评价系统的"调查反馈信息"分解成四个主要实体和三个实体关系，附图 2（a）为"调查反馈信息"的 E-R 模型图。四个实体分别为："评分标准"实体、"评价方案"实体、"评单"实体和"评单项"实体。三个实体关系为："评单"关系、"评单评价内容"关系和"评单单项得分"关系。

然后，将实体联系模型转换为关系模型（即关系模式），并规范化。经过转换和分析我们得到本系统最主要的几个关系，它们分别是：

班级（<u>班级号</u>，班级名称，所属学院，所属年级）

教师（<u>教工号</u>，教师名称，性别，所属学院）

课程（<u>课号</u>，课名）

教师授课（<u>教工号</u>，<u>课号</u>）

班级选课(<u>班号</u>，<u>课号</u>，<u>教工号</u>)

主评单（<u>评单号</u>，班级选课，评价日期）

评单项（<u>评单号</u>，<u>评价序号</u>，选项，选项符号）

评价方案（<u>评价类别</u>，评价序号，评价内容，权重）

评分标准（<u>选项</u>，评分）

注：带下划线的属性为关系的主属性（即关键字）。

根据关系模型，在 Access 数据库中建立数据表和数据表之间的关系，如附图 2（b）所示。

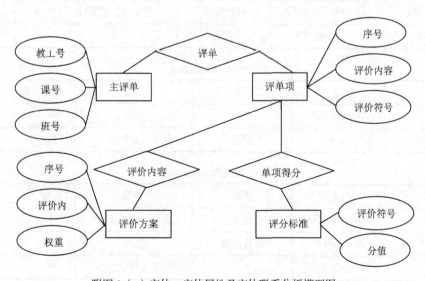

附图 2（a）实体、实体属性及实体联系分析模型图

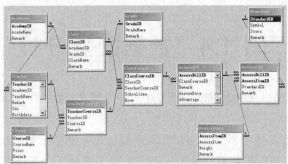

附图2（b）建立数据库后的实体关系图

附2 数据库详细设计

经过对前面分析得到的关系模式（附图2b所示），进一步分析和补充，"课堂教学质量评价系统"的主要数据表如下所示：

附表5 评单（AssessBill）

标记	字段名	名称	类型	长度	说明
Pk	AssessBillID	评单号	数字（长整型）	4	
Rk	ClassCourseID	班级选课编号	文本	50	
	AssessDate	评价日期	文本	50	

附表6 评单项（AssessList）

标记	字段名	名称	类型	长度	说明
Pk、Rk	AssessBillID	评单号	数字（长整型）	4	
Pk、Rk	AssessItemID	评价序号	数字（长整型）	4	
Rk	StandardID	选项	文本	1	

附表7 评分标准（Standard）

标记	字段名	名称	类型	长度	说明
Pk	StandardID	选项	文本	50	
	Score	评分	数字（单精度）	4	

附表8 评价方案（AssessItem）

标记	字段名	名称	类型	长度	说明
pk	AssessItemID	评价序号	数字（长整型）	4	
	AssessItem	评价内容	文本	50	
	Weight	权重	数字（单精度）	4	

附表9 院系表（Academy）

标记	字段名	名称	类型	长度	说明
Pk	AcademyID	院号	文本	2	
	AcadeName	院名	文本	50	

附表 10 年级表（Grade）

标记	字段名	名称	类型	长度	说明
Pk	GradeID	院号	文本	2	
	GradeName	院名	文本	50	

附表 11 班级表（Class）

标记	字段名	名称	类型	长度	说明
Pk	ClassID	班级代码	文本	2	
	ClassName	班级名称	文本	50	
	GradeID	年级代码	整数		
	AcademyID	院号	整数		

附表 12 班级选课表（ClassCourse）

标记	字段名	名称	类型	长度	说明
Pk	ClassCourseID	班级选课代码	文本	2	
Rk	ClassID	班级代码	文本	50	
Rk	TeacherCourseID	教师授课代码	文本	8	
	Schooltime	上课时间	日期		
	Room	教室	文本	50	

附表 13 教师授课表（TeacherCourse）

标记	字段名	名称	类型	长度	说明
Pk	TeacherCourseID	教师授课代码	文本	2	
Rk	TeacherID	教师代码	文本	50	
Rk	CourseID	课程代码	文本	4	

附表 14 系统注册表（Register）

标记	字段名	名称	类型	长度	说明
	School	学校名称	文本	50	
	Category	课程类别	文本	50	
	Term	学年学期	文本	50	

Directory	主管姓名	文本	10	
LoinData	登录日期	日期/时间	8	

附3 软件总体设计

通过分析，特别是数据流图的分析，我们不难看出，软件的主要功能包括：系统注册、基础数据（班级、教师、课程）的输入和修改、评价方案的输入和修改、评分标准的输入和修改、评单的输入与查询修改、数据汇总、查询和打印等功能，如附图3所示。

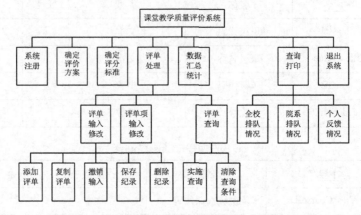

附图3　"课堂教学质量评价系统"功能分解图

附4 软件实现过程

附4.1 系统主界面窗体的实现

系统主界面使用 Access 提供的一个实用工具——"切换面板"来生成。我们可以在"切换面板"组织系统的主界面、配置系统的功能列表，如附图4所示。单击切换面板上的按钮，就可以调用基础数据维护、输入评单、打印评单等窗体。

在"工具"菜单中选择"数据库实用工具"，然后单击"切换面板管理器"命令，启动"切换面板管理器"对话框，如附图5所示。

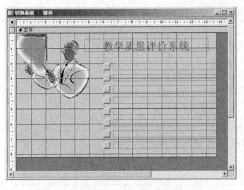

附图4 系统主界面

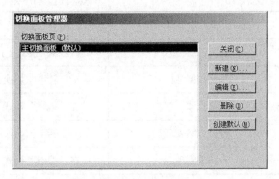

附图5 主切换面板

默认的切换面板是"主切换面板",它是在系统启动时第一个显示的窗体。单击"编辑"按钮,在"编辑切换面板页"窗体中将切换面板的名称更改为"教学质量评价系统",如附图6所示。

在"切换面板管理器"对话框中,单击"新建"按钮,分别创建"基础数据维护"和"评价方案管理"两个新面板,如附图7所示。

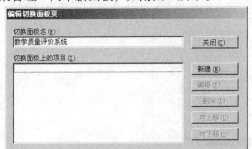

附图6 编辑切换面板

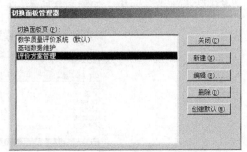

附图7 创建其他面板

下面要进行的操作是,在面板中创建功能列表,请执行以下操作:

(1)在"切换面板管理器"对话框中选择"教学质量评价系统(默认)"条目,然后单击"编辑"按钮,打开"编辑切换面板页"对话框。

(2)单击"新建"按钮,在面板中创建功能列表,如附图8所示。在"编辑切换面板项目"对话框中,输入第一个项目的名称"系统注册信息",然后在"命令"列表中,选择"在编辑模式下打开窗体",最后在"窗体"列表中,选择"fm_Register"窗体,将面板上的项目和窗体关联起来。

(3)单击"确定"按钮,结束操作。

附图8 编辑切换面板项目

重复上面(1)～(3)的操作,在"教学质量评价系统"面板中创建以下项目,如已附表15所示:

附表 15   "教学质量评价系统"面板中的项目

文　本	命　令	窗　体
系统注册信息	"在编辑模式下打开窗体"	fm_Register
基础数据维护	转至"切换面板"	基础数据维护
教师授课管理	在"编辑"模式下打开窗体	fm_TeacherCourse
评价方案管理	转至"切换面板"	评价方案管理
评单管理	在"编辑"模式下打开窗体	fm_ClassCourse
打印报表	在"编辑"模式下打开窗体	fm_Report
退出	退出应用程序	

其中："基础数据维护"和"评价方案管理"两个条目的命令是"转至切换面板"，它们的作用是切换到"基础数据维护"和"评价方案管理"面板。"退出"条目的命令是"退出应用程序"，它用来结束应用程序。

"基础数据维护"面板，如附图 9 所示。面板中包含的项目和它们的属性如附表 16 所示。

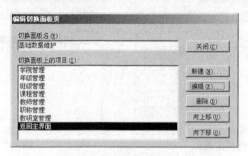

附图 9 "基础数据维护"面板

附表 16   "基础数据维护"面板中的项目

文　本	命　令	窗　体
学院管理	在"编辑"模式下打开窗体	fm_Academy
年级管理	在"编辑"模式下打开窗体	fm_Grade
班级管理	在"编辑"模式下打开窗体	fm_Class
课程管理	在"编辑"模式下打开窗体	fm_Course
教师管理	在"编辑"模式下打开窗体	fm_Teacher
职称管理	在"编辑"模式下打开窗体	fm_Title
教研室管理	在"编辑"模式下打开窗体	fm_Institute
返回主界面	转至"切换面板"	教学质量评价系统

"评价方案管理"面板，如附图 10 所示。面板中包含的项目和它们的属性如附表 17 所示：

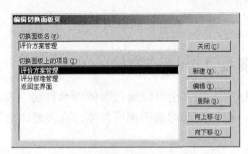

附图 10 "评价方案"切换面板

附表 17　　　　　　　　　　　　　"评价方案管理"面板中的项目

文　本	命　令	窗　体
评价方案管理	在"编辑"模式下打开窗体	fm_AssessItem
评分标准管理	在"编辑"模式下打开窗体	fm_Standard
返回主界面	转至"切换面板"	教学质量评价系统

　　当启动面板创建完成后，会在"窗体"列表中看到 Access 帮我们创建的"切换面板"窗体，如附图 11 所示。我们还可以在"表"列表中查看到一个叫做"Switchboard Items"的数据表，用来存储切换面板中的各项条目的名称和类型等信息，如附图 12 所示。

附图 11　切换面板窗体

附图 12　切换面板对应的 Switchboard Items 表

　　最后，单击"工具"菜单的"启动"命令，设置应用程序在启动时首先启动"切换面板"窗体，如附图 13 所示。

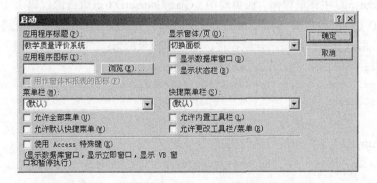

附图 13　设置启动项目

附 4.2　评价方案及评分标准窗体的实现

评价方案窗体和评分标准窗体完全可以通过窗体向导自动生成，选用的相关数据表分别为：评价方案和评分标准，窗体类型均选用连续窗体。有关窗体向导请参见本书的"窗体设计"一章。

附 4.3　输入界面窗体的实现

输入界面是本系统的主要界面，弄清了这一界面的设计方法，读者就基本上掌握了 Access 数据库系统的设计、编程和调试，可以灵活运用表、查询、窗体、宏以及 VBA 代码设计。

附 4.3.1　主评单输入界面的实现

附图 14 为输入窗体的设计界面。可以看到，窗体的页眉中放置的是有关主评单的信息控件。窗体的"记录来源"属性为"ClassCourse"（班级选课表），窗体的主体区域为空白，中间设置为一个子窗体控件，子窗体控件的"源对象"属性设置为"选项栏"窗体。

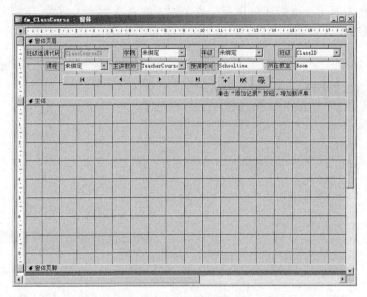

附图 14　评单输入窗体

fm_ClassCourse 是主评单窗体，在页眉中，ClassCourseID（班级选课代码）、ClassID（班级）、TeacherCourseID（主讲教师）、Schooltime（授课时间）、Room（所在教室）分别是 ClassCourse 表的各个字段，即这些控件都是结合型控件。窗体的记录源为：

```
SELECT ClassCourse.ClassCourseID, ClassCourse.ClassID,
ClassCourse.TeacherCourseID, ClassCourse.Schooltime, ClassCourse.Room
FROM ClassCourse
```

其他：

控件 AcademyID（学院）的行来源为：

```
SELECT Academy.AcadeName, Academy.AcademyID FROM Academy
```

控件 GradeID（年纪）的行来源为：

```
SELECT Grade.GradeName, Grade.GradeID FROM Grade
```

控件 CourseID（课程）的行来源为：

```
SELECT Course.CourseName, Course.CourseID FROM Course
```

读者不难看出，在输入评单时，首先选择"学院"的行来源列表，选定"学院"后再选择"年级"，班级是根据学院和年级从班级表中筛选出来的；选定"课程名称"后，教室的信息是从TeacherCourse（教师授课）表中筛选出来的；这样，可以大大提高评单的输入速度和准确度。

那么如何实现上一个控件的选定同下一个控件的行来源列表之间的连动呢？这就需要使用事件过程了。

```
Private Sub GradeID_AfterUpdate()
ClassID = Null
If IsNull(AcademyID) Then
ClassID.RowSource = "select ClassName,ClassID from Class where GradeID=" & GradeID
Else
ClassID.RowSource = "select ClassName,ClassID from Class where AcademyID=" & AcademyID
& " and GradeID =" & GradeID
End If
End Sub
```

其它控件上也都设置了"BeforeUpdate"事件，读者可以自己打开软件进行分析。

增加评单 · 按钮（Command74）的单击事件过程如下：

```
Private Sub ClassCourseAdd_Click()
On Error GoTo Err_ClassCourseAdd_Click
    DoCmd.GoToRecord , , acNewRec
Exit_ClassCourseAdd_Click:
    Exit Sub
Err_ClassCourseAdd_Click:
    MsgBox Err.Description
    Resume Exit_ClassCourseAdd_Click
End Sub
```

删除评单按钮 × （Command47）的单击事件过程如下：

```
Private Sub ClassCourseDel_Click()
On Error GoTo Err_ClassCourseDel_Click
    Dim strsql As String
strsql = "delete AssessList.*  FROM AssessBill  INNER  JOIN  AssessList  ON
AssessBill.AssessBillID = AssessList.AssessBillID WHERE AssessBill.ClassCourseID=" &
ClassCourseID
    DoCmd.RunSQL (strsql)
    strsql = "Delete FROM AssessBill where ClassCourseID=" & ClassCourseID
    DoCmd.RunSQL (strsql)
    DoCmd.DoMenuItem acFormBar, acEditMenu, 8, , acMenuVer70
    DoCmd.DoMenuItem acFormBar, acEditMenu, 6, , acMenuVer70
    Me.Recalc
Exit_ClassCourseDel_Click:
Exit Sub
Err_ClassCourseDel_Click:
    MsgBox Err.Description
```

```
    Resume Exit_ClassCourseDel_Click
End Sub
```

删除全部评单记录按钮的单击事件过程如下：

```
Private Sub ClassCourseDelAll_Click()
On Error GoTo Err_ClassCourseDelAll_Click
    Dim strsql As String
    strsql = "delete FROM AssessList"
    DoCmd.RunSQL (strsql)
    strsql = "Delete FROM AssessBill"
    DoCmd.RunSQL (strsql)
    strsql = "Delete FROM ClassCourse"
    DoCmd.RunSQL (strsql)
    Me.Recalc
Exit_ClassCourseDelAll_Click:
    Exit Sub
Err_ClassCourseDelAll_Click:
    MsgBox Err.Description
    Resume Exit_ClassCourseDelAll_Click
End Sub
```

附 4.3.2 评单项子窗体的实现

我们知道，主评单数据同它的评单项数据分别放在不同的数据表里的，那么评单输入界面是如何与选项建立联系的呢?也就是说如何让选项栏中的数据就是当前评单下的数据呢?

附图 15 是选项栏（fm_AssessDetail）的设计窗体，窗体的类型属性为"连续窗体"，窗体的记录来源行为：

```
SELECT AssessDetail.AssessItem, AssessDetail.Weight, AssessDetail.AssessBillID,
AssessDetail.AssessItemID, AssessDetail.Score2, AssessDetail.StandardID
FROM AssessDetail
```

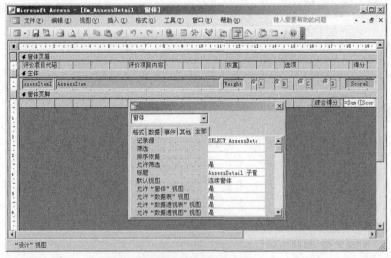

附图 15 评单项子窗体

增加评单项按钮 + （Command43）的单击事件过程如下：

```
Private Sub AssessAdd_Click()
On Error GoTo Err_AssessAdd_Click
```

```
Dim strsql As String
    DoCmd.GoToRecord , , acNewRec
    AssessDate.Value = Now()
    DoCmd.DoMenuItem acFormBar, acRecordsMenu, acSaveRecord, , acMenuVer70
strsql = "INSERT INTO AssessList ( AssessBillID, AssessItemID ) SELECT
[fm_Input].[AssessBillID], AssessItem.AssessItemID FROM AssessItem;"
    DoCmd.RunSQL (strsql)
    Me.Recalc
Exit_AssessAdd_Click:
    Exit Sub
Err_AssessAdd_Click:
    MsgBox Err.Description
    Resume Exit_AssessAdd_Click
End Sub
```

删除评单按钮 ⊠ （Command47）的单击事件过程如下：

```
Private Sub AssessDel_Click()
On Error GoTo Err_AssessDel_Click
    Dim strsql As String
    strsql = "Delete FROM AssessList where AssessBillID=" & AssessBillID
    DoCmd.RunSQL (strsql)
    DoCmd.DoMenuItem acFormBar, acEditMenu, 8, , acMenuVer70
    DoCmd.DoMenuItem acFormBar, acEditMenu, 6, , acMenuVer70
    Me.Recalc
Exit_AssessDel_Click:
    Exit Sub
Err_AssessDel_Click:
    MsgBox Err.Description
    Resume Exit_AssessDel_Click
End Sub
```

删除全部评单记录按钮的单击事件过程如下：

```
Private Sub AssessDelAll_Click()
On Error GoTo Err_AssessDelAll_Click
Dim strsql As String
    strsql = "delete AssessList.* FROM AssessBill INNER JOIN AssessList ON
        AssessBill.AssessBillID = AssessList.AssessBillID WHERE
        AssessBill.ClassCourseID=" & ClassCourseID
    DoCmd.RunSQL (strsql)
    strsql = "Delete FROM AssessBill where ClassCourseID=" & ClassCourseID
    DoCmd.RunSQL (strsql)
    Me.Recalc
Exit_AssessDelAll_Click:
    Exit Sub
Err_AssessDelAll_Click:
    MsgBox Err.Description
    Resume Exit_AssessDelAll_Click
End Sub
```

附 4.4　报表的实现

附 4.4.1　"全校排队表"按钮

预览全校排队表的命令按钮 □（Command15）的单击事件过程如下：

```
Private Sub Command15_Click()
On Error GoTo Err_Command15_Click

    Me!Text20.Value = Null
    Dim stDocName As String
    stDocName = "全校排队表"
    DoCmd.OpenReport stDocName, acPreview
Exit_Command15_Click:
    Exit Sub
Err_Command15_Click:
    MsgBox Err.Description
    Resume Exit_Command15_Click
End Sub
```

附 4.4.2　"全校排队表"报表

"全校排队表"报表设计窗体如附图 16 所示，报表窗体的记录来源为查询"OrderAll2"。

附图 16　全校排队表视图

附 4.4.3　"院系排队表"按钮

控件 Text20 用来设置院系名称，它的行来源为：

```
SELECT DISTINCT Academy.AcadeName, Academy.AcademyID FROM Academy
```

预览院系排队表的命令按钮 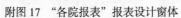（Command4）的单击事件过程如下：

```
Private Sub Command4_Click()
On Error GoTo Err_Command4_Click
    Dim strFilter As String
    Dim stDocName As String
stDocName = "各院报表"
    DoCmd.OpenReport stDocName, acPreview
    If Text20.Value <> "" Then
    strFilter = "AcademyID=" + Text20.Value
    End If
    Reports!r_OrderAcademy.Filter = strFilter
Exit_Command4_Click:
    Exit Sub
Err_Command4_Click:
    MsgBox Err.Description
    Resume Exit_Command4_Click
End Sub
```

附 4.4.4　"各院报表"

"各院报表"报表设计窗体如附图 17 所示，报表记录来源为：查询"OrderAcademy2"。

报表窗体的筛选和排序同时打开。筛选由前面的事件过程执行（Report_各院报表.Filter），分组与排序由排序分组设置窗体设置，如附图 18 所示。

附图 17　"各院报表"报表设计窗体

附图 18　"各院报表"的排序设置

附 4.4.5　"个人反馈表"按钮

预览个人反馈表的命令按钮 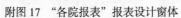（Command8）的单击事件过程如下：

```
On Error GoTo Err_Command8_Click
    Dim strFilter As String
```

```
    Dim stDocName As String
    stDocName = "个人单项得分"
    DoCmd.OpenReport stDocName, acPreview
    If Combo9.Value <> "" Then
    strFilter = "AcademyID=" + Combo9.Value
    End If
    If Combo11.Value <> "" Then
    If strFilter <> "" Then
    strFilter = strFilter + " and " + "TeacherID=" + Combo11.Value
    Else
    strFilter = "TeacherID=" + Combo11.Value
    End If
    End If
    If Combo22.Value <> "" Then
    If strFilter <> "" Then
    strFilter = strFilter + " and " + "CourseID=" + Combo22.Value
    Else
    strFilter = "CourseID=" + Combo22.Value
    End If
    End If
    Reports!r_OrderPerson.Filter = strFilter
Exit_Command8_Click:
    Exit Sub
Err_Command8_Click:
    MsgBox Err.Description
    Resume Exit_Command8_Click
End Sub
```

附 4.4.6 "个人单项得分"报表

"个人单项得分"报表设计窗体如附图 19 所示，报表的记录来源为：查询"OrderPerson3"，由于查询"OrderPerson3"内容较长，请读者打开本书附带的案例程序查看。

报表窗体的筛选和排序同时打开。筛选由前面的事件过程执行（Reports!r_OrderPerson.Filter），分组与排序由排序分组设置窗体设置，如附图 20 所示。

附图 19　"个人单项得分"报表设计窗体

附图 20　"个人单项得分"报表排序与分组设置

附5　软件使用说明

附 5.1　系统主界面

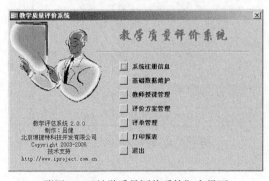

附图 21　"教学质量评价系统"主界面

如附图 21 所示，进入系统主界面，将看到 7 个功能按钮，他们分别是"系统注册信息"、"基础数据维护"、"教师授课管理"、"评价方案管理"、"评单管理"、"打印报表"、"退出"。其中：

系统注册信息：用来设定在报表中显示的学院名称、学期、主管人员等信息。

基础数据维护：用来维护系统中的学院、班级、年级、教师的基本信息。

教师授课管理：用来设定教师教授的课程。

评价方案管理：用来维护评价内容和评分标准。

评单管理：录入评单，记录教师的各项评价内容的得分。

打印报表：打印报表以全校、学院和教师个人为单位显示评价的综合报表。

退出：关闭程序，退出系统。

附5.2　系统注册界面

系统注册窗体的作用是登记学校的名称、类别、学期、主管姓名、登录时间等信息，这些信息将显示在报表的标题中，如附图22所示。

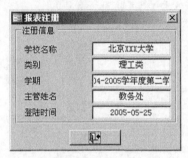

附图22　系统注册界面

附5.3　基础数据维护

在主窗体中单击"基础数据维护"按钮，系统将显示"基础数据维护"窗体，如附图23所示。在此窗体中列出了"学院管理"、"年级管理"、"班级管理"、"课程管理"、"教师管理"等项目。单击功能按钮，进入相应的基础数据维护界面。

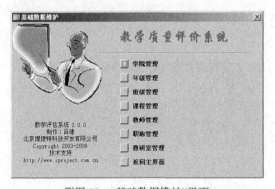

附图23　"基础数据维护"界面

附5.3.1　学院管理

学院管理窗体用于维护一所大学的学院设置和学院的名称，如附图24。

附5.3.2　年级管理

在年级管理窗体中，您可以设置年级信息，如附图25所示。

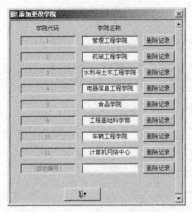 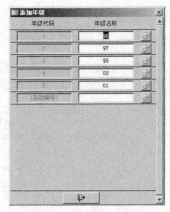

附图 24 "学院维护"界面   附图 25 "年级维护"界面

附 5.3.3 班级管理

当您在班级管理窗体中输入班级时，需要确定班级所属的学院和年级，如附图 26 所示。

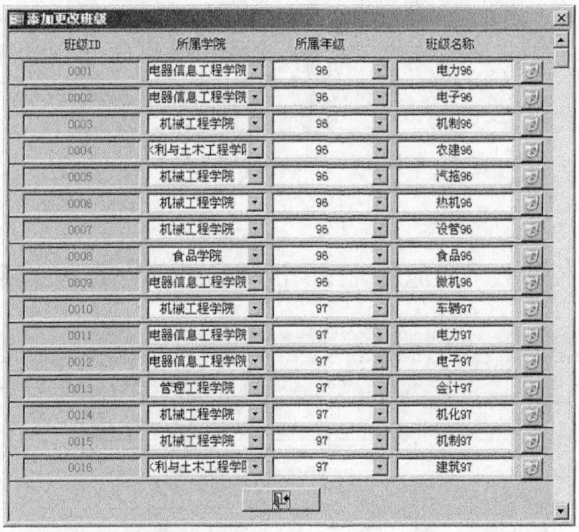

附图 26 "班级维护"界面

附 5.3.4 课程管理

请在课程设置窗体中输入所有的课程信息，如附图 27 所示。

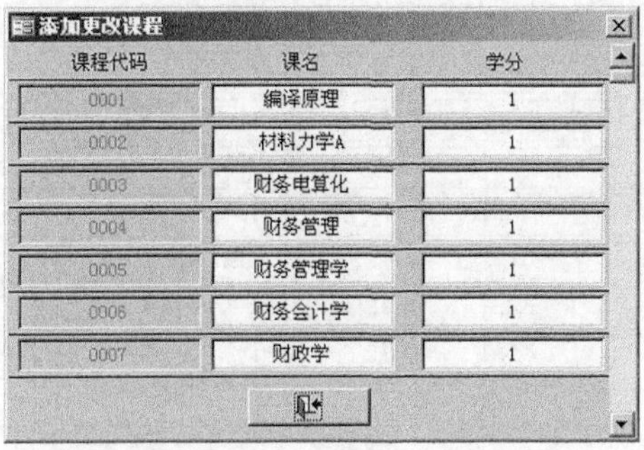

附图 27 "课程维护"界面

图 16-12"教学质量评价系统"主界面

附 5.3.5　教师管理

在录入教师信息时，请设置教师所在的学院，其他信息如附图 28 所示。

附图 28　"教师管理"界面

附 5.3.6　教师授课

在教师授课信息中，设置教师和他所教授的课程的对应关系，如附图 29 所示。

附图 29　"教师授课"维护界面

附 5.4　确定评价方案

当您在系统的主窗体中单击"评价方案管理"时，系统将显示"评价方案管理"窗体，附图 30 所示。

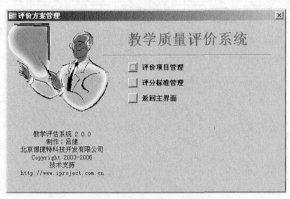

附图 30　"评价方案"面板

附 5.4.1　确定评价方案

单击评价方案管理界面上的"评价项目管理"按钮，系统将出现如附图 31 所示的"输入评价内容"界面。每一行代表一个评价项目，可以在此增加、修改、删除评价方案中的评价项目，并定义每个项目的权重。

附 5.4.2　确定评分标准

用单击评价方案管理界面上的"评分标准管理"按钮，系统将出现如附图 32 所示的"确定评分标准"界面，评分标准共有 A、B、C、D 四个选项，请为每个选项设置分值。

评价方案代码	评价内容	权重
2	适时安排辅导、答疑	8
3	从不擅自停课，一般不调课	7
4	教材或讲义适用，并指定有参考材料	8
5	教学内容充实、精要	6
6	概念准确、条理清楚	5
7	重点突出、难点分析透彻	4
8	适时与学生沟通和交流	6
9	注意培养学生分析、解决问题的能力	8
10	讲授生动、富有启发性，激发思维	5
11	恰当适用电教、CAI等教学手段	5
12	情绪饱满，教学态度良好	7
13	知识丰富，治学严谨	5
14	关心学生，严格要求	6
15	我学会并理解了本门课程的基本内容	7
16	提高了我的兴趣，激发了求知欲	8
17	通过本课程教学，我感到很有收获	5
(自动编号)		

图 31　"输入评价内容"界面

评分标准代码	符号	分值
1	A	.9
2	B	.8
3	C	.7
4	D	.6

图 32　"确定评分标准"界面

附 5.5　凭单录入、修改、查询

单击系统主界面上的"评单管理"按钮，系统将出现如附图 33 所示的"输入评单"界面。

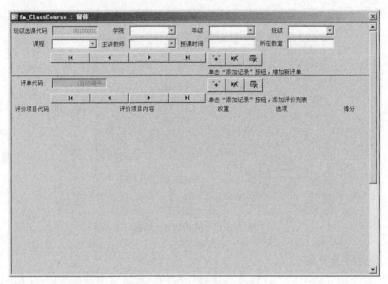

附图 33　"输入评单"界面

附 5.5.1　主评单的操作

首先输入或编辑主评单，如附图 34 所示。主评单的内容包括：年级、班级、班号、评单号、课号、课程名称、主讲教师，其中评单号为系统自动编号，课号由系统查询"课程库"自动输入。

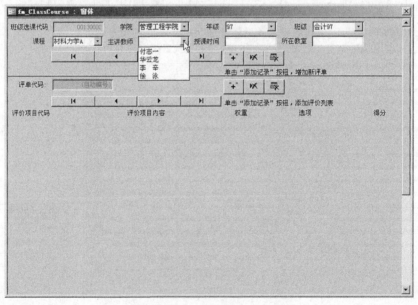

附图 34　主评单界面

主评单的各个按钮的功能说明如下：

增加评单按钮：增加一张空评单，评单上的所有内容都需要重新输入；

删除评单按钮：删除当前评单；

删除全部评单按钮：删除系统中的所有评单和评单详细信息。

附 5.5.2 评单项操作

在设置了主评单的基本信息后，单击下面一排按钮中的"添加记录"按钮，添加当前评单的评单项，如图 35 所示。此时系统会询问"是否向表中追加行"，请单击"是"，开始向评单中添加评单项，如附图 36 所示。

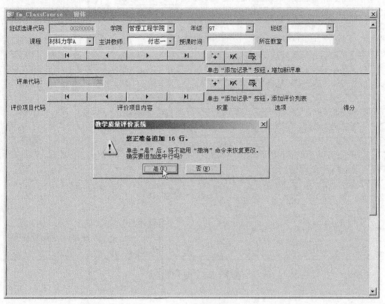

附图 35　初始化评单项界面

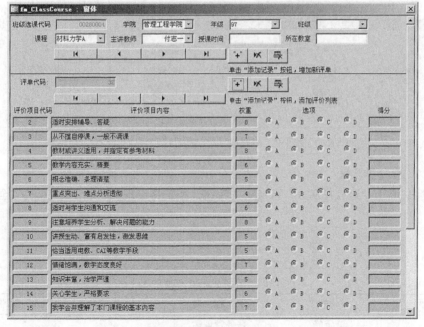

附图 36　"评单输入"界面

完成添加评单项操作后，相应评单的评单项如附图37所示。用户可以用鼠标单击每行的"A"、"B"、"C"、"D"每输入一个选项，系统将自动计算该项的得分、本评单的总得分，系统将在您单击评价选项时，自动保存评价结果。

附图37　综合得分

附5.6　统计查询与报表打印

附图38　"统计查询与报表打印"界面

附5.6.1　全校排队表

单击附图38上"全校排队表"区域中的按钮，系统将出现如附表18所示的"全校教师排名表"。

附表18　　　　　　　　　　　　　全校教师排对表

北京XXX大学 2012—2013 学年度第二学期
教师课堂教学评价结果（理工类）

序　号	教师姓名	课　程　名	综合得分	参评人数
1	陈宝峰	账务管理学	84.7	1
2	陈巧红	财政学	73.85	2

续表

序　　号	教师姓名	课　程　名	综合得分	参评人数
3	程新荣	操作系统	87	1
4	葛长银	账务管理	74.7	1
5	华云龙	材料力学 A	60.15	4
6	蒋绮敏	财务会计学	88.6	1
7	康丽	编译原理	76.9	1
8	王素义	成本会计学	88.75	2
9	伍建平	账务电算化	72.7	2
本学期全校参加课堂教学评价平均分及参评人			78.59	16

北京 XXX 大学　教务处

2013-05-25

附 5.6.2　院系表

单击附图 38 上"院系排队表"区域中的"院名"列表，选中一个院系，然后单击院系排队表区域中的按钮，系统将出现如附表 19 所示的"院系教师排名表"。如果不选任何院系名称，系统将把全部院系的排队表分页给出。

附表 19　　　　　　　　　　　　院系教师排名表

北京 XXX 大学

2012—2013 学年度第二学期教师课堂教学评价结果

管理工程学院

序　　号	教师姓名	课　程　名	综合得分	参评人数
1	陈宝峰	账务管理学	84.7	1
2	陈巧红	财政学	73.85	2
3	程新荣	操作系统	87	1
4	葛长银	账务管理	74.7	1
5	华云龙	材料力学 A	60.15	4
6	蒋绮敏	财务会计学	88.6	1
7	康丽	编译原埋	76.9	1
8	王素义	成本会计学	88.75	2
9	伍建平	账务电算化	72.7	2
本学期全校参加课堂教学评价平均分及参评人			78.59	16
本学期全院参加课堂教学评价平均分及参评人			78.59	16

北京 XXX 大学　教务处

附 5.6.3　个人反馈表

单击附图 38 上"个人反馈表"区域中的"院系名称"列表，选中一个院系，然后单击"教师姓名"列表，选择一名教师，再单击"课程名称"列表，选择该教师教授的课程，最后单击个人反馈表区域中的按钮，系统将出现如附表 20 所示的"个人反馈表"。如果不选任何院系名称，系统将把全校教师的个人反馈表分页给出；如果不选任何教师姓名，系统将把该院系的所有教师的个人反馈表分页给出；如果不选课程名称，系统将把该教师的所有课程的个人反馈表分页给出。

附表 20 　　　　　　　　　个人反馈表

北京 XXXX 大学 2012-2013 学年第二学期
教师课堂教学评价结果(基础课)

院系名称：管理工程学院
教师姓名：陈宝峰
课程名称：财务管理学 　　　　　　　　　　　　　　　　参评人数：10

序号	评价项目	满分值	全校平均	您的得分	A占%	B占%	C占%	D占%
1	作业适中、批改认真	6	5.89	5.52	60	40	0	0
2	适时安排辅导、答疑	4	3.41	3.52	40	60	0	0
3	从不擅自听课，一般不调课	6	5.33	4.92	30	50	20	0
4	教材或讲义适用，并指定有参考材料	5	4.55	4.10	40	30	30	0
5	教学内容充实、精要	8	7.30	6.56	40	40	10	10
6	概念准确、条理清楚	6	5.33	4.92	40	40	10	10
7	重点突出、难点分析透彻	7	6.61	6.44	70	20	10	0
8	适时与学生沟通和交流	5	4.50	4.30	40	50	10	0
9	注意培养学生分析、解决问题的能力	8	7.08	6.88	60	10	30	0
10	讲授生动、富有启发性，激发思维	6	5.27	5.16	40	50	10	0
11	恰当适用电教、CAI 等教学手段	6	4.42	4.50	70	10	20	0
12	情绪饱满，教学态度良好	6	5.27	5.40	60	30	10	0
13	知识丰富，治学严谨	6	5.29	5.64	80	10	10	0
14	关心学生，严格要求	5	4.38	4.70	80	10	10	0
15	我学会并理解了本门课程的基本内容	6	5.12	5.40	70	10	20	0
16	提高了我的兴趣，激发了求知欲	5	4.39	4.50	70	10	20	0
17	通过本课程教学，我感到很有收获	6	5.18	5.40	50	50	0	0
	综合情况：	100	89.28	87.86	55	31	13	1

XXXX 大学教务处
2013 年 5 月 22 日

附6　存在的问题

　　本系统主要是根据个别几所大学提出的课堂教学评价方案设计的软件系统，可能并不具备普遍应用的价值。但是学会了本系统是如何解决这类问题的方法后，相信读者会根据具体情况，具体分析，设计出更加完善的数据库结构和应用软件系统，这也就是本书所要达到的抛砖引玉的目的。